湖北省"十一五"规划重点图书

国家杰出青年科学基金
中国地质大学学术著作出版基金 } 联合资助

裂纹玻璃晶化法
制备建筑装饰用微晶玻璃

Preparation of Decorative Building Glass-ceramics
by Cracked-glass Crystallization Process

周俊　王焰新　著

中国地质大学出版社
ZHONGGUO DIZHI DAXUE CHUBANSHE

图书在版编目(CIP)数据

裂纹玻璃晶化法制备建筑装饰用微晶玻璃/周俊,王焰新著. —武汉:中国地质大学出版社,
2009.7

ISBN 978-7-5625-2333-8

Ⅰ.裂…
Ⅱ.①周…②王…
Ⅲ.微晶玻璃-制备
Ⅳ.TQ171.73

中国版本图书馆 CIP 数据核字(2009)第 112879 号

裂纹玻璃晶化法制备建筑装饰用微晶玻璃		周俊　王焰新　著
责任编辑:赵颖弘	技术编辑:阮一飞	责任校对:张咏梅
出版发行:中国地质大学出版社(武汉市洪山区鲁磨路388号)		邮政编码:430074
电　　话:(027)67883511	传真:67883580	E-mail:cbb@cug.edu.cn
经　　销:全国新华书店		http://www.cugp.cn
开本:787毫米×1 092毫米 1/16		字数:346千字　印张:13.5　彩版:46
版次:2009年7月第1版		印次:2009年7月第1次印刷
印刷:武汉中科兴业印务有限公司		印数:1—1 000册
ISBN 978-7-5625-2333-8		定价:88.00元

如有印装质量问题请与印刷厂联系调换

作者简介

周俊:男,1975年生,2000年本科毕业于吉林大学,2005年博士毕业于中国地质大学,现为中国地质大学副教授。主要从事环境材料、固体废物资源化、清洁生产等领域的研究。先后主持科研项目5项,发表学术论文10余篇,其中SCI收录1篇、EI收录4篇,获得国家发明专利授权8项。

王焰新:男,1963年生,1984年本科毕业于南京大学,1990年博士毕业于中国地质大学,1998—1999年赴加拿大滑铁卢大学作高级访问学者;教授,博士生导师;教育部高校青年教师奖、国家杰出青年科学基金获得者;兼任国际地球化学协会水岩相互作用工作组成员、科技部863计划资源环境技术领域专家组成员等职;公开发表学术论文100余篇,其中有48篇为SCI收录。

摘 要

建筑装饰用微晶玻璃是由特定组成的母玻璃在可控条件下进行热处理,在玻璃基质上生成一种或多种晶体,使原来单一、均匀的玻璃相变成了有晶体相和玻璃相交织在一起的多相复合材料。

本书首先对建筑装饰用微晶玻璃的发展、特性、现役制备工艺、以及利用污泥和其它固体废弃物制备建筑装饰用微晶玻璃等方面作了较系统的介绍;再针对现役制备工艺的不足,特别是烧结法容易出现气孔缺陷,压延法产品又没有明显纹理的不足,提出利用裂纹玻璃作为微晶玻璃前躯体,基于 $CaO-Al_2O_3-SiO_2$ 系统母玻璃易表面析晶、裂纹玻璃易从裂纹处优先析晶原理,经烧结、晶化而制备成微晶玻璃产品,并将该工艺命名为"裂纹玻璃晶化法"。该工艺制得的微晶玻璃产品具有与现役烧结法完全不同的类似古生物残骸的不规则树枝状、颗粒状、丝缕状、星状、扇贝状纹理,故将产品命名为"仿生物碎屑微晶玻璃"。

裂纹玻璃晶化法的工艺路线是:配料→混合→玻璃熔制→浇注或压延成型→水淬惊裂→裂纹玻璃板→烧结→晶化→磨抛→仿生物碎屑微晶玻璃成品。其中,最关键的工艺步骤是裂纹玻璃的烧结和晶化。为此,本书设计出两个系列的实验,即烧结实验和晶化实验,同时进行了样品的性能参数测试。主要表征项目包括:DTA 测试各配方母玻璃的析晶趋势;计算机扫描仪记录样品的表观形貌;阿基米德法(悬浮法)和比重瓶法联测样品的密度和气孔率;XRD、SEM 测定样品的晶化度、晶体种类及显微结构;万能材料试验机测定晶化样品的抗折强度;热膨胀仪测定母玻璃和微晶玻璃的热膨胀系数;母玻璃和微晶玻璃的耐化学腐蚀性对比测试。

利用石英砂、长石、石灰石及其它辅助原料,通过配料、熔融后制成裂纹玻璃和玻璃颗粒,再对裂纹玻璃进行系统的烧结实验和晶化实验,目的在于探索裂纹玻璃晶化法的关键工艺参数。同时,将玻璃颗粒与裂纹玻璃进行烧结对比试验,以作为分析和评估裂纹玻璃烧结性的参照对象。

一、烧结实验研究

烧结性不同的配方的裂纹玻璃均能实现很好的烧结,尤其是难烧结配方也能烧成表面平整光滑的烧结体,且烧结下限温度低;裂纹玻璃的烧结受初始析晶的影响小,烧结上限温度可以很高,因此,裂纹玻璃的烧结温度范围很宽。在较佳烧结温度区间烧成的裂纹玻璃烧结体的致密度很高,闭口气孔率小于 0.5%;相反,玻璃颗粒的烧结效果受母玻璃料的烧结难易程度和初始析晶的影响很大,烧结温度范围窄,致密度低,最佳烧结温度下的烧结体的闭口气孔率也在 1.0% 以上。裂纹玻璃和玻璃颗粒烧结体的闭口气孔率均随烧成温度的升高而增大,但前者的增幅很小,基本稳定在 0.5% 附近;而后者的增幅很大,可升至 2.0% 以上。裂纹玻璃烧结体的闭口气孔率比玻璃颗粒烧结体低的主要原因在于:①前者的孔隙度远小于后者;②前者的裂纹间隙呈楔形,而后者的颗粒空隙呈堆积型。

裂纹玻璃的烧结速度快,烧结性不同的配方均能在较短的时间内实现烧结;在相同的合理烧结温度下,裂纹玻璃的烧结速度比玻璃颗粒快 10～30min,且烧结体致密度更高。裂纹玻璃在烧结温度下转化为牛顿型流体,通过粘滞流动机理实现烧结,用 Frenkel 烧结公式可以解释裂纹玻璃比玻璃颗粒更易烧结的原因,即前者的烧结对象玻璃碎屑的半径可被看作无穷大,远大于玻璃颗粒的半径。

裂纹玻璃烧结的实质是裂纹在表面张力作用下愈合。本书将裂纹分为 3 类:无间隙裂纹、中下层间隙裂纹、表层间隙裂纹。3 类裂纹的烧结均是在表面张力的作用下实现的,但具体作用形式不同,同时也受到了其它辅助作用力:无间隙裂纹是在玻璃受热膨胀和表面张力作用下实现烧结;中下层间隙裂纹主要受玻璃的膨胀软化作用、上层玻璃的软化挤压作用及表面张力而烧结;表层间隙裂纹则借助间隙中的细小玻璃碎屑的桥接作用、先期裂纹愈合面的扩展来实现烧结。不同裂纹形态对闭口气孔的形成贡献不同,无间隙裂纹和表层间隙裂纹均不会生成气孔,而中下层间隙裂纹是裂纹玻璃烧结体中闭口气孔生成的根源,但表层间隙裂纹先行愈合而将中下层气体通道堵塞则是闭口气孔生成的前提。裂纹玻璃烧结体的气孔生成受到烧结时板材上下层温差和落入表层间隙裂纹中的细小玻璃碎屑的桥接作用的严重影响,因为这二者是导致表层间隙裂纹先行愈合的环境条件。

二、晶化实验研究

裂纹玻璃的原始裂纹处易于优先非均匀成核,其原因在于:在裂纹玻璃生成过程中,水-热玻璃相互作用有利于在裂纹面(玻璃碎屑表面)生成活性基团和异相物质;同时,裂纹面也会富集和吸附冷淬水和空气中的矿物质及杂质,致使裂纹处具有丰富的成核位和成核能量优势;此外,属于 $CaO-Al_2O_3-SiO_2$ 系的玻璃碎屑本身也具有表面成核趋势。

在晶化热处理时,优先非均成核的玻璃碎屑表面有利于晶体的析出,但由于析晶释放出的凝固潜热、CaO 的消耗、CaO 含量本身低于母玻璃全部晶化所需的化学计量等因素的影响,致使先期析出的晶体向玻璃碎屑内部生长时将遵从枝晶生长机理。

裂纹玻璃晶化法微晶玻璃磨抛光后呈仿生物碎屑纹理,纹理形成的机理在于裂纹玻璃的非均匀成核和析晶。①裂纹玻璃中的玻璃碎屑表面易于核化,先期析晶;而玻璃碎屑内部不能自行成核、析晶,仅能借助表面晶体向其内部的生长而逐渐晶化。该晶化过程因受到晶化时间、凝固潜热和 CaO 消耗的影响,越靠近玻璃碎屑表面,三者的影响越小,晶化度越高;反之,越靠近玻璃碎屑中心,晶化度越低。②玻璃碎屑表面先期析出的晶体沿径向朝玻璃碎屑内部析出主干枝晶时,受到的凝固潜热的影响小,CaO 供应充沛,生长快,析晶量大;而沿周向析出二次及多次枝晶生长将受到主干枝晶释放的凝固潜热和 CaO 消耗的影响,生长较慢,析晶量少。正是由于裂纹玻璃的原始裂纹与玻璃碎屑、玻璃碎屑表层与中部、玻璃碎屑径向和周向等部位的晶化度差异,构成了宏观仿生物碎屑纹理的基础。影响仿生物碎屑纹理的外部因素主要有水淬温度和化学成分,前者影响着裂纹玻璃的原始裂纹量和玻璃碎屑的形态及大小,后者通过影响母玻璃的析晶能力而影响纹理风格。

母玻璃中的 CaO 含量对裂纹玻璃晶化法微晶玻璃的宏观形貌、总析晶量及显微结构影响很大。当 CaO 含量高时,主干、二次及多次枝晶析出趋势均较大,裂纹玻璃可在较短的时间内晶化透,且总析晶量高,微观晶粒密集;当 CaO 含量低时,主干、尤其是二次及多次枝晶难析出,裂纹玻璃难以晶化透,且总析晶量偏低,微观晶粒稀疏。

晶化温度是影响裂纹玻璃晶化状态的主要因素。在由低至高的晶化温度下，裂纹玻璃将依次生成不同组织结构的微晶玻璃，即晶化不透的微晶玻璃，完全晶化的微晶玻璃，过烧的微晶玻璃，其中完全晶化的微晶玻璃是裂纹玻璃晶化法所探求的最佳工艺条件下的产品形态。各类微晶玻璃的生成机理、机械强度及其变化规律如下：

(1)晶化不透的微晶玻璃。当晶化温度偏低时，玻璃粘度高，主干枝晶的生长速率缓慢，难以生长至大玻璃碎屑中央部位，裂纹玻璃整体晶化不透，残留着宏观透明玻璃颗粒。通过热膨胀系数测试显示，宏观透明玻璃区的热膨胀系数大于宏观晶相区，在前者易形成张应力，产生裂纹；分层抗折强度测试结果也证实，宏观透明玻璃颗粒直接导致了微晶玻璃整体抗折强度的偏低。

(2)完全晶化的微晶玻璃。当晶化温度合理时，主干枝晶生长速度快，能使裂纹玻璃在较短的时间内晶化透，而二次及多次枝晶析出也较快，使裂纹玻璃的总析晶量达到适宜水平。完全晶化的微晶玻璃不存在宏观透明玻璃颗粒，而由宏观晶相区和宏观浮浊玻璃区构成，仍为组织结构不均匀体，决定着其抗折强度不会非常高，但测试值仍大于35MPa，能满足建筑装饰材料的强度要求。

完全晶化的微晶玻璃在不同方向上存在着晶化度差异。垂直方向上，表层晶化度高于中部；水平方向上，宏观晶相区的晶化度高，而宏观乳浊玻璃区的晶化度低，前者对后者呈包围态势，且前者的含量比率高于后者。热膨胀系数证实，晶化度越高，热膨胀系数越低。对完全晶化的微晶玻璃的分层抗折强度测试也显示，切削厚度达2mm及以上时，将导致抗折强度的急剧下降。这些结果表明，晶化度高的表层和宏观晶相区受到压应力，为微晶玻璃整体的机械强度的主要贡献者，有利于确保抗折强度达到较高值，最佳工艺条件下稳定在40MPa以上。

完全晶化的微晶玻璃的闭口气孔率小于1%，切削抛光板表面仅显示出微小针孔，未见1mm以上大气孔，表明裂纹玻璃晶化法产品的气孔缺陷低，符合建筑装饰用微晶玻璃优等品的气孔缺陷要求。

完全晶化的微晶玻璃的耐水性和耐碱性均很好，且耐碱性略优于相应的母玻璃；但耐酸性较差，较佳工艺条件下的耐酸性仅能低至0.2%，其主要原因在于：①硅灰石晶体本身的耐酸性不强；②样品的组织结构为不均匀体，宏观晶相区过度集中、晶体密集、残余玻璃相少，受耐酸性好的残余玻璃相的掩护作用小，在酸侵蚀下易整体脱落。

(3)过烧的微晶玻璃。当晶化温度偏高时，玻璃粘度很低，主干枝晶的生长速率快，能使裂纹玻璃晶化透；但二次及多次枝晶受凝固潜热影响大，析出速率和析晶量远低于主干枝晶，加之晶体的二次熔解趋势增大，致使裂纹玻璃的整体析晶量不足，残余玻璃相过高，发生过烧现象。残余玻璃相中微裂纹的扩展及脆性断裂将占主导地位，因此降低了微晶玻璃的整体抗折强度。

在完成裂纹玻璃晶化法系统研究基础上，改用污泥作为主要原料，经重新调整配方后，进行了污泥微晶玻璃的制备和性能表征实验，尤其增加了毒性特征浸出实验(TCLP)，以评估微晶玻璃对污泥重金属的固化效果。

以污泥作为主要原料制备的裂纹玻璃的烧结性优于相应的玻璃颗粒，烧结温度更低，在800℃就能实现烧结；致密度更高，较佳条件下的闭口气孔率小于0.3%，表明以裂纹玻璃作为微晶玻璃的前躯体进行热处理，可以克服污泥杂质对烧结性的影响。

在较佳晶化温度下制备的污泥微晶玻璃的致密度高，闭口气孔率稳定在0.35%附近，磨抛样品表面也未见大于 1mm 的气孔，产品表观质量好；抗折强度大于 35MPa，符合建筑板材的要求；污泥微晶玻璃的耐水性和耐碱性好，但耐酸性很差。耐酸性差的原因并不在于晶相，而在于残余玻璃相的耐酸性很差，这可能是由于母玻璃中的碱金属离子（Na^+）和网络中间体（Al_2O_3、B_2O_3）含量过高所致；毒性特征浸出实验（TCLP）测试结果显示，污泥微晶玻璃的重金属浸出量极低，表明污泥经微晶玻璃方式而被资源化利用后可有效固化重金属离子，消除其对环境的二次污染。

纵观本书有关裂纹玻璃晶化法的烧结和晶化系统试验研究及样品性能测试结果分析，可以认为，裂纹玻璃晶化法能够制备出具有仿生物碎屑纹理、闭口气孔率低、表观气孔缺陷少、各项性能指标能满足建材质量要求的建筑装饰用微晶玻璃；该工艺还能适应成分多变且含有杂质的固体废物特性特征，利用该工艺可将污泥等固体废物制备成微晶玻璃产品而得到资源化利用。

关键词：裂纹玻璃晶化法；裂纹玻璃；微晶玻璃；烧结；晶化；建筑装饰材料

ABSTRACT

　　Glass-ceramics used as decorative building materials are prepared by heat-treating parent glass with specific composition to deposit crystals under controlled conditions, which are jointly composed of single or multiple crystals and residual glass so as to be referred to as composite materials.

　　In this book, the development, characteristics and fabrication technology of decorative glass-ceramics are systematically reviewed; subsequently, the use of sewage sludge and other solid wastes for production of glass-ceramics is also overviewed. Finding out the shortage of conventional technologies preparing glass-ceramics, especially gas pore defects of glass grain sintering technology and non-textures for the products of rolling technology, the authors proposed a new process, in which cracked glass is used as a precursor and sintered and crystallized for glass-ceramics; accordingly, the process is named for short as QICGC process, i. e. a process of preparing glass-ceramics by crystallization of the glass with cracks induced by water-quenching (abbr. cracked glass). The glass-ceramics prepared by the QICGC process show specific appearance with dendritic, granular, silk-like, stellate and shell-like textures so as to be called as pseudo-bioclastic glass-ceramics.

　　QICGC process flowchart is as follows: mix-design and weighing → blending → melting parent glass → forming by cast or rolling → water quenching → cracked glass → sintering → crystallizing → polishing → pseudo-bioclastic glass-ceramics. The key procedures of QICGC process are sintering and crystallizing of cracked glass. Therefore, two series of experiments, i. e. sintering experiments and crystallizing experiments, were designed and carried out, and, at the same time, the properties of corresponding samples were tested or characterized, using differential thermal analyzer for probing crystallization tendency of the parent glass of all batches, computer scanner for recording the appearances of the samples, Archimedes method (suspension method) and pycnometer method jointly for measuring densities and porosities, X-ray diffractometer and scanning electron microscope for determining crystal composition, type and micro-structure of crystallized samples, universal testing machine for measuring three-point bending strength, thermo-mechanical analyzer for testing coefficient of thermal expansion, and chemical resistance tests of parent glass and glass-ceramics.

　　After the cracked glass is prepared using quartz, feldspar, limestone and other additives by mix-designing, blending, melting and water-quenching, systematic sintering experiments and crystallizing experiments were carried out respectively, in order to determine the key parameters of QICGC process. At the same time, glass grains, prepared by the same method of cracked glass, were sintered as a parallel and contrast experiment of cracked glass sintering. Results of sintering and crystallization of cracked glass of two series of experiments are as follows.

1. Sintering experiments

Cracked glass of the batches with different sintering abilities, especially of difficult sintering batches, can be well sintered at the relatively low temperature. On the other hand, when sintering temperatures are high, the sintering quality of cracked glass is only slightly influenced by the initial crystallization, and phenomena of sintering quality worsening don't occur. Accordingly, it is obvious that the QICGC process enjoys a wide range of sintering temperature. Compactness of sintered bodies of cracked glass fired in the optimal sintering temperature interval is high, and their closed porosities are smaller than 0.5%. On the contrary, the sintering state of glass grains is severely influenced by sintering ability of batches and initial crystallization, so that sintering temperature range becomes narrow and the compactness of the sintered bodies is low. As a result, the closed porosities of sintered bodies at the optimal temperature are over 1.0%. The closed porosities of sintered bodies of cracked glass and glass grains increase with heat-treatment temperature, however, the increase extent of the former is low, holding at about 0.5%, while that of the latter is very high, up to 2.0%. The reasons of the compactness of sintered bodies of cracked glass being greater than that of glass grains ones can be attributed to: ①The original porosity of the cracked glass is far less than the glass grain before sintering; ② The shape of the crack gap in cracked glass is wedge-like, and that of glass grains is inter-particle porous.

Sintering of cracked glass is quick so that the sintering procedure of the cracked glass of different batches can finish in a short time. The sintering rate of cracked glass is 10～30min quicker than that of glass grains at the same proper temperatures, and the compactness of the former is higher than that of the latter. In the sintering temperature interval, cracked glass transforms into Newton fluid and accomplishes sintering. According to Frenkel formula, the fact of cracked glass sintered more easily than glass grains can be attributed to the difference of the radius of the objects heat-treated, i.e. the radius of the former infinitely bigger than that of the latter.

The sintering of cracked glass is essentially accomplished in the action of surface tension. In this book, cracks in the cracked glass are divided into three kinds: non-gap cracks, gap cracks in middle-layer and bottom-layer, and gap cracks in surface layer. Three kinds of cracks are all sintered as a result of different model of surface tension and other associated actions: non-gap cracks are healed under glass thermo-expansion and surface tension; gap cracks in middle-layer and bottom-layer are sintered under the synergetic effect of glass thermo-expansion, compressive effect loaded by surface layer glass and surface tension; gap cracks in surface-layer are sintered under bridging act of small glass debris and extension of front edges of cracks healed previously. Three kinds of cracks have different contribution to the formation of closed gas pores: no gas pores will be formed in non-gap cracks and gap cracks in surface layer; gap cracks in middle-layer and bottom-layer are the origin of closed gas pores; it is the premise of forming closed gas pores that gap cracks in surface-layer before hand healed before the gap cracks in middle-layer and bottom-layer being fully healed. The formation of closed gas pores is severely influenced by the temperature difference and the bridging act of the small glass debris fell into surface gap crack, both being environment conditions for gap cracks in surface-layer before hand healed.

2. Crystallizing experiments

The cracks of cracked glass are favorable for heterogeneous nucleation. The reason is that, during the fabrication of cracked glass using water quenching, water-glass thermal interaction is to produce active radicals and hetero-matters at the surface of the glass debris constituting cracked glass, and mineral impurities of water and dusts of air could also be absorbed at the surface of the glass debris. The active radicals, hetero-matters, mineral impurities and dusts can act as the nucleating positions of cracked glass and lower the nucleation energy; in addition, glass debris pertaining to parent glass of $CaO-Al_2O_3-SiO_2$ family has a tendency of surface nucleation by itself.

During crystallizing, the crystal will in advance deposit at the surface of the glass debris of cracked glass owing to the surface preferentially nucleating; but under the synergestic effects of the latent heat released by crystallization, expense of CaO, and CaO content lower than the stoichiometric amount needed for complete crystallization of parent glass, the mechanism of dendritic crystal growth works when the crystals preferentially deposited grow continually to the interior of the glass debris.

Glass-ceramics prepared by the QICGC process exhibits an appearance of pseudo-bioclastic texture. The mechanism forming the texture is attributed to heterogeneous nucleation and crystallization. The reasons are as follows: ①The surface of glass debris of cracked glass can easily nucleate and crystallize, but the interior of it can't do so by itself and can only deposit crystals depending on surface crystal developing toward it. The course of the crystal deposition is influenced by the crystallizing time, latent heat and CaO expense. The surface layer of glass debris is crystallized strongly due to the small effects of the three factors, while the center of it weakly due to the great effects. ②When the surface crystals develop primary trunk crystals toward interior of glass debris along the radial orientation of glass debris, the effects of latent heat and CaO expense are so small that primary trunk crystals can develop quickly and the crystallinity is high. On the contrary, when secondary and continually derivative trunk crystals deposit along the circumferential orientation, those effects become so strong that they grow slowly and the crystallinity is low. The differences in the crystallinity between primitive cracks and glass debris, surface and interior of glass debris, radial and circumferential orientation of glass debris, turn into the base of the pseudo-bioclastic texture. External factors influencing the pseudo-bioclastic texture are temperature of water-quenching and composition of parent glass, the former determining the crack amount of cracked glass and the morphology and size of glass debris, and the latter affecting the texture fashion by controlling the crystallizability of parent glass.

CaO content of parent glass has large impact on the macro appearance, total crystallinity and micro structure of the glass-ceramics prepared by the QICGC process, because deposition potential of primary, secondary and continually derivative trunk crystals is enhanced with the increase of CaO content. When CaO content is high, cracked glass can be fully crystallized, so that total crystallinity is high and crystal grains are dense; On the contrary, when CaO content is low, primary, especially secondary and continually derivative trunk crystals are difficult to deposit, cracked glass can't be fully crystallized, with low total crystallinity and rare crystal grains.

Crystallization temperature is a main factor influencing crystallizing progress. When crystallization temperature rises from low to high, glass-ceramics with different structures prepared by the QICGC process are generated in succession: partially-crystallized glass-ceramics, fully-crystallized glass-ceramics, and over-fired glass-ceramics. Obviously, preparing fully-crystallized glass-ceramics is the aim of the research on the QICGC process. The formation mechanism, mechanical strength and its change pattern on three sorts of glass-ceramics are as follows.

(1) Partially-crystallized glass-ceramics. While crystallization temperature is on the low side, the viscosity of parent glass is so high that primary trunk crystals are difficult to grow into the center of big glass debris, to result in cracked glass only partially crystallized and macroscopically transparent glass remaining in the glass-ceramics eventually prepared. The result of the test measuring coefficient of thermal expansion shows that coefficient of thermal expansion of macroscopically transparent glass phase is bigger than that of macroscopical crystal phase; accordingly, the tensile stress may form and micro-cracks may generate in the transparent glass phase. And the results of measuring the bending strength of the remainder part of glass-ceramics cut with different thickness indicate also that the transparent glass phase can directly induce the decrease of bending strengths.

(2) Fully-crystallized glass-ceramics. While crystallization temperature is in the proper temperature interval, viscosity of parent glass drops down to medium value, so that primary trunk crystals can easily grow into the center of glass debris, and secondary and continually derivative trunk crystals can also propagate relatively quickly, leading to the total crystallinization of cracked glass to a reasonable degree and final conversion into fully-crystallized glass-ceramics. Though fully-crystallized glass-ceramics don't contain the macroscopically transparent glass phase, they are composed of macroscopic crystal phase and macroscopically opalescent glass phase, and therefore their bending strengths can't reach a very high level. However, more than 35MPa of their bending strength can meet the Chinese standard on the construction and decoration materials.

The crystallinity is different in the different directions of the fully-crystallized glass-ceramic. In the perpendicular direction, the surface crystallinity is greater than that of the interior of the glass-ceramic; in the horizontal direction, the crystallinity of the macroscopic crystal phase is greater than that of macroscopically opalescent glass phase, and the former phase encompasses the latter and the proportion of the former higher than the latter. The result of measuring thermal expansion coefficient shows that the higher crystallinity, the lower coefficient; meanwhile, relationship between bending strength and cut thickness of glass-ceramics reveals that the strength will decrease when the cut thickness exceeds 2mm. Consequently, it is concluded that the surface and macroscopical crystal phase with high crystallinity are compressive stress regions, hereby are the contributors of the mechanical strength to insure the bending strength up to relatively high values. For the samples prepared in the optimal heat-treatment temperature regime, the bending strengths are over 40MPa.

The closed porosity of fully-crystallized glass-ceramics is less than 1%, and the surfaces of the samples cut and polished only display small pinholes and don't show gas pores more than 1mm. It is indicated that the gas pore defect of the glass-ceramics prepared by the QICGC process is low and the product quality can satisfactorily meet the requirements of the relevant Chinese standard.

The water resistance and alkali resistance of fully-crystallized glass-ceramics are excellent, the former being slightly inferior to and the latter slightly superior to that of corresponding parent glass. But acid resistance is poor, and as low as 0.2% of acid resistance can be obtained only under optimal technological condition. The reasons of the poor acid resistance are: ①The main crystal wollastonite in the glass-ceramics is poor to resist acid corrosion; ②The structure of the glass-ceramic is very uneven, because the macroscopical crystal phase aggregates excessively, which leads to dense druses and scarce residual glass phase. When corroded by acid, the crystal aggregations are easy to disintegrate integrally without the protection of residual glass phase.

(3) Over-fired glass-ceramics. While crystallization temperature is high, viscosity of parent glass is so low that primary trunk crystals can grow quickly into the center of glass debris, resulting in complete crystallization of cracked glass. However, affected seriously by the latent heat released in the growth course of primary trunk crystals, the secondary and continually derivative trunk crystals can propagate slowly, and their amount is far less than primary trunk crystals. Moreover, the trend that all crystals are molten again becomes great. The factors mentioned above lead to a deficiency in total crystallinity of glass-ceramics and a very high content of residual glass, so that over-firing phenomenon arises. Owing to the easiness of micro-crack expanding and brittle rupturing in the residual glass phase, bending strength of over-fired glass-ceramics is at a low level.

In this book, on the basis of the systematic research for QICGC process, using sewage sludge as a main material and again adjusting the batches optimized on the base research of QICGC process, the experiments of preparing sewage sludge glass-ceramics and charactering the properties of the samples were subsequently carried out. Toxicity characteristic leaching procedure (TCLP) experiments were then made to evaluate the effect of solidifying heavy metal ions of the sewage sludge into glass-ceramic products.

Sintering characteristic of cracked glass prepared from sewage sludge as a main material is superior to the corresponding glass grains. For example, effectively sintering temperature of the former is lower than that of the latter, accomplishing the sintering at 800℃, and compactness of the sintered bodies of the former, with less than 0.3% of closed porosity, is lower than that of the latter. Moreover, the results also indicate that the problem of the impact of the impurities from sewage sludge on glass grains sintering, can be solved when using the cracked glass as the precursor of glass-ceramics.

The characteristics of the sewage sludge glass-ceramics prepared at the optimal temperature are as follows: the compactness is high and the closed porosity around 0.35%; surface quality is excellent and no gas pores bigger than 1mm can be observed; bending strength is more than 35MPa to meet the quality requirement of decorative materials; water resistance and alkali resistance are outstanding, but acid resistance is poor which doesn't attribute to the crystal phase but to the residual glass phase that is poor to resist the acid corrosion due to very high contents of alkali metal and net modifying oxides in the residual glass phase; the heavy metals in the sewage sludge glass-ceramics are hardly leached in the TCLP test, which indicates that the heavy metal from the sewage sludge can be solidified so effectively that the secondary environmental pollution of sewage sludge can be avoided when it is fabricated into glass-ceramics.

According to the systematic sintering and crystallizing experiments on the QICGC process as well as the results of characterizing properties of samples, it can be concluded that the glass-ceramics used as decorative building materials with pseudo-bioclastic textures, low closed gas porosities and no gas pore defects can be prepared by QICGC process. This process can also adapt to the composition feature of sewage sludge with a lot of impurities, and sewage sludge can be manufactured into glass-ceramics as a cost-effective way of waste recycling.

Key Words: Cracked glass; Glass-ceramic; Sintering; Crystallization; Decorative building materials

目 录

第一章 微晶玻璃概述 (1)
- §1.1 概念及分类 (1)
- §1.2 建筑装饰用微晶玻璃的研发历程 (2)
- §1.3 微晶玻璃的微观结构 (2)
  - 1.3.1 母玻璃的微观结构 (3)
  - 1.3.2 微晶玻璃的微观结构 (4)
- §1.4 现役生产工艺概述 (5)
- §1.5 微晶玻璃的配方 (6)
- §1.6 常用原料 (7)
  - 1.6.1 矿物原料 (7)
  - 1.6.2 化工原料 (7)
  - 1.6.3 固体废弃物 (8)
  - 1.6.4 废玻璃 (10)
- §1.7 建筑装饰用微晶玻璃的特性及性能优势 (11)

第二章 现役生产工艺 (13)
- §2.1 产生及发展 (13)
- §2.2 工艺原理、流程及特点 (14)
  - 2.2.1 工艺原理 (14)
  - 2.2.2 工艺流程 (15)
  - 2.2.3 工艺特点 (15)
- §2.3 烧结法的烧结、晶化过程及机理 (16)
  - 2.3.1 烧结和晶化过程 (16)
  - 2.3.2 玻璃颗粒的烧结动力学 (17)
  - 2.3.3 烧结与析晶间的关系及矛盾 (18)
  - 2.3.4 母玻璃的化学组成对烧结与析晶的影响 (18)
  - 2.3.5 烧结温度制度对烧结与析晶的影响 (21)
- §2.4 熔融法的晶化过程及机理 (23)
  - 2.4.1 晶体相的确定 (23)
  - 2.4.2 晶核剂的选择及掺量 (23)
  - 2.4.3 晶化热处理过程 (25)

§2.5 存在的问题及解决措施……………………………………………………(25)
   2.5.1 熔融法存在的问题及解决措施……………………………………(25)
   2.5.2 烧结法存在的问题及解决措施……………………………………(26)
   2.5.3 研究热点……………………………………………………………(27)

第三章 裂纹玻璃晶化法的提出及实验……………………………………(29)

§3.1 裂纹玻璃晶化法的提出………………………………………………(29)
§3.2 实验设计…………………………………………………………………(30)
§3.3 原料及器材………………………………………………………………(32)
   3.3.1 原料……………………………………………………………………(32)
   3.3.2 主要实验设备及耗材………………………………………………(32)
§3.4 配方遴选实验……………………………………………………………(33)
   3.4.1 配方设计………………………………………………………………(33)
   3.4.2 母玻璃料的制备……………………………………………………(33)
   3.4.3 化学成分分析………………………………………………………(33)
   3.4.4 差热分析(DTA)……………………………………………………(34)
   3.4.5 膨胀软化温度测试…………………………………………………(34)
   3.4.6 配方的烧结性试验…………………………………………………(35)
   3.4.7 配方遴选……………………………………………………………(36)
§3.5 热处理工艺及性能表征实验…………………………………………(36)
   3.5.1 烧结实验……………………………………………………………(36)
   3.5.2 晶化实验……………………………………………………………(37)
   3.5.3 性能表征实验………………………………………………………(38)
§3.6 性能测试设备及方法……………………………………………………(38)
   3.6.1 密度、吸水率和气孔率联测………………………………………(38)
   3.6.2 差热分析(DTA)……………………………………………………(39)
   3.6.3 X-射线粉晶衍射分析(XRD)………………………………………(39)
   3.6.4 扫描电子显微镜分析(SEM)………………………………………(39)
   3.6.5 计算机扫描仪………………………………………………………(39)
   3.6.6 耐化学腐蚀性测定…………………………………………………(40)
   3.6.7 抗折强度……………………………………………………………(40)
   3.6.8 热膨胀系数分析……………………………………………………(40)

第四章 裂纹玻璃的烧结………………………………………………………(41)

§4.1 温度对裂纹玻璃烧结的影响…………………………………………(41)
   4.1.1 烧结体的表观形貌…………………………………………………(41)
   4.1.2 烧结体的体积密度、吸水率、气孔率……………………………(43)
   4.1.3 配方烧结性对生产用配方选择的影响……………………………(50)
   4.1.4 最佳烧结温度选择及影响因素……………………………………(50)

§4.2 时间对裂纹玻璃烧结的影响……………………………………………(52)
    4.2.1 烧结体的形貌……………………………………………………(52)
    4.2.2 烧结体的体积密度、吸水率、气孔率……………………………(54)
§4.3 CaO 含量变化对裂纹玻璃烧结性能的影响………………………………(58)
    4.3.1 CaO 含量变化对烧结体表观形貌的影响……………………(59)
    4.3.2 CaO 含量变化对烧结体致密度的影响………………………(59)
§4.4 裂纹玻璃的烧结进程及机理分析………………………………………(60)
    4.4.1 裂纹玻璃的烧结进程描述………………………………………(60)
    4.4.2 裂纹玻璃烧结的理论基础………………………………………(61)
    4.4.3 裂纹玻璃的烧结机理分析………………………………………(62)
    4.4.4 裂纹玻璃比玻璃颗粒更易烧结的理论分析……………………(64)
§4.5 气孔的形成机理分析………………………………………………………(67)
    4.5.1 裂纹玻璃烧结体中的气孔形成过程分析………………………(67)
    4.5.2 玻璃颗粒烧结体中的气孔形成过程分析………………………(68)
    4.5.3 裂纹玻璃烧结体的气孔率低于玻璃颗粒烧结体的原因分析……(69)
§4.6 本章小结……………………………………………………………………(70)

第五章 裂纹玻璃的晶化……………………………………………………(72)

§5.1 裂纹核化和晶体生长的机理分析………………………………………(72)
    5.1.1 裂纹核化的理论基础……………………………………………(73)
    5.1.2 裂纹核化的成因及机理分析……………………………………(74)
    5.1.3 裂纹玻璃的晶体生长机理………………………………………(75)
§5.2 晶化温度对裂纹玻璃析晶的影响………………………………………(79)
    5.2.1 晶化温度对晶化度和宏观形貌的影响…………………………(79)
    5.2.2 晶化温度与 DTA 晶化放热峰温度间的关系…………………(82)
    5.2.3 晶化温度对析晶总量的影响……………………………………(84)
    5.2.4 最佳晶化温度范围的选择………………………………………(86)
    5.2.5 最佳晶化温度下的显微结构……………………………………(86)
§5.3 CaO 含量对裂纹玻璃析晶的影响………………………………………(87)
    5.3.1 CaO 含量对 DTA 晶化放热峰温度的影响……………………(88)
    5.3.2 CaO 含量对微晶玻璃宏观形貌的影响………………………(89)
    5.3.3 CaO 含量对析晶总量的影响……………………………………(89)
    5.3.4 CaO 含量对显微结构的影响……………………………………(89)
    5.3.5 CaO 含量对析晶的影响机理分析………………………………(90)
§5.4 仿生物碎屑纹理的形成及调控…………………………………………(92)
    5.4.1 仿生物碎屑纹理形貌描述………………………………………(92)
    5.4.2 仿生物碎屑纹理的机理分析……………………………………(92)
    5.4.3 影响仿生物碎屑纹理生成的外部因素及调控措施…………(94)
§5.5 本章小结……………………………………………………………………(97)

第六章　裂纹玻璃晶化法微晶玻璃的性能表征 …………………………… (99)

§6.1　抗折强度 ……………………………………………………………… (99)
　　6.1.1　微晶玻璃强度概况 …………………………………………… (99)
　　6.1.2　强度变化趋势 ………………………………………………… (100)
　　6.1.3　强度变化机理探讨 …………………………………………… (100)
§6.2　密度和气孔率 ………………………………………………………… (110)
§6.3　耐化学腐蚀性 ………………………………………………………… (111)
　　6.3.1　耐水性 ………………………………………………………… (112)
　　6.3.2　耐酸性 ………………………………………………………… (112)
　　6.3.3　耐碱性 ………………………………………………………… (116)
§6.4　本章小结 ……………………………………………………………… (117)

第七章　裂纹玻璃晶化法在固体废物资源化研究中的应用实例 ………… (119)

§7.1　污泥的生成、环境危害性及处理必要性 …………………………… (119)
§7.2　污泥的资源化现状及发展 …………………………………………… (120)
　　7.2.1　传统处理处置技术 …………………………………………… (120)
　　7.2.2　资源化先进技术及发展 ……………………………………… (121)
§7.3　污泥微晶玻璃的研究现状 …………………………………………… (123)
§7.4　污泥的物化性质 ……………………………………………………… (124)
§7.5　裂纹玻璃晶化法制备污泥微晶玻璃的工艺流程设计和制备实验 … (125)
　　7.5.1　工艺流程设计 ………………………………………………… (125)
　　7.5.2　制备实验 ……………………………………………………… (127)
　　7.5.3　污泥微晶玻璃的性能测试 …………………………………… (130)
§7.6　污泥裂纹玻璃的烧结 ………………………………………………… (130)
　　7.6.1　烧结体的表观形貌 …………………………………………… (130)
　　7.6.2　密度与气孔率 ………………………………………………… (130)
§7.7　污泥微晶玻璃的表观形貌和微观结构 ……………………………… (132)
　　7.7.1　污泥微晶玻璃的表观形貌 …………………………………… (132)
　　7.7.2　污泥微晶玻璃的晶相组成(XRD) …………………………… (133)
　　7.7.3　污泥微晶玻璃的显微结构(SEM) …………………………… (133)
§7.8　污泥微晶玻璃的性能表征 …………………………………………… (135)
　　7.8.1　致密度指标 …………………………………………………… (135)
　　7.8.2　抗折强度 ……………………………………………………… (136)
　　7.8.3　耐化学腐蚀性 ………………………………………………… (136)
　　7.8.4　微晶玻璃对重金属的固化效应 ……………………………… (137)
§7.9　本章小结 ……………………………………………………………… (138)

结　论 ……………………………………………………………………… (140)

参考文献 ……………………………………………………………………… (145)

附录 术语约定与说明 ………………………………………………… (153)

附 图 ………………………………………………………………………… (156)

  附图1 各配方母玻璃的 DTA 曲线 …………………………………… (156)
  附图2 各配方母玻璃颗粒烧结体的扫描照片 ……………………… (160)
  附图3 裂纹玻璃在不同烧结温度下的烧结体扫描照片 …………… (166)
  附图4 裂纹玻璃在不同烧结时间下的烧结体扫描照片 …………… (170)
  附图5 裂纹玻璃在不同晶化温度下的样品扫描照片 ……………… (174)
  附图6 裂纹玻璃在不同晶化温度下样品的 XRD 图谱 …………… (180)
  附图7 裂纹玻璃晶化法微晶玻璃样品的实物照片 ………………… (185)
  附图8 微晶玻璃(BSLW2、4、5、8)被分层切削后表面的扫描照片 … (186)
  附图9 微晶玻璃(BSLW6)被分层切削后表面和折断面的扫描照片 … (189)
  附图10 污泥裂纹玻璃烧结样品的扫描照片 ……………………… (191)
  附图11 污泥微晶玻璃的扫描照片 …………………………………… (193)
  附图12 不同晶化温度下的污泥微晶玻璃的 XRD 图谱 …………… (194)

后 记 ………………………………………………………………………… (196)

第一章 微晶玻璃概述

§1.1 概念及分类

玻璃是一种无规则结构的非晶态固体。从热力学观点出发，它是一种亚稳态，较之晶态结构具有较高的内能，在一定条件下可转变为结晶态；但从动力学观点来看，玻璃熔体在冷却过程中，粘度的快速增加抑制了晶核的形成和长大，使其来不及转变为晶态，最终将玻璃熔体的无定形结构保留下来，形成一种具有硬度、刚性和脆性的固体形态的过冷液体。

微晶玻璃（glass-ceramics）是由特定组成的母玻璃在可控条件下进行晶化热处理，在玻璃基质上生成一种或多种晶体，使原来单一、均匀的玻璃相物质转变成了由微晶相和玻璃相交织在一起的多相复合材料。美国常将微晶玻璃称为微晶陶瓷，日本称为结晶化玻璃，我国多称微晶玻璃。

微晶玻璃和普通玻璃的区别在于：在结构方面，前者具有多相结构，包含晶体相和玻璃相，后者仅为均质的玻璃体；在透光性方面，前者既可制备成透明体，也可制成具有各种纹理和色泽的不透明体，而后者一般是透明体；在力学性能方面，前者具有韧性，抗折强度大、抗冲击能力强，而后者具有明显脆性，易碎。

按母玻璃的基础成分，一般可将微晶玻璃分为硅酸盐系统、铝硅酸盐系统、硼硅酸盐系统、硼酸盐系统和磷酸盐系统五大类。应用较广的是铝硅酸盐系统，低膨胀和高抗弯强度 $Li_2O-Al_2O_3-SiO_2$ 系统透明微晶玻璃是其中重要的一种，人们对该系统微晶玻璃的研究也最为透彻。此外，同属铝硅酸盐系统的 $CaO-Al_2O_3-SiO_2$ 系统硅灰石质烧结法建筑装饰用微晶玻璃、$MgO-Al_2O_3-SiO_2$ 和 $CaO-Al_2O_3-SiO_2$ 系统的矿渣微晶玻璃也被深入研究和广泛应用。按微晶玻璃的特征性能，又可分为耐热微晶玻璃、耐磨微晶玻璃、耐腐蚀微晶玻璃、压电微晶玻璃、生物微晶玻璃等等。

从整体上看，微晶玻璃具有结构致密、机械强度高、耐磨、耐腐蚀、抗热震、抗冻、抗风化等许多优良性质，已被广泛用于建筑、化工、电子、电工、生物医学、机械工程、航天、军事等领域。其中，将微晶玻璃应用于建筑装饰领域，是微晶玻璃研发和应用的一个重要方向。

用于建筑装饰的微晶玻璃也叫微晶石、玉晶石，曾用过许多商品名称，诸如微晶石材、人造大理石、珍珠石、微晶板材、微晶饰面板等等，是近年来在建筑行业崭露头角的一支新秀，是一种新型的绿色环保建筑装饰材料。2001年12月17日，在第一届全国微晶玻璃建筑装饰材料技术进步及行业发展研讨会上，将微晶玻璃建筑装饰材料的商业名称统一为"微晶石"。

本书所述的微晶玻璃主要用于建筑装饰领域，但也不排除在其它领域中的应用，故仍以"微晶玻璃"概称；若考虑其用途，也称为"建筑装饰用微晶玻璃"。

§1.2　建筑装饰用微晶玻璃的研发历程

微晶玻璃是由母玻璃经控制晶化行为而制成的晶体和玻璃体相复合的材料。早在1739年，法国的 Réamur 将钠钙硅玻璃瓶放入沙和石膏中进行热处理，制备出了多晶瓷质材料，但未完成对晶化过程的有效控制。直到20世纪50年代美国的 Corning Glassworks 开创了玻璃控制晶化技术制备像多晶陶瓷材料的产品，即微晶玻璃。该公司的 Stookey S D 于1957年发明了光敏微晶玻璃，他研究了晶核剂的作用，成功地推出了以 TiO_2 为晶核剂的化学组成范围很广的微晶玻璃。

从20世纪60年代后期开始，微晶玻璃的研究取得了突破性进展，各种具有优异性能的微晶制品开始进行工业化生产，一些国家的科学家开始研究开发微晶玻璃饰面材料，如前苏联开发成功的"矿渣微晶玻璃"、捷克斯洛伐克以玄武岩作原料生产的"人造玄武岩"和美国开发成功的"人造蛋白石"等。1970年，乌克兰汽车玻璃厂建成了一条年产50万平方米的压延法矿渣微晶玻璃生产线；Beall G H 等则在1976年，以天然玄武岩为原料，采用浇铸法制备出了微晶玻璃。

日本是亚洲开发、使用建筑装饰用微晶玻璃最早的国家，在世界上也最先开发和完善了烧结法生产硅灰石质微晶玻璃装饰板的工业化生产技术。到了20世纪70年代，日本的科学家率先突破技术难关，研制、生产出了具有天然大理石纹理的烧结法微晶玻璃，商品名为"Neoparies"；此后，其它一些国家也相继开发、生产、使用了该类微晶玻璃装饰板；目前，烧结法已成了建筑装饰用微晶玻璃的主流生产技术。

我国开展建筑装饰用微晶玻璃的研究较晚，始于20世纪80年代，但发展较快。烧结法和压延法微晶玻璃制备技术均已进入了规模化生产，其中烧结法的产业化程度最高，应用最为广泛；压延法的产业化应用程度相对较窄；而浇铸法仍未规模化应用。

国内开展微晶玻璃装饰材料研究单位多为大专院校，主要有武汉理工大学玻璃技术研究所、清华大学材料科学与工程系、中国科学院上海硅酸盐研究所、中国地质科学院尾矿利用中心、湖南建材高等专科学校和中国地质大学（武汉）纳米矿物材料教育部工程研究中心等。重点研究的是 $CaO-Al_2O_3-SiO_2$ 系统硅灰石质烧结法微晶玻璃装饰材料。投入建筑装饰用微晶玻璃规模化生产的国内公司主要有广东中辰建材工业有限公司、天津标准国际建材有限公司、汕头股份实业有限公司、山东沂滨建材有限公司、湖南碧辉建材有限公司、内蒙古华孚玻璃厂、河北晶牛集团、河北华旗玉晶石开发有限公司、河北唐山大唐饰材有限公司等。

§1.3　微晶玻璃的微观结构

微晶玻璃是由母玻璃通过控制析晶而制得的由晶相和残余玻璃相构成的一种复合材料，因此微晶玻璃的微观结构与母玻璃密切相关。

1.3.1 母玻璃的微观结构

玻璃结构的无规则网络学说是 1932 年由 Zachariasen W H 提出的,该学说借助于 Goldschmidt V M 的离子结晶化学的一些原则,利用晶体结构阐述玻璃结构,描述了离子-共价键的化合物。Zachariasen 提出[SiO_4]四面体为硅酸盐玻璃的最小结构单元,玻璃中的这种结构单元或者说键状态与晶体类似,构成连续的三度空间网络,只是[SiO_4]四面体不像在结晶化合物中那样相互对称均匀地排列,缺乏对称性和周期性的重复,也就是说,玻璃的近程有序与晶体相似,即形成[SiO_4]四面体,四面体间顶角相形成三度空间连续的网络,但其排列是拓扑无序的(图 1-1)。

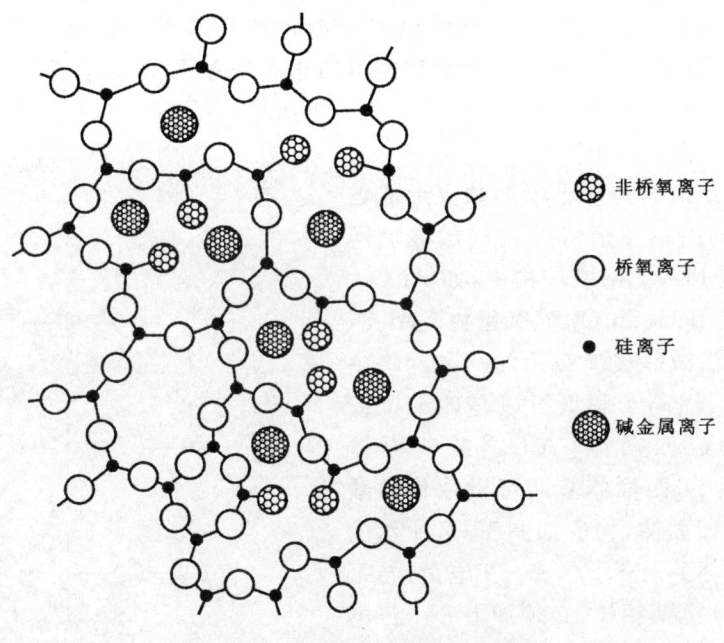

图 1-1 玻璃的二维结构示意图

Fig. 1-1 Two-dimensional representation of the structure of soda-silica glass

[引自:Mcmillan P W. Glass-ceramics (2nd ed.). London:Academic Press,1979. 13]

根据各种氧化物在玻璃网络形成中所起作用的不同,可区分为网络形成体(或称玻璃形成体、网络构成氧化物、玻璃形成氧化物)、网络外体(或称网络调整体、网络修饰体、网络调整氧化物、玻璃调整体)和网络中间体(或称玻璃中间体、中间氧化物)。

网络形成体应满足 4 个条件:①一个氧离子不能和两个以上的阳离子结合,即氧的配位数不大于 2;②阳离子周围的氧离子数不应过多(3 或 4),即阳离子的配位数为 3 或 4;③氧配位多面体之间只能共角顶,不能共棱、共面;④每个氧配位多面体至少有 3 个氧离子与相邻多面体相连,也即至少有 3 个角顶是共用的。因此,SiO_2、B_2O_3、P_2O_5 能符合上述条件,是很好的网络形成体。在硅灰石质烧结法微晶玻璃的化学成分中,主要网络形成体是 SiO_2。此外,为了降低玻璃原料的熔解温度、改良母玻璃的烧结性和析晶性,常掺加 B_2O_3 作为辅助网络形成体。

不符合网络形成条件的氧化物不但不能建立连续的玻璃网络,通常还破坏了网络的桥氧键,削弱了玻璃的网络,因此,这类氧化物被称为网络外体。碱金属和碱土金属均属于这一类。前人研究发现,当把 Na_2O 加进硅酸盐玻璃中形成硅酸钠玻璃时,就会发生如下反应:

$$—Si—O—Si— + Na_2O \longrightarrow —Si—O—Na \quad Na—O—Si— \tag{1-1}$$

式中显示,本来由桥氧离子连接的两个[SiO_4]四面体的链,被代之以两个非桥氧离子,其中之一是氧化钠提供的。因此,引入氧化钠的结果使连续的网络结构产生断裂,钠离子就充填在无序网络结构的孔洞中或间隙中,如图 1-1 所示。将氧化钠引入玻璃中会导致玻璃粘度的降低,其原因正是由于玻璃网络中键被削弱的缘故。其它的碱金属氧化物,如 K_2O、Li_2O 均以同样的方式参加玻璃结构。当把碱土氧化物 CaO、MgO 和 BaO 掺入玻璃中时,其金属阳离子占据网络空隙位置,而两个氧离子转变为玻璃网络的非桥氧离子,把网络断开。对于二价阳离子(Mg^{2+}、Ca^{2+}、Ba^{2+}),每一对非桥氧离子占有一个阳离子;而对于一价阳离子(Li^+、Na^+、K^+),每一对非桥氧离子占有两个阳离子。

网络中间体是指那些自己不能独立形成玻璃网络,但掺加到由网络形成体构成的玻璃网络时,又能够部分加入到网络结构中,如 Al_2O_3、ZnO、ZrO_2、TiO_2、BeO、Sb_2O_3 等氧化物。Al_2O_3 是硅灰石质烧结法微晶玻璃必用的一种网络中间体。在晶体中,铝离子和氧可以是四配位或六配位,从而构成四面体[AlO_4]或八面体[AlO_6]基团。其中,四面体基团可以取代硅酸盐晶格的[SiO_4]四面体,构成如图 1-2 所示的网络排列。由于每个铝离子具有+3 电荷,与每个硅离子带有+4 电荷相比,必须加上一个正电荷,以满足电价平衡的要求。碱金属和碱土金属离子可起平衡电价的作用,且有理由相信,这些平衡[AlO_4]四面体的金属离子是充填在玻璃网络中的四面体基团之间的空隙中。

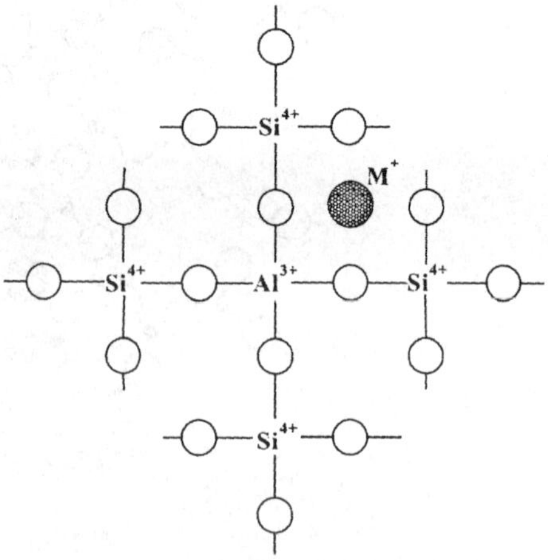

图 1-2 硅氧网络中的铝位置示意图
Fig. 1-2 Aluminium in a silicate network
[引自:Mcmillan P W. Glass-ceramics (2nd ed.). London: Academic Press, 1979. 14]

此外,ZnO 也可作为硅灰石质烧结法微晶玻璃的网络中间体,且在微晶玻璃配方中,对它的选择余地很大,既可将其掺量提高到 10%,也可降为 0%。Zn^{2+} 具有较高的场强,有可能以四面体的形式存在,进入玻璃网络,使已被网络外体分断的[SiO_4]四面体重新接合,起到修复网络的作用,使得不利结构得以加强。因此,ZnO 的掺入有利于控制硅灰石晶体的析出速度。

1.3.2 微晶玻璃的微观结构

微晶玻璃是由可晶化母玻璃在适当的热处理温度制度下析出晶体,最终形成晶体相和玻璃相共同构成的复合材料。其中,结晶相是多晶结构;玻璃相作为析晶后未晶化的残余相,故分布在晶体之间,把晶体结合起来。按照晶体形貌和晶体集合状态,微晶玻璃微观结构可分为板条结构、针状结构、树枝状结构、球状结构及超细晶粒结构。

现役烧结法利用玻璃颗粒表面析晶,晶体向玻璃颗粒中心方向生长,形成针状晶体结构。但从单个原始玻璃颗粒来看,大量的针状晶体从原始玻璃颗粒表面指向中心,形成球状晶簇形貌。本书后续将述的裂纹玻璃晶化法利用裂纹面优先析晶,再以枝晶生成机理向玻璃碎屑内部生长,最终形成了典型的枝状晶体结构。

结晶学研究表明,硅灰石晶体有3个同质多象变体:硅灰石(低温变体,空间群为 $P\bar{1}$)、副硅灰石(空间群为 $P2_1/a$)和假硅灰石(也称环硅灰石,属环状结构硅酸盐,空间群为 $P\bar{1}$;为硅灰石的高温变体)。现役烧结法和本书裂纹玻璃晶化法采用的 $CaO-Al_2O_3-SiO_2$ 系统的母玻璃通过表面析晶析出的主晶相常为 β-硅灰石(β-$CaSiO_3$,也可表示为 $Ca_3[Si_3O_9]$ 或 $CaO \cdot SiO_2$),它的高温变体是假硅灰石(α-硅灰石)。α-硅灰石是一种高温型结构,晶体结构属于三斜,是三元环状结构,不具有增韧性能,而 β-硅灰石晶体是三斜链状结构(图1-3),具有较好的增韧和增强性能,适合作为建筑装饰用微晶玻璃的设计晶体。硅灰石与假硅灰石之间的理论转变温度为1 126℃。

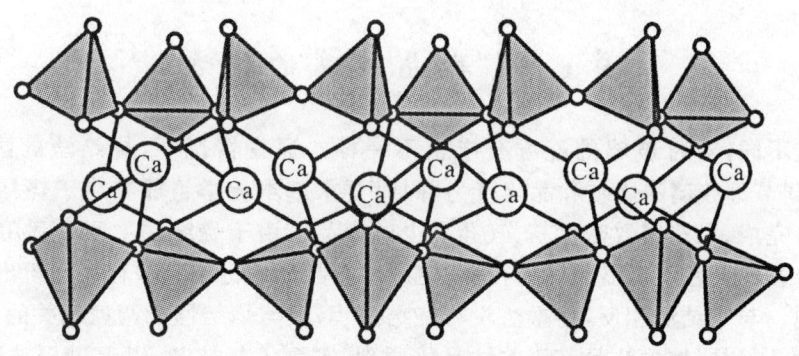

图1-3 β-硅灰石结构图

Fig. 1-3 Schematic of chain silicate of the β-wollastonite crystal

(引自:Höland W, Beall G H. Glass-ceramic technology. Westerville: The American Ceramic Society, 2002. 325)

§1.4 现役生产工艺概述

建筑装饰用微晶玻璃的现役制备工艺可分为两种,即烧结法和熔融法。其中,基于成型方法不同,熔融法又可分为压延法和浇铸法,也有学者直接将建筑装饰用微晶玻璃的制备工艺分为烧结法、压延法和浇铸法3种(表1-1)。烧结法应用最广,在实验室实验和规模化生产中均有利用;而浇铸法仅适用实验室实验,由于无法经济地解决大规格产品的浇铸问题而未能在规模化生产中得到应用;压延法是最早应用到规模化生产中的,但现在的应用规模远不及烧结法。

表 1-1 工艺分类表

Table 1-1 Classification of the processes preparing glass-ceramics

工艺分类		烧结法	熔融法	
			压延法	浇铸法
应用场合	实验室试验	应用	极少应用	应用
	规模化生产	应用	应用	极少应用
工艺特色		玻璃颗粒装模烧结、表面析晶,产品有纹理	玻璃熔体压延成型、整体晶化成微晶玻璃	玻璃熔体浇铸成型、整体晶化成微晶玻璃

此外,在实验室实验中,常以浇铸法替代压延法进行配方和热处理温度制度的实验,但实验成果在随后的产业化应用中将仍以压延法进行投产。需说明的是,烧结法又可分为玻璃颗粒烧结法和玻璃粉末烧结法,但鉴于粉末烧结法在制备建筑装饰用微晶玻璃领域未得到实际应用,故除特别说明之外,本书所述烧结法均指玻璃颗粒烧结法。

§1.5 微晶玻璃的配方

生产工艺不同,对母玻璃的配方要求也不一样。通常情况下,烧结法的配方需要掺加 ZnO、BaO 来调节母玻璃的烧结和晶化行为,同时要求基本化学组成有利于烧结,确保烧结在大量析晶之前完成,以获得致密度高、气孔率少的产品。由于烧结法主要是利用 $CaO-Al_2O_3-SiO_2$ 系统母玻璃易表面析出晶体的特征,使硅灰石晶体从母玻璃颗粒表面析出,因此不需掺加任何晶核剂。与烧结法相反,熔融法没有烧结过程,故与烧结性能调控相关的成分在熔融法中均不需考虑。但是,熔融法是基于整体晶化原理,需引入晶核剂,以促进母玻璃分相、成核,完成核化和晶化过程。表 1-2 给出了两种生产工艺的基本配方成分。

表 1-2 不同生产工艺对母玻璃的化学成分需求

Table 1-2 Chemical composition requirements of different processes producing glass-ceramics

成分分类		烧结法	熔融法
基本化学成分		SiO_2、Al_2O_3、CaO、Na_2O、K_2O 等	SiO_2、Al_2O_3、CaO、MgO、Na_2O、K_2O、Li_2O 等*
具有特殊功能的化学成分	烧结和析晶调控成分	BaO、ZnO	不需要
	晶核剂	不需要	F^+、S^{2+}、TiO_2、ZrO_2、Cr_2O_3、P_2O_5 等
	澄清剂	Sb_2O_3、As_2O_3	Sb_2O_3、As_2O_3、$NaNO_3$
	助熔剂	B_2O_3	B_2O_3

*注:具体的基本化学成分应根据所选的母玻璃系统来确定。

由于析晶原理、工艺步骤不同,烧结法和压延法的配方范围有较大的差异,总的来说,熔融法的配方范围较宽,而烧结法的配方范围较窄。这主要是由于烧结法要充分考虑玻璃颗粒的烧结质量,要求在析晶前完全烧结,因此,成分一旦波动,就可能导致烧结和析晶秩序倒置,致使烧结过程难以高质量完成。表 1-3 给出了烧结法和熔融法的配方范围。当然,精准的配方还需要基于所用原料、产品设计要求以及所选择的母玻璃系统来确定,经过周密系统的配方实验方可得出。

表 1-3 不同生产工艺的基本配方($w_B\%$)

Table 1-3 Basic mix-designs of different processes producing glass-ceramics ($w_B\%$)

化学成分	SiO_2	Al_2O_3	CaO	R_2O	$BaO+ZnO$	晶核剂	澄清剂	助熔剂
烧结法	55~65	4~8	16~20	5~8	8~10	不需要	0.5~1	1~2
熔融法	50~75	5~10	10~25	5~15	不需要	0.5~8	0.5~1	0~2

§1.6 常用原料

根据原料的来源,可将制备建筑装饰用微晶玻璃的原料分为 3 类:矿物原料、化工原料、固体废弃物。其中,将固体废弃物用于制备微晶玻璃,既可减少原料费用,降低玻璃熔炼温度和能耗,又能使废物资源化利用,消除环境污染,故具有很好的经济和社会效益。然而,固体废弃物往往含有一些对母玻璃熔制、析晶不利的成分,从而影响到最终的产品质量,故在选用固体废物时应加强对固体废物中不利成分的测试分析,并通过配方优化、掺加互补性辅助原料等手段来降低不利成分的影响,稳定产品质量。此外,废玻璃的主要成分与微晶玻璃的母玻璃成分相近,故完全可将废玻璃作为一种熟料用于微晶玻璃生产。

1.6.1 矿物原料

矿物原料是制备微晶玻璃的基本原料。现役烧结法建筑装饰用微晶玻璃采用最为普遍的母玻璃系统是 $CaO-Al_2O_3-SiO_2$ 三元系统,其主要化学成分为 SiO_2、CaO、Al_2O_3,约占总量的 $85w_B\%$ 以上。因此石英砂(硅砂)、长石、石灰石就成了生产烧结法微晶玻璃的基本原料。同样,熔融法制备建筑装饰用微晶玻璃时也常采用 $CaO-Al_2O_3-SiO_2$ 系统、$MgO-CaO-Al_2O_3-SiO_2$ 系统或 $Li_2O-Al_2O_3-SiO_2$ 系统,原料选配中相对于烧结法而增加了白云石、锂辉石等。此外,萤石因含有 F^- 而作为晶核剂被引入。

在烧结法中,对所有矿物原料的 Fe_2O_3 指标都有严格的要求,这是缘于该成分在母玻璃及微晶玻璃中会显色,也会促进母玻璃析晶而影响玻璃颗粒的烧结性,因而在现役烧结法中受到严格的限制。与此相反,在熔融法中,因不需考虑烧结性问题,理论上对 Fe_2O_3 含量指标要求较低,甚至还可设计生产利用铁氧化物作为晶核剂的微晶玻璃配方系统。同理,熔融法对原料的其它指标要求也很宽松。

1.6.2 化工原料

常用的化工原料有纯碱、碳酸钡、氧化锌、氧化铝、碳酸钾、三氧化二锑、硝酸钠、硼酸或硼砂等。其中,纯碱是微晶玻璃的主料,引入的 Na_2O 是降低玻璃熔融温度和粘度、形成玻璃体的主要成分;由碳酸钡、氧化锌引入的BaO、ZnO是调节玻璃颗粒烧结性和析晶性的主要成分,在烧结法中掺量很大,可视为主料,但在熔融法中可完全不用;氧化铝作为一种调节性原料,主要用于弥补长石原料中的Al_2O_3含量的变化;三氧化二锑、硝酸钠作为澄清剂,硼酸或硼砂作为助熔剂被广泛使用。

此外,在熔融法中,为促进母玻璃的整体析晶,常需要引入晶核剂原料,如二氧化钛、三氧化二铬、二氧化锆、氟化钙(也可由萤石矿物引入)、硫化物等;而在烧结法中,由于玻璃颗粒存在大量的比表面积和表面缺陷,可以使玻璃表面析晶,通常不加晶核剂。

由于化工原料价格较高,因此,在微晶玻璃配方中,尽可能多用天然矿物原料是降低原料成本的必然选择。例如,陈国华等提出了用衡山钠长石替代工业氧化铝和纯碱,部分替代石英砂,并减少或不用硼砂或硼酸。

1.6.3 固体废弃物

制备建筑装饰用微晶玻璃,除了使用传统的化工、矿物原料外,一些固体废弃物也被用作主要原料,特别是煤矸石、粉煤灰、垃圾焚烧灰、高炉渣、钢渣、赤泥、高岭土尾矿、铁矿尾矿、金矿尾矿、铜矿尾矿、钨矿尾矿、高炉钛渣等在制备微晶玻璃方面已得到广泛的重视和深入的研究,为这些尾矿废渣的综合开发利用奠定了理论和技术基础,也为解决环境污染和资源再生提供了一个有意义的途径。因此,微晶玻璃被列为国家资源综合利用行动的战略发展重点和环保治理重点。

许多固体废弃物主要含SiO_2、Al_2O_3、CaO、MgO、Na_2O、K_2O等化学成分,与微晶玻璃的成分要求一致,所以,从理论上讲,均可用作微晶玻璃的原料。利用固体废弃物制备微晶玻璃的基本出发点是利用固体废弃物本身含有的SiO_2、Al_2O_3、CaO、MgO、Na_2O、K_2O等替代传统矿物和化工原料中的相应成分,同时针对固体废弃物中的杂质成分(如Fe_2O_3、MnO、P_2O_5、TiO_2及重金属等)对工艺和产品质量的影响展开研究,寻找措施克服这些杂质成分的影响,或者通过对工艺流程、产品质地等进行变通处理,使杂质成分从有害成分转化为有用成分,以达到因地制宜地加以应用之目的。

将微晶玻璃制备技术移植到固体废弃物的资源化领域,是当前微晶玻璃研究的热点之一。尽管烧结法和熔融法均可用于固体废弃物微晶玻璃的制备中,但是,烧结法对原料和配方要求都很严格。而固体废弃物中通常含有铁、钛及其它重金属元素,可促进母玻璃核化和析晶。大量研究已证实,如果母玻璃的析晶能力太强,析晶温度过低,就可能阻碍玻璃颗粒的烧结,使产品的致密度降低、气孔率增加、质量下降,严重时失去销售和使用价值。相反,由于熔融法不必考虑母玻璃颗粒烧结性问题,因此,从理论上讲,只要是含硅酸盐的固体废弃物,即使含有析晶能力强的杂质,如铁、钛、铬等,通过原料改性后,均可采用熔融法工艺制备成微晶玻璃。正基于此,许多学者对熔融法在固体废弃物资源化利用方面进行了较深入的研究。

鉴于本书所论述的微晶玻璃制备新工艺裂纹玻璃晶化法对原料质量、母玻璃的烧结性和析晶性要求范围很宽,理论上可引用多种固体废弃物作为原料应用裂纹玻璃晶化法来生产建筑装饰用微晶玻璃,故在此对一些可引入微晶玻璃生产的固体废物进行较为详细的介绍。此外,本书的裂纹玻璃晶化法的工艺基础与现役烧结法相近,因此,以下仅对烧结法制备尾矿废渣微晶玻璃的研究现状进行介绍。

适用于制备建筑装饰用微晶玻璃的固体废弃物主要是含硅酸盐、铝硅酸盐的尾矿废渣,其微晶玻璃产品也被称为尾矿废渣微晶玻璃,常被分成两类:第一类是废渣微晶玻璃,又可分为矿渣微晶玻璃(如高炉渣、钢渣、磷渣等)和灰渣微晶玻璃(如粉煤灰、城市垃圾焚烧灰、火山灰等);第二类是尾矿尾砂微晶玻璃(如高岭土尾矿、铁矿尾矿、金尾砂、铜尾砂等)。尾矿废渣微晶玻璃的化学组成多属于 $CaO-MgO-Al_2O_3-SiO_2$ 或 $CaO-Al_2O_3-SiO_2$ 系统,并按照微晶玻璃成分设计,适当补充石英砂、长石、石灰石等矿物原料以及化工原料。

1.6.3.1 矿渣微晶玻璃

尽管矿渣微晶玻璃自20世纪60年代问世以来在许多国家得到了迅速发展,形成了规模化生产,但所使用的工艺主要为熔融法(压延法和浇铸法),很少利用烧结法工艺。程金树等利用还原性钢渣采用烧结法工艺进行了微晶玻璃的制备试验研究,由于还原性钢渣含有很高的 CaO、MgO 成分,为了提高该钢渣的掺加量,他们采用了高钙、镁配方。由于 CaO、MgO 的高含量使母玻璃的析晶能力很强,采用二步法(先烧结后晶化)很难得到表面平整、烧结良好、花纹清晰的产品,故他们通过实验对比,认为采用一级热处理温度制度比较合理,即不进行烧结保温,而以较慢的升温速度(2℃/min)直接升到析晶温度下保温析晶。这样的温度制度与该作者以前的烧结法理论,即要求在析晶前通过烧结保温而使颗粒完全烧结的提法相左。尽管作者采用一次高温保温析晶能使玻璃颗粒烧结一体,且样品表面光滑平整,但是,文中并未给出产品的气孔率等致密度指标。另外,戴永康也详细介绍了利用高炉矿渣制备微晶玻璃的实验过程和结果。

1.6.3.2 灰渣微晶玻璃

粉煤灰是火力发电厂燃烧粉末状煤炭而残留下的粉状废渣,其化学成分随煤种不同而有差异,但一般粉煤灰都含有如下成分:SiO_2、Al_2O_3、CaO、Fe_2O_3、MgO、R_2O 等。其矿物组成为玻璃质、石英、莫来石、硅酸二钙、三铝酸五钙等。因本身已含有不少玻璃质,故对微晶玻璃母玻璃的熔制有利。以粉煤灰为原料生产的微晶玻璃已问世多年,但仅限于熔融法工艺,且产品品种单一。

汤李缨、程金树等采用颗粒烧结法,对利用粉煤灰制备微晶玻璃装饰板进行了试验。由于粉煤灰主要成分是铝硅酸盐,Al_2O_3 含量较高,但为了使粉煤灰的掺量保持在较高的水平,不可避免地采用高铝配方(15 w_B% Al_2O_3),必然导致玻璃的液相粘度过高,析晶能力降低,不利于玻璃颗粒的烧结和晶化。对此,他们采用了两个改良措施,一是降低 SiO_2 含量,使 $Al_2O_3+SiO_2$ 的总含量不至于过高;二是大幅度提高 Na_2O 的含量,以降低玻璃液相粘度,促进玻璃颗粒的烧结和晶化。何峰等用另一种思路对粉煤灰通过烧结法制备微晶玻璃进行了研究。他们根据粉煤灰中的 Al_2O_3 含量与烧结法要求的含量间的关系,用粉煤灰中的 Al_2O_3 来替代传统配方中的 Al_2O_3,替代量分别是 100%、80%、60%、40%、20%,不足部分以化学纯 Al_2O_3 引入。结果发现,粉煤灰的掺量变化并未引起晶类、晶形、析晶量的变化。可见,用粉煤灰引入 Al_2O_3 是基本可行的,只是可能掺入的粉煤灰量过低,环保意义不大。

随着城市生活垃圾焚烧处理技术的发展,大量的垃圾焚烧灰亟待资源化处理。近年来,利用垃圾焚烧灰制备微晶玻璃的研究日益增多。Karamanov A,Boccaccini A R,Cheng T W,Park Y J 等对此均有研究。特别值得一提的是,Karamanov A 等采用玻璃颗粒烧结法,以快速升温(>20℃/min)的方式制备出气孔率极低的垃圾焚烧灰微晶玻璃。此外,Karamanov A

等采用颗粒烧结法,以固体废弃物为主料,制备出了透辉石质微晶玻璃,经打磨后有类似花岗岩纹理,可用于建筑装饰。

Boccaccini A R 等在论文中特别强调,以城市生活垃圾焚烧灰作为主要原料时,不须外掺晶核剂就可达到较佳的晶化效果。在 Boccaccini A R 等的另一篇论文则介绍了仅用城市生活垃圾焚烧灰,不须掺加任何添加剂、助熔剂或晶核剂,直接在 1 300℃/2h 熔制玻璃后再经晶化处理为微晶玻璃。

Barbieri L 等利用粉煤灰或城市生活垃圾焚烧灰与废玻璃、白云石等混合作为原料,通过配方计算,设计并熔制出(Na_2O-MgO)-$CaO-Al_2O_3-SiO_2$ 系母玻璃,再以不同的热处理温度制度制备出多种晶系的微晶玻璃,并着重研究了 CaO、Al_2O_3 和 Fe_2O_3 等成分变化对母玻璃的玻璃化转变温度、晶化温度及微晶玻璃产品的晶相的影响。

1.6.3.3 尾矿尾砂微晶玻璃

武汉理工大学的研究人员对利用高岭土尾矿作为主要原料制备微晶玻璃的技术进行过系统的研究,并将开发出的技术成功地应用到了广东中辰泛华建材股份有限公司。他们所用的高岭土尾砂的质量要求是:$SiO_2>99.0\%$、$Fe_2O_3<0.10\%$。因此,严格来说,这样的高岭土尾砂并不属于固体废弃物,本质上是石英砂资源的利用。Toya T 等也进行了利用高岭土尾矿制备微晶玻璃的研究,但他们采用的是玻璃粉末烧结法,产品主晶相为透辉石或钙长石。

中国地质科学院尾矿利用技术中心的徐放开展了如何利用铁矿尾矿采用烧结法工艺制备微晶玻璃的研究,结果表明,引用铁尾矿作为微晶玻璃的原料是可行的;但她同时指出,由于尾矿成分复杂,无代表性组分,不能用作 $CaO-Al_2O_3-SiO_2$ 体系的主料替代物,只能作为原料平衡体系的补充成分加入。北京工业大学的田英良等也研究了烧结法制备铁矿尾矿微晶玻璃,他们研究出的配方为高铁、低钙、掺镁的配方,即 TFe_2O_3 含量在 6.5% 以上,而 CaO 低于 14%,另外掺加 7%～8% 的 MgO,形成 $CaO-MgO-Al_2O_3-SiO_2$ 系统;为了促进母玻璃析晶,另引入 1.5% Cr_2O_3 和 2.5% TiO_2 作为复合晶核剂;热处理后的微晶玻璃样品的主晶相为 $CaO·(MgOFeO/Fe_2O_3)·2(SiO_2Al_2O_3)_2$,属于混合型的透辉石结构,次晶相为硅灰石相;值得注意的是,文中并未说明产品的致密度,也未涉及母玻璃颗粒的烧结机理。

1.6.4 废玻璃

废玻璃(glass cullet)也是一种常见的、数量庞大的固体废弃物,对它的回收利用反映了一个国家的资源循环利用水平。由于废玻璃含有制备普通玻璃的基本化学成分,因此,将废玻璃循环利用于玻璃工业已是世界通用的做法。但由于废玻璃来源广,成分复杂,要应用来生产质量要求很高的日用透明玻璃是很困难的,因为废玻璃中的杂质成分将严重影响玻璃成型质量和产品的颜色和透光性。相反,由于微晶玻璃制备中对母玻璃的成型质量要求很低,对深色微晶玻璃产品色泽影响也不大,因此,将废玻璃视为劣质原料,类似固体废弃物一样,可用于工艺要求不严的深色系列微晶玻璃。

由于废玻璃中含有较高的 Na_2O 等玻璃熔剂成分,当以其它固体废弃物作为主料进行微晶玻璃配料设计时,废玻璃可作为熔剂性辅料。例如,Barbieri L 等对此进行了深入的研究。他们利用废玻璃来补充城市生活垃圾焚烧灰中的碱金属含量的不足,两者按适当比例配料,不需要再掺加其它辅料就能直接制备出微晶玻璃。Barbieri L 等还利用城市生活垃圾焚烧灰与钢铁企业飞灰、有色废玻璃、白色废玻璃等相互搭配,制备出了含有硅灰石、透辉石、钙长石和氧化铁等多种晶相相混合的微晶玻璃。废玻璃的掺入主要为了增加Na_2O的含量以降低玻璃粘度,而钢铁飞灰则可引入Fe_2O_3、ZnO等非常有效的晶核剂。Francis A A 等利用废玻璃与粉煤灰混合配料,也制得了晶相为透辉石、普通辉石和斜长石的微晶玻璃。Bernsteina A G 等在研究威尼斯泻湖淤泥制备微晶玻璃时,也引用废玻璃作为成分调节原料,将淤泥成分调至可熔融、并有利于析晶的范围。

§1.7 建筑装饰用微晶玻璃的特性及性能优势

对于建筑装饰用微晶玻璃,当前研发、生产、销售最为成功的是硅灰石质烧结法微晶玻璃。由于该类微晶玻璃在生产过程中巧妙地利用了硅灰石晶体容易从玻璃颗粒表面析出的特点,形成大量晶界面,显示出粗细不均、类似天然大理石的颗粒纹理;残余玻璃相能将晶体纹理映射出来,富有立体感、层次感、玉质感,同时,增加微晶玻璃板的光泽度,显示出晶莹剔透的高贵装饰气质,装饰效果极佳。另外,由于微晶玻璃是由晶相与玻璃相紧密结合的多晶复合材料,兼具玻璃、陶瓷和晶体的特点,与天然石材装饰材料如大理石和花岗岩板相比,微晶玻璃具有结构致密、强度高、硬度大、耐磨、耐腐蚀、抗风化能力强、不吸水、抗冻性好、耐化学腐蚀性好、花色品种多、无放射性等特点,可广泛用作高档建筑物的内墙、地面、台面、柱石和外墙的装饰。

一些大型微晶玻璃制造厂商的产品与天然石材间的性能对比见表1-4。值得指出的是,建筑装饰用微晶玻璃还具有以下优势:①丰富多变的颜色。已生产出棕红、大红、橙、黄、绿、蓝、紫、白、灰、黑等基本色泽,且可任意组合各种色调;②光线不论由任何角度射入,均可被晶

表1-4 部分厂商的微晶玻璃产品质量及与天然石材间的对比

Table 1-4 Comparison of the performances between the glass-ceramics produced by some Chinese corporations and natural stone decorative materials

产品名称	微晶玻璃				花岗岩	大理石
	天标烧结法微晶玻璃	中辰烧结法微晶玻璃	晶牛压延法微晶玻璃	日本烧结法微晶玻璃		
密度(g/cm^3)	2.7	2.65~2.7	3.00	2.7	2.6~2.8	2.6~2.7
弯曲强度(MPa)	46.55	40~60	107	51	15	17
抗压强度(MPa)	390	/	/	120~560	60~300	90~230
抗冲击强度(kJ/m^2)	/	2.45	2.41	1.045	0.84	0.88
莫氏硬度	6.5	6.5	6~7	6.5	5.5	3~5
热膨胀系数($\times 10^{-7}/℃$,30~400℃)	60	80	/	65	50~150	80~260
吸水率(%)	0	0.02	0	0	0.35	0.3
耐酸性($1\%H_2SO_4$,%)	0.08	0.08	/	0.08	1	10.2
耐碱性($1\%NaOH$,%)	0.05	0.05	/	0.05	0.1	0.3
抗冻性(%)	/	0.028	/	0.23	0.25	0.23

体漫反射,形成自然柔和的质感,不会形成光污染;③色差小,大面积装饰时整体效果好;④强度大,可薄化、轻量化;⑤吸水率低,表面不易吸污,易清洁;⑥优良的耐候性及耐久性,曾被喻为"建筑物永不褪色的外衣";⑦弯曲成型容易,能够制得任意规格的曲面板;⑧原料来源广,甚至固体废弃物也可作为主料使用。

有必要补充的是,微晶玻璃装饰板材的生产、消费过程以及产品性能完全符合现代环保理念。微晶玻璃生产主要采用石英砂、石灰石、长石等,均是蕴藏丰富的矿物原料,还可部分采用固体废弃物作为原料;生产中切裁下来的边角料全部可以作为原料回炉使用,生产用水循环利用,无废渣、废水排放;因产品无放射性、表面不渗污、不吸附侵害人体的细菌等物质,所以不会造成室内环境污染特别是放射性污染。相比之下,天然石材在生产过程中会造成山体生态环境的破坏,其产品往往还具有一定放射性辐射危害。

第二章 现役生产工艺

上一章已对建筑装饰用微晶玻璃的现役生产工艺的分类及应用情况作了概述。考虑到本书将基于现役工艺的不足而探讨一种新的制备工艺,即裂纹玻璃晶化法;又由于该工艺既汲取了烧结法中玻璃颗粒易表面析晶并形成纹理的优点,又融合了熔融法高质量的成型技术,因此,有必要专辟一章对现役烧结法和熔融法的相关研究展开更为详尽的综述介绍。

§2.1 产生及发展

现在广泛采用的生产硅灰石质微晶玻璃装饰板的烧结法技术诞生在日本。1971年,日本一个微晶玻璃课题组经过许多试验后,利用玻璃颗粒烧结法,成功制备出具有大理石纹理的微晶玻璃板;1974年,在日本京都召开的第十次国际玻璃会议上,该成果由Kawamural S等发表出来,并于同年,日本电气硝子株式会社(Nippon Electric Glass Co. Ltd., Otsu, Shiga)正式生产出烧结法微晶玻璃,主要用于建筑装饰材料,此后日本许多现代化建筑物外墙及地铁站采用这种微晶玻璃来装饰。该工艺不需掺加晶核剂,直接基于$CaO-Al_2O_3-SiO_2$系统母玻璃易表面析晶原理,在玻璃颗粒界面上优先析出、并向颗粒内部生长出β-硅灰石($\beta-CaSiO_3$)晶体。最近,Karamanov A等又研究出了透辉石质烧结法微晶玻璃。他们利用不同的工业废弃物和天然原料制备出玻璃颗粒料,再采用非常高的升温速率(>20℃/min)迅速升至晶化温度下,在烧结的同时析出晶体;晶体主要为透辉石($CaMg[Si_2O_6]$),显微镜下可见到纤维状晶体从原始玻璃颗粒表面析出,再与表面相垂直的方向向玻璃颗粒内部生长,产品经抛光后仍可见颗粒纹理。

烧结法的工艺特点是将玻璃熔体水淬制得玻璃颗粒料,再将玻璃颗粒料盛装在模具中,烧结与晶化成微晶玻璃原板,最后打磨抛光成光滑的微晶玻璃装饰板。可见,烧结法将玻璃工艺、陶瓷工艺、石材加工工艺有机"融合"。熔制工艺与玻璃熔制相似,而烧结则是生产陶瓷的工艺方法,磨抛和切割工艺又与石材的加工工艺相同。

我国对烧结法微晶玻璃装饰板的研究开发虽然起步较晚,但在较短的时间内取得了很大进展。20世纪90年代初,武汉理工大学玻璃科学技术研究所从微晶玻璃的组成、结构与性能等基础研究入手,对以β-硅灰石为主晶相的$CaO-Al_2O_3-SiO_2$系统微晶玻璃板材的工业化生产技术进行了系统研究,并在国内首次开发出成套工业化生产专用设备,工业化开发也获得成功,其综合工艺技术处于国内领先地位,达到国际先进水平。1995年,广东茂名中辰集团有限公司采用武汉理工大学的烧结法微晶玻璃装饰板生产技术,建成国内首条微晶玻璃装饰板生产线。随后,武汉理工大学又分别于1999年和2004年通过技术转让,承建了山东沂滨建材有限公司和湖南碧辉建材有限公司的烧结法微晶玻璃生产线。国内另一家采用烧结法工艺的知名企业是天津标准国际建材工业有限公司。

作为熔融法的代表工艺——压延法的研发历史早于烧结法。20 世纪 60 年代，前苏联以矿渣等废料为主要原料，采用压延法生产出平板微晶玻璃，产品主要用作化工、采矿行业的抗腐蚀、耐磨材料，后来拓展应用到建筑装饰领域。我国对压延法的工业化生产试验始于 20 世纪 90 年代，河北晶牛集团是压延法的代表，完全掌握了连续压延法生产技术，并拥有自主知识产权。

熔融法的另一工艺是浇铸法。在 20 世纪 80 年代，华东化工学院（现为华东理工大学）研究了浇铸法制备微晶玻璃技术，并通过技术转让在江苏连云港进行中试，制备出了 200mm×200mm 等不同规格的产品，但因产量、质量、成本、销售等问题停产。迄今国内尚无厂家采用此法生产。但是该工艺在实验室研究方面应用广泛，几乎所有的压延法工艺在实验室前期试验中，均以浇铸法代之。

§2.2　工艺原理、流程及特点

2.2.1　工艺原理

烧结法的基本原理是利用玻璃颗粒的可烧结性和易表面析晶性，将玻璃颗粒置于耐火模具中，利用特定的温度制度使玻璃颗粒烧结成玻璃板，同时在原始玻璃颗粒表面析出晶体，制得具有颗粒状纹理的微晶玻璃。

熔融法的工艺原理是，利用压延或浇铸工艺将玻璃熔体制成母玻璃原板，再对玻璃原板进行晶化热处理，利用预先配入玻璃原料中的晶核剂促使母玻璃发生分相、成核，最后整体析晶，生成微晶玻璃。

采用烧结法制备微晶玻璃，通常以 $CaO-Al_2O_3-SiO_2$ 系统作为母玻璃。由于位于该系统高硅区域的母玻璃颗粒容易发生表面析晶，故配料中不需掺加晶核剂。玻璃颗粒表面析出的枝状或针状 β-硅灰石晶相插入残余玻璃相中。但原始玻璃颗粒的界面和内部析晶量有显著差异，前者处析晶量大，而后者处析晶量低，表里析晶量不同，形成大量晶界面，宏观上显示出颗粒状纹理。反之，采用熔融法，母玻璃系统常选用 $CaO-MgO-Al_2O_3-SiO_2$ 或 $Li_2O-Al_2O_3-SiO_2$ 系统，均不具有整体析晶能力，且母玻璃也没有足够的比表面积和结构缺陷，不可能依赖表面析晶而使母玻璃整体晶化，故通常通过掺加晶核剂，才能促使母玻璃的整体晶化。可见，烧结法和熔融法的工艺原理本质区别就在于析晶机理的不同，烧结法基于表面析晶（surface crystallization），而熔融法基于整体析晶（volume crystallization）。

刘允超通过对比实验，确认了烧结法工艺中玻璃颗粒表面析晶的重要性。他利用同样的配方及熔制条件分别制得玻璃颗粒和玻璃块，随后，在相同的热处理条件进行晶化处理，结果发现，浇铸法所用的玻璃块料经晶化处理后 XRD 图谱峰值微弱，不易分辨，晶化程度极低；而烧结法所用的玻璃颗粒料析晶充分。Barbieri L 等也通过实验验证了烧结法的表面析晶要比熔融法的整体析晶容易得多。他们的实验结果显示，同样配方的母玻璃，烧结法的表面析晶发生在 850℃，而熔融法的整体析晶至少要在 1 000℃ 以上才能显著发生。

2.2.2 工艺流程

烧结法的工艺流程是：配料→混合→玻璃熔制→水淬成玻璃颗粒→烘干→过筛→分级→装模（铺料）→烧结→晶化→磨抛→检验→成品→入库。具体生产过程为：将玻璃配合料投入池窑内，用1 450~1 550℃的高温熔融成均匀的玻璃体；再直接投入水中，冷淬成玻璃颗粒，经烘干、过筛、分级成为几种不同粒级的玻璃颗粒料；然后按预设的厚度均匀地铺布在耐火模具内，置于窑车上，送入隧道窑或梭式窑中晶化热处理；在约850℃保温60~90min，将玻璃颗粒烧结一体；在约1 100℃保温60~120min，完成晶化过程；随后在700℃左右退火后制得微晶玻璃原板；再经研磨、抛光制得具有颗粒纹理的微晶玻璃装饰板。

熔融法工艺是将玻璃配合料熔融成玻璃液后，采用适当的成型方法制成母玻璃板，退火后直接进入晶化窑，经一定的晶化热处理后，制成晶粒细小、含量多、结构均匀的微晶玻璃制品。现役熔融法主要包括压延法和浇铸法两种工艺。压延法的工艺流程为：配料→混合→玻璃熔制→压延→热切割→晶化→磨抛→检验→成品→入库，即将玻璃配合料熔炼成玻璃液后，利用压延机压延成玻璃板；浇铸法的工艺流程为：配料→混合→玻璃熔制→浇铸→脱模→晶化→磨抛→切割→检验→成品→入库。

2.2.3 工艺特点

烧结法工艺的优点在于：①产品的表面酷似天然石材，理化性能优于天然石材；②析晶快，容易控制析晶过程；③产品的厚度及规格易于调整，市场适应性好，如可生产厚度8~22mm、规格达900mm×1 800mm的板材；④生产技术已趋成熟，生产工艺虽繁杂，但生产过程易于控制，很容易实现机械化、自动化；⑤产品的色彩丰富，可生产白、黄、灰、绿、蓝等系列产品。该工艺的不足之处在于：①母玻璃颗粒间的原始空隙在烧结过程中难以完全愈合，不可避免地会出现气孔缺陷；②原料质量要求严格、配方范围窄；③致密层仅存在于原板表层，且通常小于2mm；④铺料难以完全均匀，需用较高的烧成温度强制表面熔平，能耗高；⑤水淬玻璃颗粒在烘干、破碎、过筛、贮存、装模等作业过程中，容易受到污染，使产品出现疵点缺陷；⑥属于间歇式生产工艺，生产效率不高；⑦纹理通常为粒状，难以生产出其它纹理形貌的产品，装饰效果单一。

压延法的优点在于：①产品致密度高、无气孔，抗折强度大；②制造工序连续，可全线自动化生产；③易于成型。其不足表现在：①产品表面无明显纹理，装饰品位不理想；②析晶难以控制，整体析晶时间长；③热处理过程中炸裂严重，成品率低；④一次性投资大，工艺技术复杂，成本高。

浇铸法的优势表现在：①可浇铸成异形板，对生产某些异形板有一定优势；②产品致密度高、无气孔，抗折强度大。其不足表现在：①产品表面无明显纹理；②生产大规格板材困难；③对模具质量要求高，模具损耗大；④析晶不易控制，整体析晶时间长；⑤生产效率、成品率比较低；⑥生产技术不成熟，机械化、自动化程度低。

§2.3 烧结法的烧结、晶化过程及机理

烧结法工艺最为关键的工艺步骤是玻璃颗粒的烧结,若调控不当,将产生大量气孔,严重影响产品质量。玻璃颗粒的烧结本质上是通过粘滞流动完成的。因此,烧结温度下的粘度是影响玻璃颗粒烧结质量的根本因素。但粘度在烧结过程中的变化又受到母玻璃化学成分、初始析晶状况和烧结温度的影响,特别是母玻璃成分既直接决定了相应烧结温度下的玻璃粘度,又会通过影响母玻璃的析晶能力而影响初始析晶,进而间接地影响了玻璃粘度。可见,玻璃颗粒的烧结过程非常复杂(图2-1)。

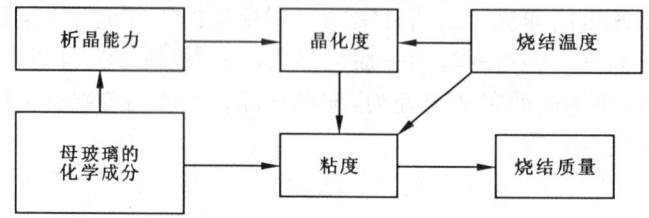

图 2-1 玻璃颗粒烧结过程的影响因素关系图
Fig. 2-1 Relationship among the factors affecting sintering quality

现役玻璃颗粒烧结法最易出现的质量问题是气孔缺陷,而其根源又在于玻璃颗粒未能很好的烧结。正因如此,大量的烧结法研究工作便集中在玻璃颗粒的高质量烧结上。由图2-1可知,母玻璃的化学成分、烧结温度是影响母玻璃颗粒析晶的主要因素,而且,为最终制得微晶玻璃,母玻璃颗粒本身必然要具有一定的析晶能力。通常认为,一旦玻璃颗粒发生了析晶,就会阻碍玻璃颗粒的进一步烧结,影响产品的致密度。因此,玻璃颗粒的烧结与析晶构成了一对矛盾体。合理解决析晶对烧结的影响可从两个方面着手,一是调整母玻璃的化学成分,二是优化烧结温度制度。其中,前者是解决烧结与析晶间矛盾的前提,而后者是解决烧结与析晶间矛盾的关键。

2.3.1 烧结和晶化过程

在烧结法中,玻璃颗粒的热处理过程包括烧结和晶化两个过程。烧结的本质是玻璃熔体充填空隙、排除气体、降低气孔率的致密化过程。其中,尽可能将玻璃颗粒间的原始空隙中的气体排除,得到气孔率低的致密结构是烧结法的关键。而理想的晶化过程是应在玻璃颗粒完全烧结之后才发生。在玻璃颗粒烧结之前及烧结过程中,玻璃颗粒表面已在表面杂质和缺陷的诱导下形成了晶核,当烧结之后,这些晶核也被封存在原始玻璃颗粒的结合部位,一些晶核再次被熔融,而另一些晶核则成长成晶体。当热处理温度足够高时,玻璃粘度降低,质点迁移速率加快,这些在原始玻璃颗粒表面原生的晶体能逐渐长大,也能成为后续晶体析出的基底,将不断沉积析出新晶体。张金青在研究粉煤灰微晶玻璃时也认为,水淬-烧结法微晶玻璃的结晶机理是"成核-生长",结晶从表面向内部延伸。

程金树、赵前、王怀德、于向阳等详细描述了玻璃颗粒的烧结和析晶过程(图2-2)。从室

温开始的加热过程中,约在850℃玻璃颗粒开始软化,颗粒间相互粘结,空隙变形并开始缩小,烧结开始并伴随着收缩的产生;随着热处理温度的进一步升高,玻璃粘度降低,流动度增加,烧结速度加快;至950℃左右时玻璃料已基本熔融粘接在一起,但表面还呈凸凹不平状,也就在此时玻璃料表面和界面上已开始析出硅灰石晶体,玻璃变成不透明状;此后,随着温度缓慢升高,晶体也逐渐沿原始玻璃颗粒的径向长大成针状晶体;最后升至1 100℃并保温1h,以使析晶过程完成,并在此温度下也赋予残余玻璃相充分的流动性,消除玻璃板表面的凸凹不平,最终得到结晶完全、表面平整的原板。

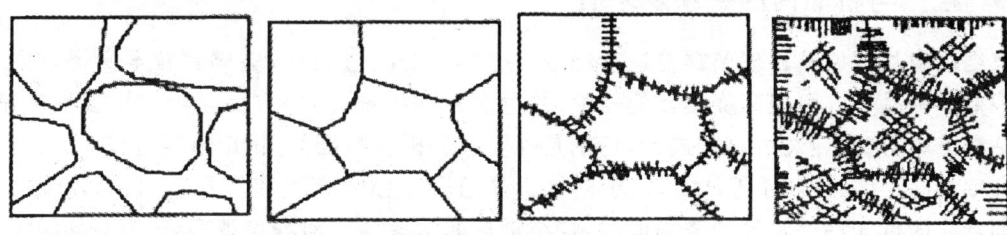

图2-2 玻璃颗粒烧结晶化过程示意图

Fig. 2-2 Schematic of the sintering and crystallizing procedure of the glass grains

2.3.2 玻璃颗粒的烧结动力学

烧结是基于在表面张力作用下的物质迁移而实现的,是物质在加热条件下自发地充填颗粒间隙而致密化的过程。先是形成颈部,然后颈部增长,颗粒间隙减小但仍连通,最后颈部扩大成原始玻璃颗粒的接合面,颗粒间完全熔结在一起。同时,因所有玻璃颗粒的烧结不一致性,导致先期烧结的玻璃体堵塞了滞后烧结玻璃颗粒间的气体的排气通道,从而形成封闭气孔。

何峰等对玻璃颗粒的烧结动力学进行了归纳总结,并指出,通过测试颗粒的烧结收缩率,可以近似地进行表面张力、烧结表面活化能等参数的测算。玻璃颗粒集合体在一定温度下出现液相,具有牛顿型流体的粘滞流动性质。因此,对于无析晶过程,玻璃颗粒的烧结是在液相参与下进行的,属于粘滞流动烧结。

借助Frenkel以双球模型导出的玻璃初期烧结动力学公式:

$$\left(\frac{x}{r}\right)^2 \approx \left(\frac{3\gamma}{2\eta\rho}\right) \cdot t \tag{2-1}$$

式中,x为两球圆形接触面的半径,r为球的半径,γ为表面张力,η为玻璃粘度,ρ为双颗粒接触表面上的曲线半径,t为烧结时间。设烧结前两球间中心距离为L_0,烧结后收缩值为ΔL,则收缩率为:

$$\frac{\Delta L}{L_0} \approx \frac{\rho}{\gamma} \tag{2-2}$$

而

$$\rho \approx \frac{x^2}{4r} \tag{2-3}$$

考虑到对于硅酸盐材料来说,组分改变时表面张力变化不大,可以近似认为常数,同时假设玻

璃的粘度只是温度的函数,则得

$$\frac{\Delta L}{L} \approx \left[\frac{3\gamma}{8\eta_0 \rho}\exp\left(-\frac{E_s}{RT}\right)\right] \cdot t \qquad (2-4)$$

式中,E_s 为烧结活化能,也就是玻璃粘滞流动活化能,R 为气体常数,T 为绝对温度。

从式(2-4)可知,在不析晶的前提下,当玻璃成分和烧结温度一定时,烧结速度与时间 t 成正比;但在烧结温度未定时,温度越高,玻璃粘度 η 越低,越有利于烧结进行。如果在烧结过程中发生析晶,析晶使玻璃粘度提高,烧结速度减慢,则烧结收缩率与时间偏离线性关系。

2.3.3 烧结与析晶间的关系及矛盾

烧结法微晶玻璃是将玻璃颗粒进行烧结,在加热、烧结过程中,玻璃颗粒本身还发生成核析晶现象。析晶一方面提高烧结体的强度,并生成晶体纹理;另一方面又增加了玻璃的粘度,阻碍粘滞流动,甚至使烧结难于进行,特别是母玻璃的析晶温度低,析出速度过快时,将导致产品气孔率增高。Clark T J 等认为,由于初始析晶阻碍了粘滞流动和气孔收缩,导致烧结过程的表面活化能低于粘性流动的表面能时,烧结进展非常缓慢。何峰等观察到,当烧结温度 $T<T_j$(T_j 表示初始析晶温度)时,烧结体系可以简化为未析晶的纯玻璃颗粒的烧结,此时仅在表面张力的作用下发生液相流变,呈牛顿流体行为,属于粘滞流动机理,表面能是烧结的推动力,由于流动传质速度快,因而液相烧结致密化速率也快;反之,当烧结温度 $T>T_j$ 时,体系中出现了大量晶体,此时系统已属多相系统,烧结过程颗粒重排难度加大,流动传质速度慢,烧结致密化速率低,产品气孔率增高。

可见,采用烧结法制备微晶玻璃,析晶严重影响着烧结过程,二者构成了一对矛盾体。如何处理烧结与析晶之间的关系、解决二者之间的矛盾,是能否获得性能优良的微晶玻璃的关键。许多专家学者对此均进行了深入研究,得到的共同结论是,必须使烧结致密化和晶化过程发生在不同的温度区域,并且要求在开始出现大量析晶之前使烧结基本完成,以减少因析晶而使玻璃粘度迅速增加所导致的对烧结致密化过程产生的干扰。具体的热处理温度制度要求,在晶相开始大量析出之前,使烧结接近完成,再升温至较高温度使玻璃析晶,才能获得气孔率低、致密度高、表面平整、光泽度好的微晶玻璃。Karamanov A 等还对此进行了定量化,认为在烧结之前析出的晶体含量不高于 15 w_B%,才能烧结出气孔率低的微晶玻璃。

显然,最终产品中的晶体相与残余玻璃相间的比例也是一对矛盾体。晶体相过多,残余玻璃相相应减少,质感不好;晶相过少又不能达到所需强度。基于生产经验和人们的审美要求,硅灰石质烧结法微晶玻璃的晶体相体积分数一般控制在 40%~50% 之间。

2.3.4 母玻璃的化学组成对烧结与析晶的影响

母玻璃成分不同,使玻璃颗粒软化后的粘度及粘度变化速率、烧结活化能不同。不同的玻璃成分也将影响初始析晶温度、析晶能力、析晶速率及析晶机理等,而初始析晶温度和能力又影响着烧结进程及质量(图 2-1)。Clark T J 等特别提到,通过母玻璃化学成分的调整可以改变表面成核的初始温度,进而使母玻璃的初始析晶发生在玻璃颗粒烧结之后。可见,母玻璃的合理化学组成是解决烧结与析晶间矛盾的前提。

采用烧结法制备硅灰石质微晶玻璃的母玻璃属于 $CaO-Al_2O_3-SiO_2$ 系统,对于该系统而言,在高硅区只发生表面析晶而不发生整体析晶。在此基础上加入适量的 Na_2O 及 K_2O、

ZnO 及 BaO 等氧化物,并调整组成中 Al_2O_3 的含量,可获得合适的表面析晶速率的母玻璃组成。因此,硅灰石质烧结法微晶玻璃的主要化学成分是 SiO_2、Al_2O_3、K_2O、CaO、Na_2O、BaO、ZnO。另外,为了高效熔制玻璃液常需加入一些辅助成分,主要有 B_2O_3、Sb_2O_3、As_2O_3。其中 B_2O_3 是很好的助熔剂,而 Sb_2O_3、As_2O_3 则作为澄清剂(表 1-2)。

2.3.4.1 CaO

CaO 是网络外体,当含量高时,玻璃液料性短,易析出晶花,粘度增加速度快,使出料和成型困难,且析晶速度大,难以烧结摊平;当含量少时,玻璃析晶速率小,晶化度低,主晶相 β-硅灰石含量少,难以保证微晶玻璃有理想的物化性能。

由于烧结法微晶玻璃采用 $CaO-Al_2O_3-SiO_2$ 系统,析出的主要晶体是 β-硅灰石(β-$CaSiO_3$),其理论化学反应关系为:

$$CaO + SiO_2 \longleftrightarrow CaSiO_3 \qquad (2-5)$$

进而得到反应物的理论组成应为:48.3 w_B% CaO 和 51.7 w_B% SiO_2;而在已开发成功的硅灰石质烧结法微晶玻璃的母玻璃配方中,SiO_2 作为玻璃网络构成氧化物(玻璃形成体),其掺入量通常在 50 w_B% 以上,而 CaO 作为网络调整氧化物,其最高掺量不超过 30 w_B%。因此,与硅灰石的理论反应物计量相比,CaO 含量是不足的。随着 CaO 含量的增加,硅灰石晶体的析出量将显著增加。但是,CaO 含量过高又会带来负面的影响,母玻璃的析晶能力将会变得过强,甚至会因晶相比例的过度增加而使流动度大大降低,使玻璃表面难于摊平。

汤李缨、赵前、程金树等对化学组成对烧结和晶化的影响进行了详细的研究。结果发现,CaO 含量对烧结和晶化至关重要,直接影响玻璃烧结样品的致密化和外观。CaO 太低,很难得到一定量的晶相;而 CaO 太高,当其它组分不变时,$SiO_2 + Al_2O_3$ 含量相应降低,玻璃网络的连接程度便会降低,玻璃粉体的"积聚"作用增强,使玻璃的析晶倾向增大,玻璃粘度急剧增大,阻碍烧结过程的继续进行,不易获得表面平整、气孔率低的样品。何峰等在保持其它组分不变的条件下,对 CaO、Al_2O_3、B_2O_3 分别取代 SiO_2 后的烧结活化能、初始析晶温度(T_i)的变化进行了系统的研究。

程金树等认为,为了确定最有利于烧结过程的 CaO 含量范围,应综合分析 CaO 含量对烧结过程的影响。首先,CaO 含量增加,玻璃的起始烧结温度及烧结活化能降低,即说明在烧结过程中产生液相的初始温度降低,且粒子迁移活化能减小,有利于烧结;其次,CaO 含量增加,初始析晶温度降低,且与起始烧结温度逐步接近,故若玻璃中 CaO 含量较高,又将限制烧结温度必须在较低温度下进行,同时,烧结过程亦不宜控制。因此,建议 CaO 的含量在 15mol%~20mol% 之间。

由于在烧结法中,主要考虑的是玻璃颗粒表面的成核和晶化问题,因此,对母玻璃可能发生的分相及导致的整体晶体问题探讨很少。分相是玻璃系统中的普遍现象,许多玻璃系统在液相线下都可能发生亚稳分相。按照结晶化学的观点,分相是由于玻璃中的阳离子对氧离子争夺所致。Ca^{2+} 离子电荷数为 2,离子半径与 Na^+ 离子相近,因此场强较大,在玻璃中对断键有积聚作用,有争夺氧离子、将非桥氧吸引到自己的周围进行重新排列的倾向。当玻璃中的 CaO 含量较高时,Ca^{2+} 离子与其它阳离子对氧离子争夺激烈,系统的自由能增大,将不能形成稳定的均相体系而发生液相分离。余海湖曾对 CaO 含量高达 23.01 w_B% 的母玻璃进行了测试,发现该玻璃发生了严重的分相现象。

然而，分相促进析晶的作用会使母玻璃发生整体析晶，这与烧结法所要求的表面析晶相驳；而且，Rabinovich E M 还认为，表面析晶要比整体析晶更有利于玻璃的烧结。因为，要达到同样的晶化度，表面析晶将慢于整体析晶。可见，在利用烧结法制备微晶玻璃时，应调控 CaO 的含量，避免出现严重分相，防止玻璃整体析晶。

2.3.4.2　Al_2O_3

Al_2O_3 作为网络中间体（图 1-2），Al^{3+} 可以夺取玻璃网络中的非桥氧而形成铝氧四面体，进入硅氧网格中，把被网络外体断开的网络重新连接起来，使玻璃结构趋向紧密，玻璃的粘度增加。因此，一定量的 Al_2O_3 有利于阻止和修复网络外体对网络的破坏作用，抑制晶体的析出，且 Al_2O_3 含量越高抑制作用就会越强。Khater G A 也指出，在高的碱土金属离子的作用下，Al 能形成 $[AlO_4]^{5-}$ 四面体而进入玻璃网络，以至于降低了玻璃的析晶趋势。可见，随着 Al_2O_3 含量的增加，更多的 $[AlO_4]$ 将加入玻璃相的网络结构中，抑制硅灰石晶体的析出，析晶速率相对下降。

当 Al_2O_3 含量过低时，其抑制析晶的作用小，母玻璃在较低温度下将析出晶体。而为了保证玻璃颗粒在不析晶的条件下烧结，所能选择的烧结温度低，玻璃粘度偏高，不利于烧结快速进行。随着 Al_2O_3 含量升高，尽管玻璃烧结时产生液相的初始温度升高，且在一定温度玻璃液相粘度和烧结活化能升高，导致起始烧结温度（T_s）随之升高，但是，起始析晶温度（T_j）也随之升高，且 T_j 升高幅度较 T_s 更大，析晶速率也会随之放慢，最终致使烧结温度范围（T_j-T_s）变宽，即可采用更高的烧结温度和更宽的温度范围对玻璃颗粒进行烧结。因此，为保证母玻璃颗粒有良好的烧结及析晶性能，其配方中 Al_2O_3 含量必须达到一定值，以使玻璃颗粒在较高的温度下进行烧结和致密化，并减少硅灰石晶相初始析出时对烧结及致密化过程的干扰。何峰等通过系统实验也证实了此点。

然而，Al_2O_3 含量过高时，析晶量明显减少，难以达到微晶化的要求。赵前、王怀德、汤李缨等的实验证实，当 Al_2O_3 含量达到 8 w_B% 以上时便会发生此种情况。何峰等指出，Al_2O_3 含量较高时，微晶玻璃的机械强度和密度增大，会给切磨工艺带来困难，建议生产中 Al_2O_3 的含量在 4.13mol%～6.13mol% 为宜。不过，陈文等认为，当 Al_2O_3 小于 7 w_B% 时，难以保证产品具有较高的机械强度。

2.3.4.3　$R_2O(Na_2O+K_2O)$

Na_2O 是普通玻璃和微晶玻璃的主要成分之一，它的引入不仅可以降低玻璃原料的熔化温度，同时也对玻璃的烧结和析晶产生较大的影响。Na_2O 是网络调整体（图 1-1），随着它的含量的增加，提供的游离氧数增多，而玻璃中的游离氧可以促使硅氧四面体断裂，玻璃结构变得疏松，这样有利于离子迁移，促使粘滞流动及传质过程加快，起始烧结温度、起始析晶温度、表面摊平温度均降低，即可使母玻璃在较低的温度进行烧结、析晶以及摊平。高 Na_2O 玻璃的烧结不是问题，然而，高 Na_2O 含量能使玻璃粘度急剧降低，使生成的硅灰石晶体又会二次熔解，导致析晶量往往不足，且析出的晶体很小，分布稀疏，不能形成完美的晶纹。赵前、王怀德、全键等观察到，当 Na_2O 含量大于 9% 时，样品中的晶相量会明显减少，玻璃相含量比例远大于晶相，并且表面无类似天然花岗岩的纹理，产品的机械强度降低。程金树等也得出了同样的结论，并将其原因解释为，在表面摊平温度下玻璃颗粒界面的部分晶相被重新熔融为玻璃相，

Na_2O 含量的增加,被重新熔融的晶相量增加。他们通过梯温炉实验证实了这一点,发现在析晶量最大的温度区段,表面往往没有摊平;而在表面能够摊平的温度下,析晶并不是最大,充分说明先期析出的晶体再次被熔解了。当然,Na_2O 含量较低时,不仅母玻璃熔制困难,而且因晶相过多,原板表面摊平困难。一般认为,烧结法工艺的母玻璃 Na_2O 极限含量不应超过9%,合理含量范围为 4.5%~7.5%。

此外,Na_2O 含量的变化对烧结进程和速率也有很大影响。赵前、王怀德、全键等通过测试不同 Na_2O 含量的母玻璃颗粒的烧结收缩变化情况发现,Na_2O 含量低时,烧结收缩主要集中在开始析晶温度附近,但在高温区也有少量收缩;Na_2O 含量在 6.6%~7.0%时,试样烧结收缩则主要在起始析晶温度附近的低温区域完成,在高温区几乎不产生收缩;而 Na_2O 含量高于 7.0%时,烧结收缩存在于从开始烧结到表面摊平的整个过程。

K_2O 与 Na_2O 一样,也属于网络外体,含量适当时,可降低玻璃粘度,使起始烧结温度和起始析晶温度降低。然而,当 K_2O 含量超过合理值时,会导致玻璃分相趋势增强,使得玻璃粘度增大,玻璃颗粒之间粘性液体流动发生困难,阻碍了微晶玻璃的烧结并影响了析晶。赵前、王怀德、汤李缨等的实验证实了这一点。在赵前、程金树、王怀德等的另一篇论文也指出,K_2O 含量高于2%时玻璃将在低温区域产生分相现象。因此,K_2O 含量不能太高,应以不使玻璃产生明显的分相为宜,通常认为 K_2O 的含量不宜高于2%。此外,在微晶玻璃生产中,还常常考虑 Na_2O+K_2O 的总量,通常用 R_2O 表示。王永纯认为,R_2O 含量不能少于 $4 w_B$%;而日本烧结法微晶玻璃的经典配方中 R_2O 含量为5%。

2.3.5 烧结温度制度对烧结与析晶的影响

制备微晶玻璃的关键工序是热处理温度制度的优化,包括烧结温度及保温时间、晶化温度及保温时间、升温速度等。其中,烧结温度制度(即烧结温度、烧结时间和升温速率)的选取对玻璃颗粒料的烧结致密化过程影响最为显著,也是解决烧结与晶化间矛盾的关键。

2.3.5.1 烧结温度

烧结过程是消除和减轻气泡的重要阶段。对有液相参与的烧结过程,烧结主要是通过粘滞流动完成,故烧结温度对物质迁移起着决定作用。从烧结的动力学角度,烧结温度高,物质的迁移充分,表面的粘滞流动增加,利于气体的逸出。然而,玻璃颗粒的烧结致密化和析晶过程并非完全独立的,而是后者严重影响着前者。如果烧结温度过高,并发的析晶将对烧结产生不利影响。

汤李缨、赵前、程金树等对玻璃颗粒在不同温度下的烧成形态进行了细致观察,并认为,对于具有一定表面析晶倾向的玻璃颗粒,并非烧结温度越高越好,只有当玻璃达到相对低的粘度但又不至于很快析晶的温度下烧结,才能获得密度较高、表面平整度较好的样品。何峰、谢峻林等详细阐述了热处理过程发生的烧结和晶化间的关系,并将其定量化。他们建议,在低于起始析晶温度下,尽可能提高烧结温度,并适当延长烧结时间,以促进烧结的高效完成。为此,他们将高效烧结温度定量化为 $(T_j-20℃)\sim T_j$(T_j 为初始析晶温度)之间;相应的烧结时间常为 1~1.5h。何峰、邓志国提出的最佳烧结温度范围则为 $(T_j-20℃)\sim(T_j-5℃)$,相应烧结时间为 40~70min。

此外,程金树等在研究中也探讨了烧结温度与初始析晶间的定量关系,并提出,玻璃颗粒

在 $T_j\pm10℃$ 温度范围内烧结速度最快。在他们稍晚的一篇文章中,又建议在 $(T_j-20℃)\sim T_j$ 的温度范围内进行烧结。赵前、王怀德、全键等也阐述了同样的规律,认为烧结速率约在起始析晶温度上下10℃左右的温度范围内(即 $T_j\pm10℃$)最快。他们分析的原因是,由于在低温区玻璃粘度大,不利于烧结;析晶开始后,随着温度增加,晶相含量增加,使玻璃粘度上升,也不利于烧结;而就在析晶刚开始时,晶相析出量极少,对玻璃粘度的影响不大,且此时玻璃粘度相对较低,烧结进行得较快。

2.3.5.2 烧结时间

一般说来,延长烧结时间会不同程度地促进烧结完成,气孔率将随烧结时间的延长而线性地减少,样品的致密度提高。但是,烧结时间过分延长,并不能使气孔率继续降低,这表明,烧结一定时间后烧结过程基本停止。汤李缨、赵前、程金树等对特定化学组成的母玻璃颗粒随烧结时间的变化进行了研究,将烧结温度恒定在860℃,对不同的保温时间下的收缩率进行测试发现,该组成的玻璃颗粒在30min前,收缩率呈直线上升;在保温30~60min间,收缩率上升缓慢;超过60min后,收缩率基本保持不变,表明烧结过程基本停止。烧结过程停止的原因可能是多方面的,但主要是由于随着烧结的进行,玻璃颗粒之间的气体被玻璃液相包裹,形成孤立的闭气孔。气孔内气体的向外压力与该烧结温度玻璃液相对气体的向内压力达到了平衡,同时气体在玻璃液相中的溶解也达到了平衡,致使玻璃液相既不能将气孔压小,也不能将气孔内的气体溶解,而气孔内的气体也不再膨胀扩大。何峰等通过多个不同配方的母玻璃的烧结试验发现,绝大多数玻璃颗粒在烧结时间达到 $1\sim1.5h$ 时,烧结过程基本进入后期,此时烧结体的收缩率已无明显变化。

2.3.5.3 升温速率

硅灰石质烧结法微晶玻璃的制备中,通常采用二步保温温度制度来实现玻璃颗粒的烧结和晶化。当玻璃颗粒完全烧结后,再升温完成析晶,这之间的升温速率控制目的很简单,仅为了析出足量的晶体,因此,通过实验观察,就能获得有利的升温速率。与此相反,在玻璃颗粒烧结前即室温至烧结保温温度间的升温速率,对玻璃颗粒的烧结质量影响仍很大。慢速升温,粘度降低缓慢,析晶占主导地位;快速升温,粘度降低快,粘性流动能力强,利于材料致密化的进行。但是,过快的升温速率易引起表面层过早封闭,导致材料气孔率高。

也有研究认为,在退火温度下限以上,玻璃即开始成核;在转变温度 T_g 与膨胀软化温度 T_f 之间成核速度最快。若在 $T_g\sim T_f$ 间保温时间过长,玻璃形成的晶核过于密集,高温热处理后可能出现整体析晶。然而这一点并不必过多的注意,因为前面多处论证,烧结应选在尽可能高的、但略低于析晶的温度点。而这样的温度通常在850~920℃间,已远高于 T_f(一般为不超过750℃),远离成核生长最快的温度点。因此,只要以较快的升温速度越过成核温度区,烧结过程受成核的影响将不大。

需补充的是,尽管绝大多数的学者均认为以适当的升温速率升至烧结温度下,再经保温后就能实现玻璃颗粒的高质量烧结。然而,Prakash C 则认为,晶化速率取决于核化和晶体生长两个过程的速率,而烧结致密化过程则仅取决于粘滞流动。由于核化不仅与粘度有关,还与过冷度有关,因此,缓慢的升温过程更有利于晶化过程,而不利于致密化过程。也就是说,要得到致密度高的烧结体,就应将升温速率提高。

Karamanov A 等最近提出了不用烧结温度保温、直接以很高的升温速率升至晶化温度的方式来提高烧结质量、克服气孔缺陷的热处理温度制度。他们利用城市生活垃圾焚烧灰制备的玻璃颗粒以不同的升温速率进行烧结、晶化,结果发现,2℃/min 的升温速率有利于玻璃颗粒的整体析晶;而 20℃/min 则有利于表面析晶;当升温速率升至 30℃/min 时,则可有效的抑制析晶,有利于玻璃颗粒烧结成致密的烧结体。因此,他们采用 30℃/min 升至 1 120℃,再保温 40min,所制得的微晶玻璃的最小闭口气孔率仅为 0.53%。他们在对此进行分析指出,晶核数量与升温速率成反比,升温速率越慢,晶核生成量就越多,析晶量就大;反之,快速的升温可减少晶核的形成,进而抑制晶体的析出,有利于烧结过程的进行和完成。Boccaccini A R 等在研究粉末烧结法制备粉煤灰微晶玻璃时,也发现通过改变升温速率可以调控晶化和致密化的相对速率。快速的升温速率(15℃/min)可以延缓析晶,有利玻璃粉末在无定形状态下实现充分烧结。此外,Sujirote K 等也得出了同样的结论。

§2.4 熔融法的晶化过程及机理

熔融法是直接利用完整的母玻璃板进行整体晶化处理,故不存在烧结法的烧结问题,当然也不可能基于玻璃颗粒表面析出晶体,只能借助母玻璃板自身的非均匀成核和晶化。可见,熔融法的研究重点必然集中在母玻璃的非均成核和晶化问题上,包括主晶相的设计、晶核剂的选择和掺量、晶化热处理温度制度的优化等,而这些问题的有效解决依赖于晶核剂成核作用机理、非均匀成核理论,以及晶体形成及生长机理等。此外,熔融法工艺宽松的原料品位要求,使其可在固体废弃物(主要为矿渣、灰渣、尾矿、尾砂等)资源化领域大显身手。因此,对当前有关固体废弃物通过熔融法制备微晶玻璃的研究进行适当总结,不仅有利于理解微晶玻璃的工艺内涵,也有利于将微晶玻璃产品设计和工艺技术延伸应用于固体废弃物的资源化中。

2.4.1 晶体相的确定

微晶玻璃主要成分及矿相组成首先要满足产品的性能设计要求。要制备出具有良好微观结构的材料,就要从主晶相的选择开始。矿渣微晶玻璃就其组成来说,属于 $CaO-MgO-Al_2O_3-SiO_2$ 或 $CaO-Al_2O_3-SiO_2$ 系统,参照相应的相图,可能形成的晶相有硅灰石、透辉石、黄长石(镁黄长石和铝黄长石等)、斜长石和钙长石等。黄长石 $Ca_2Al SiO_7$ 是矿渣本身富有的矿相,形成的可能性大,但其机械性能差;透辉石耐磨、耐蚀性及抗冲击性能较好;硅灰石($\beta-CaSiO_3$)则因其针状晶体之间互相交错,形成的结构相当稳固,化学性能、机械性能及热性能优异。因此,常选择硅灰石作为建筑材料用矿渣微晶玻璃的主晶相,同时,针对矿渣中 Fe、Mn 和 Mg 等元素含量高以及透辉石类矿物类质同晶现象多的特点,选择辉石族晶体为副晶相,以充分利用矿渣中的各种成分,扩大析晶范围和析晶数量。

2.4.2 晶核剂的选择及掺量

晶核剂是受控晶化中的一个重要因素。现已知的晶核剂有许多种,其作用机理也各异。晶核剂的选择与母玻璃的化学组成有关,也与期望析出晶相的种类有关。矿渣本身含有相当数量的可起晶核剂作用的硫化物以及 Fe 和 Mn 的氧化物等,有高温整体析晶的趋势,但为保证晶体的大量析出和最终产品的精细结构，常需另外掺一些晶核剂。

Stookey S D 指出，良好的晶核剂应具备如下性能：①在玻璃熔融、成型温度下，应具有良好的溶解性，在热处理时应具有较小的溶解性，并能降低玻璃成核的活化能，促使整体析晶；②晶核剂质点扩散的活化能要尽量小，使之在玻璃中易于扩散；③晶核剂组分和初晶相之间的界面张力越小，它们之间的晶格常数之差越小，成核越容易。

常用的晶核剂有 TiO_2、ZnO、ZrO_2、P_2O_5、Cr_2O_3 以及硫化物和氟化物等。目前很多学者采用复合晶核剂，达到双碱效应，其离子堆集密度好，在玻璃熔体中的溶解效率较高，同时降低界面能，使成核活化能降低。

2.4.2.1 晶核剂对主晶相的影响

根据 Stookey S D 的理论，晶核剂与初晶相之间的晶格常数必须要在一定的匹配值内。也就是说，要生成不同的晶体相，当使用晶格常数能与之匹配的晶核剂。反之，在组成一定的母玻璃中，使用不同的晶核剂，又将诱导析出不同的初晶相。

中国科学院上海硅酸盐研究所的王开泰等经过实验研究了晶核剂对微晶玻璃主晶相的影响。以 ZnS 为晶核剂的 $CaO-Al_2O_3-SiO_2$ 系的母玻璃，在晶化过程首先析出 α-硅灰石；而在相同基础组分范围内，以 FeS 为晶核剂的黑色微晶玻璃中首先析出的是 β-硅灰石，且在所研究的温度范围（820～940℃）都是以 β-硅灰石为主晶相。他们分析原因在于，根据经验，只有当晶核与析出晶体之间的晶格不匹配因子 $δ<15\%$ 时才会发生晶体生长，晶格的不匹配因子 $δ$ 的定义是：

$$δ = (a_n - a_c)/a_n$$

其中，a_n 为晶核的晶格参数，a_c 为晶体的晶格参数。在上述例子中，六方晶 ZnS 的晶格常数为 $a_0=3.82$，$c_0=6.26$，而三斜晶胞 α-硅灰石的晶格常数 $a_0=6.82$，$b_0=6.28$，$c_0=19.65$，通过对比不难发现，ZnS 的 c_0 与 α-硅灰石的 b_0 非常接近，故在 ZnS 晶核上容易生长 α-硅灰石晶体。虽然四方晶 FeS 的晶格常数（$a_0=3.676$，$c_0=5.032$）看来与 β-硅灰石的晶格常数（$a_0=7.88$，$b_0=7.27$，$c_0=7.03$）相差悬殊，但若将 FeS 的 a_0 乘 2，得 $2a_0=7.352$，则与 β-硅灰石的 b_0 比较接近（$δ=1.1\%$），故在 FeS 晶核上易于生长 β-硅灰石晶体。

2.4.2.2 $Cr_2O_3+TiO_2$ 复合晶核剂对 $CaO-MgO-Al_2O_3-SiO_2$ 系母玻璃的晶化作用

不同的晶核剂有各自的特点，采用复合晶核剂，可以降低界面能，使成核活化能降低。例如采用 $Cr_2O_3+TiO_2$ 为晶核剂，能有效地促进 $CaO-MgO-Al_2O_3-SiO_2$ 系尾矿微晶玻璃能在较低温度下核化、晶化，有利于实现工业化生产。

$CaO-MgO-Al_2O_3-SiO_2$ 四元系统通常认为比较理想的晶核剂为 TiO_2、Cr_2O_3、P_2O_5、ZrO_2 等。其中，铬尖晶石（Cr_2O_3）的晶格常数为 $a_0=8.086nm$，透辉石晶格常数为 $a=9.73nm$，$b=8.89nm$，$c=5.25nm$，它的 a、b 值，特别是 b 值，几乎和铬尖晶石的 a_0 值相等，a 与铬尖晶石的 a_0 值也接近，正是如此匹配的晶格常数，在熔体中晶核极易形成透辉石晶体。金红石（TiO_2）的晶格常数（$a=4.59nm$，$c=2.96nm$）虽然与 β-硅灰石的晶格常数（$a=7.94nm$，$b=7.32nm$，$c=7.07nm$）看来相差悬殊，但若将 TiO_2 的 c 乘以 3，得 $3c=8.88$，则与 β-硅灰石的 a 值比较接近（$δ=10.5<15\%$），故在 TiO_2 周围形成 β-硅灰石晶体。刘军、宋守志等系统地研究了 TiO_2 和 Cr_2O_3 作复合晶核剂对尾矿微晶玻璃晶化行为的影响。

2.4.2.3 $S^{2-}+F^-$ 复合晶核剂对 $CaO-Al_2O_3-SiO_2$ 系母玻璃的晶化作用

对 $CaO-Al_2O_3-SiO_2$ 系统的微晶玻璃来说，最为有效而且经济的是 S^{2-} 和 F^- 复合晶核剂。S^{2-} 与 F^- 的作用机理各异，作用效果也就不同。S^{2-} 起晶核剂作用，而 F^- 的作用只是促进玻璃分相，辅助晶核剂的析出。具体地说，F^- 可破坏硅氧四面体网络，降低玻璃的高温粘度，降低 T_g、T_f 和 T_c，同时还促使富钙相偏聚，有利于硅灰石晶体的析出。而 S^{2-} 既可像 F^- 一样，降低母玻璃的粘度，也可参与构建玻璃的网络结构，形成 $\equiv Si-S-Si\equiv$ 键，从而削弱硅氧骨架，降低键的转换活化能，使扩散过程在低温区间进行。同时，硫化物在高温时溶于玻璃中，温度降低时以晶粒的形式析出，作为晶核，诱发硅灰石的析出，导致玻璃析晶。不过，过高的核化剂浓度可导致玻璃的严重分相，使母玻璃乳浊化。

有学者研究表明，在 S^{2-} 和 F^- 复合晶核剂中，S^{2-} 含量越高，制品结晶越细密，结晶量越多，制品各项性能指标越好；而 F^- 含量在 2‰～4‰ 时，作用效果最好，继续增大用量，其作用效果没有出现明显变化。因此在母玻璃的组成范围中，S^{2-} 的含量确定在 0.5‰ 左右，F^- 的含量控制在 2‰～4‰ 即可。值得注意的是，氟化物和硫化物都极易挥发，并且硫化物也极易氧化，这些都会造成晶核剂的极大损失，特别是 S^{2-}。这是 $CaO-Al_2O_3-SiO_2$ 系统矿渣微晶玻璃研制中一直存在的重要问题。大量实验表明，在一般熔制条件下，S^{2-} 仅存 10‰～30‰，F^- 仅存 20‰～50‰。因此，除在原料配方中引入足够的 S^{2-} 和 F^- 以确保挥发损失后的 S^{2-} 和 F^- 含量仍充足外，还应在熔制炉内造成一种还原气氛，以减少 S^{2-} 的氧化挥发。为此，宁叔帆等在配合料中引入碳粉作为还原剂。试验表明，碳粉的使用可明显增大 S^{2-} 的最终含量，其用量宜在 2.0‰～4.0‰。许淑惠等也提出将碳粉作为还原剂而引入到配合料中。安徽省滁州市琅琊山微晶玻璃有限公司的张焕祥结合生产实际，阐述了还原气氛对晶核剂保留量的影响。

2.4.3 晶化热处理过程

掺加了晶核剂的母玻璃也必须通过热处理后才能析出晶体。如果母玻璃中加入了晶核剂，从 DTA 曲线上也可看出有明显的放热峰，但样品未经热处理前，经 X 射线衍射分析发现，其衍射图仍是典型的玻璃态，无结晶相，偏光显微镜观察也证实结晶程度差。这说明，尽管晶核剂可以诱导主晶相通过非均匀成核析出，但晶化热处理是形成微晶玻璃的关键。决定母玻璃的热处理过程的参数主要有温度和时间。温度制度的不同将严重影响微晶玻璃产品的晶相种类和含量，最终影响产品的物化性能和品位。张培新等研究了赤泥微晶玻璃的主晶相随晶化温度而发生的变化情况，结果发现，在不同的核化、晶化温度和时间条件下，母玻璃析出的晶相变化很大。

§2.5 存在的问题及解决措施

2.5.1 熔融法存在的问题及解决措施

目前，熔融法工艺已趋成熟，存在的问题主要是生产的大规模化、产品的大规格化所带来的问题，以及产品的市场认可程度，具体包括：①小规格产品不会引起热炸、开裂问题，但大规格产品因受热不均、热膨胀不一致就很容易出现炸裂,生成废品。②对于压延法,大规格母玻璃板在辊道晶化窑中前进时,也易出现粘辊、缠辊、走偏等操作事故。③对于实验室采用的浇铸法,将玻璃熔体浇铸到小模具中,模具不易开裂,模具质量低甚至变形性大的钢模均可满足要求;但若要浇铸出大规格产品,模具易开裂,很难满足浇铸要求。④熔融法产品没有明显的纹理,装饰效果不好;加之晶核剂的掺入致使产品着色,难以生产出浅色产品,而现代装饰要求却倾向于纹理自然、色泽淡雅,因此,熔融化产品的市场认可度低。可见,要解决熔融法所存在的问题,应依靠规模化生产试验及市场开发。当然,这要比实验室试验耗时、费用高、风险大。例如,河北晶牛集团耗资1个亿,历时10年,才在大型生产线上试产出合格的压延法微晶玻璃产品。

鉴于本书提出的裂纹玻璃晶化法的理论、技术基础与现役烧结法相似,因此,以下将不再对熔融法存在的问题进行总结,而将重点集中在烧结法上,以烧结法存在的问题及解决方案为鉴,以防在裂纹玻璃晶化法研究过程中重蹈覆辙。

2.5.2 烧结法存在的问题及解决措施

烧结法制备硅灰石质建筑装饰用微晶玻璃已诞生30多年,在国内也有20多年的研究和生产历史,其技术水平已有很大的提高。然而,在研发过程中,烧结法工艺曾出现过诸如气孔(气泡)、翘板、裂纹、开裂、杂质点等问题,即使在现在,有些问题的解决仍不彻底,尤以气孔问题最为棘手,是影响烧结法产品质量的主要因素,需不断深入研究。

严格地说,气孔仅指微晶玻璃表面经研磨、抛光后显露出来的或大或小的开放孔洞,而气泡则指微晶玻璃内部封闭的孔洞。气孔来源于气泡,本质上都是充填着气体的空隙。然而,人们通常并不严格区分两者的涵义差别,统称为气孔,只是将前者特称为开口气孔(或称显气孔),而后者称为闭口气孔(或称闭气孔)。

烧结法是将松散的玻璃颗粒烧结而成,颗粒间的空隙气体难以完全排除,必然形成气孔。可见,气孔是烧结法工艺的先天不足,后天又无法完全弥补的缺陷。不过,通过对气孔的形貌进行观察、分析其形成过程和来源,进而寻找出降低气孔缺陷量的良策还是必要的。

气孔的来源主要有以下4方面:①玻璃熔化及澄清不完全,水淬后的玻璃颗粒中残存有未排除之气泡,在烧结及晶化处理中,微小气孔相互聚集在玻璃内部,形成较大的气孔,难以排除;②玻璃料水淬及碎料处理过程中混入杂质;③烧结过程中玻璃颗粒交界处空隙中的气体未能完全排出;④在热处理的高温阶段,原有的细小气泡体积膨胀和上浮,在产品表面形成大量气孔。刘军章借助高温显微镜证实气泡的这些来源;何峰、程金树等观察到,气孔主要位于花纹颗粒的交界处和颗粒花纹的中心部位。这充分证明了母玻璃颗粒间的空隙气体排除不完全,是产生气孔的主要来源。

气泡的第一来源属于玻璃熔炼问题,只要配方适当,并掺加一定量的澄清剂,有足够高的熔化温度、足够长的熔化时间和澄清均化时间,就能有效解决;第二来源属于生产中的保洁问题,要求相应工序注意防尘,谨防杂质进入;气泡的第三、四来源则属于烧结法工艺自身的问题,涉及到复杂的烧结、析晶过程及较多的影响因素,要完全克服是不可能的,只能采取相应措施加以抑制。在§2.3节中,已对烧结过程中气孔的产生,特别是母玻璃的化学组成、初始析晶、烧结温度制度等对烧结质量(主要为气孔问题)的影响及调控理论,进行了详细的阐述,在此不再赘述。下面仅对晶化温度下的气孔问题进行总结。

汤李缨等在研究粉煤灰微晶玻璃时发现,当温度超过1 120℃时,样品的表面出现大量圆形鼓泡,磨抛后成为圆孔。他们认为这是由于高温下气体扩张造成的,当晶化温度过高时,熔解于周围玻璃相的气体重新释放出来,并在玻璃表面张力作用下呈圆形。陈国华等对此也有详细的论述,认为晶化温度过高,导致板材过烧,原始玻璃颗粒孔隙间残留的气体上升到表层,原板磨抛后出现开口气孔。何峰、程金树等分析了晶化温度对气孔的影响,并指出,当母玻璃成分一定时,玻璃颗粒经过比较充分的烧结后,带到晶化阶段的气孔一般以微细的针孔形式存在,这并不影响产品的质量。对于每一组分的玻璃都有其最佳的晶化温度范围,在此温度范围内,析出的晶体得以长大,同时针孔的变化不大。但当温度偏离较佳温度范围后,过高温度会使针孔中气体膨胀和上浮;而温度过低又将因液相产生量不足,致使原板表面凹凸不平,两者均可导致原板经抛光后生成气孔或孔洞缺陷。

目前,在实际生产中,为减少微晶玻璃装饰板的气孔,通常采用适当的、不同粒径的玻璃颗粒尽可能紧密的堆积方式进行铺料,例如下细上粗方式布料。同时,在不发生析晶的前提下,使烧结温度尽量提高,并适当延长烧结时间,以减少烧结气孔的生成及带入晶化温度阶段的气孔量。有的厂家为了减少或消除产品的表层气孔,采取在制品晶化处理高温阶段,对表面进行短时高温处理以使表层致密化,此法可使致密层深度达1~3mm。但这种热处理工艺技术复杂,难以控制,对窑炉要求高,并导致材料温度梯度过大,材料结构差异大,更为重要的是会引起板材变形。此外,中国专利公开号CN1438192A还提出了一种分层制备技术,即在单层或多层的玻璃板基材上均匀铺布玻璃颗粒,然后在900~1 230℃条件下烧结、析晶,并使玻璃颗粒熔融在玻璃板基材上,制得低气孔率的微晶玻璃。值得注意的是,玻璃板上的玻璃颗粒的制备及布料烧结、晶化过程与现役烧结法工艺完全一致;最终研磨、抛光的对象及显示出来的外观表面也均为玻璃颗粒烧结、晶化后的微晶玻璃层,因此,该专利并不能完全克服烧结法的不足,所能起的积极作用是降低微晶玻璃板下层的气孔率,这对以表面状态及表观质量为主的装饰板材益处不大。

2.5.3 研究热点

尽管熔融法在制备色泽淡雅、纹理明显的建筑装饰用微晶玻璃方面存在不足,在规模化生产和市场开发中也存在诸多问题,但该工艺对原料的要求很宽,在成分复杂且含有杂质的固体废弃物的资源化利用研究领域具有优势。因此,熔融法的出路就在于结合工艺本身的特点,将其应用到固体废弃物的资源化开发方面,这也正是当前固体废弃物资源化途径的备选方案之一,已有许多专家学者开展了大量的前期研究,将来仍是环境工程和材料工程间学科交叉的热点研究领域。

而对于产业化程度已很高的烧结法来说,上述的诸多问题并没有得到彻底解决。其中,控制和克服气孔缺陷仍是需要深入研究的热点课题。然而,遗憾的是,气孔缺陷是烧结法工艺本身的先天性问题,要想采用修复措施加以完全克服几乎不可能。因此,解决烧结法气孔问题的根本出路在于:以烧结法成熟的理论、技术为基础,开展一些替代工艺或衍生工艺的研究,以绕过烧结法工艺本身的不足,生产出质量更高的微晶玻璃装饰板。

此外,研发难度最大的一个热点课题是在现役微晶玻璃制备工艺(现役烧结法和压延法)基础上,开发原料范围更宽、特别是能适应固体废弃物特点的新工艺,为固体废弃物的资源化提供新技术,开辟出新途径,以实现科研与环保、社会、经济间的多重意义。

基于上述分析,本书将详细探讨一种建筑装饰用微晶玻璃板材制备的新工艺,即裂纹玻璃晶化法,以有效克服现役烧结法容易出现气孔缺陷的问题,同时解决熔融法难以制备出纹理装饰效果的不足,开发一种既无气孔缺陷,又具有各种纹理装饰效果的微晶玻璃新技术。此外,对该新工艺应用于污泥的资源化研究进行了相应的探讨,以有利于拓展该工艺的应用范围。

第三章 裂纹玻璃晶化法的提出及实验

§3.1 裂纹玻璃晶化法的提出

针对现行的建筑装饰用微晶玻璃板生产工艺的不足,特别是玻璃颗粒烧结法容易出现气泡、且难以根除气孔缺陷,压延法又无法在产品上生成明显纹理形貌的不足,本书介绍了利用裂纹玻璃作为微晶玻璃的前躯体,经烧结、晶化而制备成微晶玻璃的工艺,并将该工艺命名为裂纹玻璃晶化法(a process of preparing glass-ceramics by crystallization of the glass with cracks induced by water-quenching,英文简称 QICGC process,以下同)。其基本工艺原理是利用裂纹玻璃的裂纹处(也即玻璃碎屑表面,见附录)易于成核、析晶,并遵循枝晶生长机理向玻璃碎屑内部生长出中心辐射状晶体,最终使裂纹玻璃整体达到一定的晶化度,生成微晶玻璃。

利用裂纹玻璃晶化法制得的微晶玻璃产品具有与现役玻璃颗粒烧结法完全不同的纹理形貌。烧结法产品的纹理均呈颗粒状,而裂纹玻璃晶化法产品表观形貌呈现出类似古生物残骸的不规则树枝状、颗粒状、丝缕状、星状、扇贝状等形态多变的仿生物碎屑纹理(详见图 5-13、附图 7),具有自然、独特的装饰效果,可作为建筑装饰用微晶玻璃板材。

裂纹玻璃晶化法的工艺路线是:配料→混合→玻璃熔制→浇铸或压延成型→水淬惊裂→裂纹玻璃板→烧结→晶化→磨抛→仿生物碎屑微晶玻璃成品。基本工艺流程见图 3-1 所示。

具体工艺步骤如下:

(1)玻璃熔体的制备:按预设配方称量原料,混合均匀;利用常规的玻璃熔制技术,投配合料至玻璃熔窑中,在 1 400~1 550℃下熔炼 1.5~3h;再降温澄清、均化成玻璃熔体(实验室工艺为:用 8 目标准筛将配合料反复过筛,将配合料混合均匀,再投入坩埚,置于升降式超高温硅钼棒电炉中熔融为玻璃液)。

(2)裂纹玻璃的制备:采用常规的压延法(实验室采用浇铸法)成型工艺将玻璃熔体压延(浇铸)成母玻璃板,再在 500~600℃下水淬惊裂,制成"裂而不散"的裂纹玻璃。

(3)二步热处理:将制得的裂纹玻璃转移至耐火垫板上,进入隧道窑、辊道窑或梭式窑(实验室采用台车式电阻炉),进行烧结、晶化热处理,将裂纹玻璃烧结成致密的烧结体并析出适量的晶体,生成微晶玻璃原板。

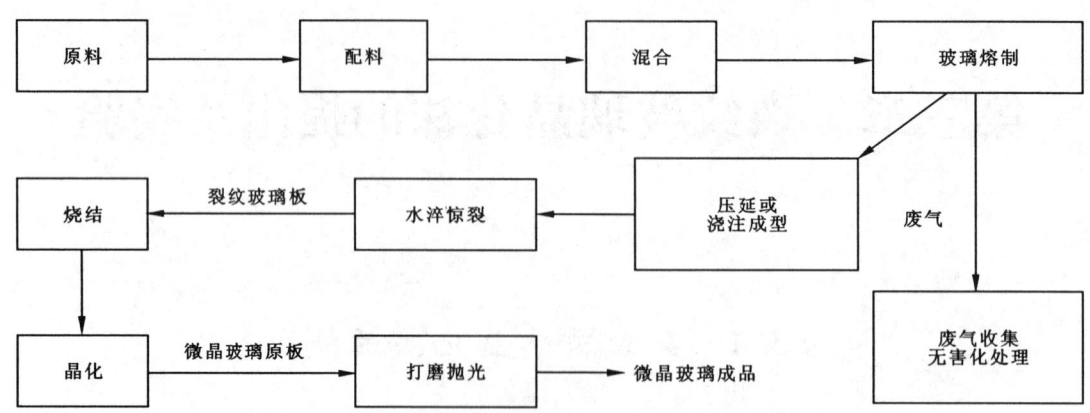

图 3-1 裂纹玻璃晶化法制备建筑装饰用微晶玻璃的工艺流程图
Fig. 3-1 Flowchart of preparing decorative glass-ceramics by QICGC process

(4)利用常规的石材磨抛工艺,将原板打磨、抛光成平滑、富有光泽、且具有多种纹理形貌的微晶玻璃装饰板。

上述步骤中,通过调节水淬温度可控制裂纹玻璃的裂纹疏密、玻璃碎屑大小,进而控制晶化后的微晶玻璃表面纹理形貌。一般来说,水淬温度越高,裂纹玻璃的裂纹越密、玻璃碎屑越小,经烧结、晶化处理后,制备成的装饰性纹理就越细腻。反之,水淬温度越低,装饰性纹理也就越粗犷。

裂纹玻璃晶化法与现役烧结法、压延法和浇铸法的根本区别在于所用的前躯体不同。具体表现在:烧结法是将熔制好的玻璃熔体直接导入水中,经水淬、烘干、过筛,制成一定粒径级配的玻璃颗粒料,再以玻璃颗粒料作为微晶玻璃前躯体,装入模具后进行烧结和晶化热处理;压延法和浇铸法是将熔制好的玻璃液通过压延或浇铸生成完整的、无裂纹的玻璃板,再以玻璃板作为前躯体而进行晶化热处理;而本工艺是利用传统玻璃熔体成型工艺(如压延或浇铸)成型,再水淬惊裂成含有大量裂纹的玻璃板,然后以裂纹玻璃作为前躯体,经烧结、晶化热处理后制得微晶玻璃。

§3.2 实验设计

根据前述的裂纹玻璃晶化法制备建筑装饰用微晶玻璃工艺流程,设计裂纹玻璃晶化法工艺的总体实验研究方案如图 3-2 所示。

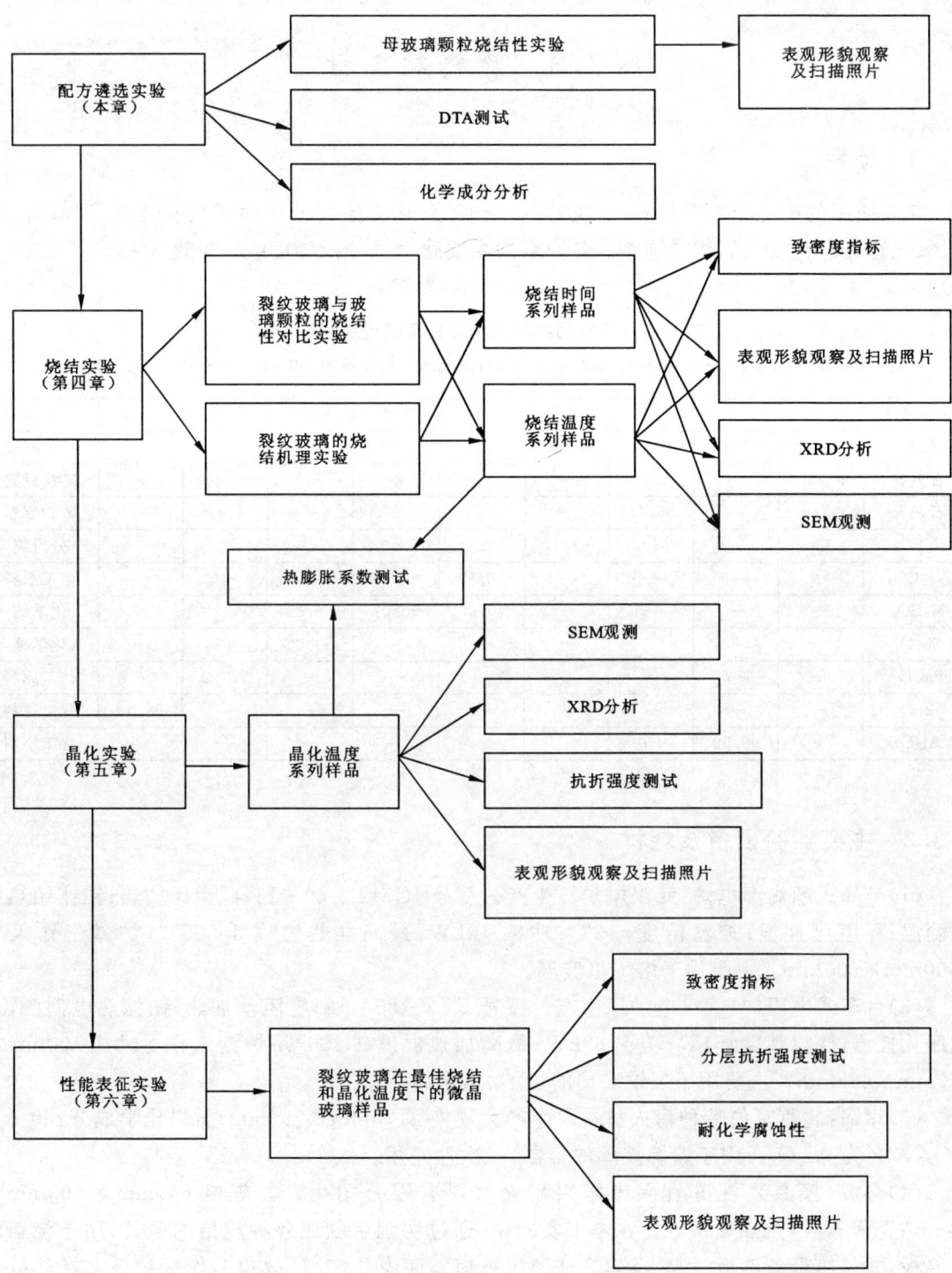

图 3-2 裂纹玻璃晶化法制备微晶玻璃的总体实验研究流程图

Fig. 3-2 Design and flowchart of experimental studies reported in this book

§3.3 原料及器材

3.3.1 原料

实验使用的矿物原料有长石、石英砂、石灰石等,化工原料及化学试剂有纯碱、碳酸钾、硼酸、氧化锌、碳酸钡、三氧化二锑等。各原料的主要化学成分及纯度级别见表3-1。

表3-1 原料的主要化学成分及纯度级别(w_B%)
Table 3-1 Chemical compositions and purification grades of all ran materials (w_B%)

化学成分	SiO_2	Al_2O_3	CaO	K_2O	Na_2O	B_2O_3	Sb_2O_3	BaO	ZnO	纯度级别
长石	72.61	15.42	0.44	7.20	3.62	—				矿物原料
石英砂	98.50	—	—	—	—	—				矿物原料
石灰石	—	—	55.47	—	—	—				矿物原料
K_2CO_3	—	—	—	67.41	—	—				分析纯
Na_2CO_3	—	—	—	—	56.89	—				化工原料
H_3BO_3	—	—	—	—	—	56.01				化学纯
Sb_2O_3	—	—	—	—	—		98.00			化学纯
$BaCO_3$	—	—	—	—	—			76.92	—	化工原料
ZnO	—	—	—	—	—			—	99.50	化工原料
Al_2O_3	—	99.50								化工原料

3.3.2 主要实验设备及耗材

(1)升降式超高温电炉:武汉电炉厂生产。型号JGMT-40-16;硅钼棒加热;铂铑铂热电偶测温;程序化控温;控温精度±2℃;功率40kW;最高加热温度1600℃;炉堂工作尺寸 ϕ500mm×600mm。主要用于熔炼母玻璃。

(2)台车式电阻炉:武汉电炉厂生产。型号RT2-80-12;电阻丝加热;铂铑热电偶测温;程序化控温;控温精度±1℃;功率80kW;最高加热温度1200℃;炉堂工作尺寸1500mm×750mm×600mm。主要用于裂纹玻璃的烧结、晶化热处理。

(3)坩锅:北京京伦特种耐火材料厂生产。规格 ϕ175mm×295mm;材料化学成分:60%为SiO_2、37%为Al_2O_3。用于熔炼玻璃的容器,一次性使用。

(4)垫板(模具):江苏宜兴市国兴耐火材料有限公司生产。规格600mm×600mm×12mm;堇青石质,抗热震性好。在本书实验中,通过切割后制成各种规格的模具,用于浇铸母玻璃板,并与热母玻璃板一起水淬,热玻璃板被惊裂而模具完好,故也兼作裂纹玻璃在热处理过程中的垫板。

§3.4 配方遴选实验

由于裂纹玻璃晶化法是一项制备微晶玻璃的新工艺,没有充足的实验基础资料,故本书研究中增设了配方遴选实验,目的在于:①设计和优化配方,测试母玻璃的差热曲线(DTA)和玻璃化转变温度、化学成分等基础研究数据,试验各配方的烧结性;②遴选具有代表性、规律性、对比性的配方,供后续正式实验使用;③为正式实验筹备好所选配方的基础资料。

3.4.1 配方设计

考虑到裂纹玻璃本质上是由无数的裂而不散的玻璃碎屑构成,裂纹玻璃的烧结和晶化性能应与现役烧结法中玻璃颗粒相近,故本书以现役烧结法工艺的配方为基础,并结合早期的探索性研究工作,设计出9个配方,见表3-2。

表3-2 配方表(w_B%)

Table 3-2 Constituents of all batches (w_B%)

原料	长石	石英砂	石灰石	K_2CO_3	Na_2CO_3	H_3BO_3	Sb_2O_3	$BaCO_3$	ZnO	Al_2O_3
BSLW1	22.80	27.10	31.00	/	3.70	2.45	0.60	4.65	4.50	3.20
BSLW2	23.11	30.25	27.10	/	3.80	2.52	0.60	4.75	4.60	3.27
BSLW3	23.60	33.42	23.05	/	3.85	2.59	0.61	4.85	4.70	3.33
BSLW4	23.20	29.45	31.00	/	3.68	2.46	0.59	4.66	4.55	0.41
BSLW5	23.70	32.53	27.12	/	3.75	2.50	0.60	4.75	4.63	0.42
BSLW6	24.15	35.76	23.09	/	3.82	2.57	0.61	4.85	4.72	0.43
BSLW7	7.82	42.98	30.80	1.66	4.60	2.43	0.58	4.60	4.53	/
BSLW8	7.98	46.30	26.98	1.70	4.68	2.48	0.58	4.69	4.61	/
BSLW9	8.15	49.75	23.00	1.73	4.75	2.54	0.60	4.78	4.70	/

3.4.2 母玻璃料的制备

按配方表配制4 000g原料,混合均匀后投入坩锅中并置于升降式超高温电炉,在1 500℃下保温160min,熔融为玻璃液。

玻璃颗粒料的制备:熔炼好的玻璃熔体直接倒入水中,水淬成玻璃颗粒,烘干、破碎、过筛、分级,备用。

裂纹玻璃料的制备:熔炼好的玻璃熔体浇铸在预热至1 000℃的堇青石模具中,待母玻璃板冷却至500℃时水淬,烘干后制成裂纹玻璃,备用。

3.4.3 化学成分分析

由于高温玻璃熔体对坩锅的侵蚀性较大,因此,有必要对母玻璃的实际化学成分进行分析测试。表3-3是各配方母玻璃的化学成分分析测试结果。由表可知,ZnO、BaO、Na_2O、K_2O、B_2O_3等辅助成分的含量分别稳定在5.2%、4.2%、3.4%、2.0%、1.2%附近,接近现役烧结法经典配方。基于该经典配方对 CaO、Al_2O_3 和 SiO_2 等主要成分的含量变化趋势进行分析可知:Al_2O_3 含量从配方 BSLW1 的 10.22% 逐渐降至 BSLW9 的 2.77%,可分为高 Al_2O_3 含量组(BSLW1、2、3)、中 Al_2O_3 含量组(BSLW4、5、6)和低 Al_2O_3 含量组(BSLW7、8、9);由 CaO 含量可将配方分为 3 组,即高 CaO 含量组(BSLW1、4、7)、中 CaO 含量组(BSLW2、5、8)、低 CaO 含量组(BSLW3、6、9);而 SiO_2 的含量是作为因变量参数设计的,即在其它成分含量设定后,用以弥补 CaO、Al_2O_3 含量变化后的差量。

表 3-3 母玻璃化学成分的分析测定结果(w_B%)
Table 3-3 Chemical composition of parent glasses by chemical analysis (w_B%)

化学成分	SiO_2	Al_2O_3	CaO	MgO	K_2O	Na_2O	TFe_2O_3	TiO_2	BaO	ZnO	B_2O_3	其它
BSLW1	53.06	10.22	19.65	0.13	1.99	3.47	0.12	0.08	4.30	4.98	1.22	0.78
BSLW2	55.82	8.79	17.40	0.12	2.04	3.40	0.09	0.05	4.33	5.20	1.23	1.53
BSLW3	58.87	8.42	14.75	0.10	2.06	3.43	0.09	0.04	4.23	5.30	1.18	1.53
BSLW4	55.43	7.45	19.85	0.13	2.00	3.25	0.10	0.06	4.18	5.10	1.20	1.25
BSLW5	58.32	6.40	17.20	0.12	2.06	3.48	0.09	0.04	4.17	5.26	1.19	1.67
BSLW6	61.39	6.07	14.45	0.11	2.20	3.47	0.07	0.04	4.27	5.26	1.17	1.51
BSLW7	58.54	3.95	19.70	0.13	1.98	3.30	0.06	0.06	4.23	5.12	1.21	1.72
BSLW8	61.71	3.11	17.35	0.12	2.06	3.45	0.04	0.04	4.23	5.26	1.19	1.44
BSLW9	64.92	2.77	14.60	0.10	2.07	3.37	0.03	0.02	4.20	5.35	1.20	1.37
烧结法的经典配方*	59.0	7.0	17.0	—	2.0	3.0	—	—	4.0	6.5	1.0	0.5

* 引自:Tashiro M. Crystallization of glasses: science and technology. Journal of Non-crystalline Solids, 1985, 73: 577.

3.4.4 差热分析(DTA)

将水淬玻璃颗粒粉碎,全通过 200 目(<0.74μm)筛,对其进行差热分析(DTA)测试(测试条件见§3.6),结果见附图 1。图中显示,Al_2O_3 含量相近的配方,随着 CaO 含量的增加,晶化峰的温度呈降低趋势。如配方 BSLW6、5、4 的 Al_2O_3 含量相近,而 CaO 含量变化较大,逐渐增加,DTA 测试显示,3 个配方的晶化峰温度分别为 997.9℃、979.9℃、963.4℃,呈降低趋势。另一方面,当 CaO 含量相近时,随着 Al_2O_3 含量的增加,晶化峰温度增加。如配方 BSLW8、5、2 的 DTA 曲线上的晶化峰温度分别为 975.9℃、979.9℃、987.4℃。

3.4.5 膨胀软化温度测试

Al_2O_3 和 CaO 对初始烧结温度的影响的主要原因在于烧结过程中玻璃粘度的变化,粘度越低越有利于烧结。当碱土金属 CaO 含量高时,母玻璃的软化温度较低、粘度小,有利于质点的迁移,即有利于母玻璃颗粒在较低的温度下的烧结。相反,Al_2O_3 对玻璃网络有补网作用,可增加玻璃的粘度,含量高时,不利于质点的迁移即烧结过程。表 3-4 是部分配方母玻璃的膨胀软化温度(相应的玻璃粘度为 $1\times10^{11} \sim 1\times10^{12}$ 泊)测试结果证明了这一点。结果显示,Al_2O_3 含量相近的中 Al_2O_3 含量配方组(BSLW4、BSLW5、BSLW6)的膨胀软化温度随着 CaO 含量的增加而减小,而 CaO 含量相近的中 CaO 含量配方组(BSLW2、BSLW5、BSLW8)的膨胀软化温度随着 Al_2O_3 含量的增加而明显增大。

表 3-4　部分配方的母玻璃的膨胀软化温度
Table 3-4　Dilatometric softening points of parent glasses of some batches

配方编号	BSLW2	BSLW4	BSLW5	BSLW6	BSLW8
膨胀软化温度(℃)	719.4	703.7	712.7	714.7	703.5

3.4.6　配方的烧结性试验

为评估各配方母玻璃的烧结性("配方的烧结性"定义参见附录)和析晶性,利用各配方的玻璃颗粒进行烧结性测试。具体试验过程如下:①破碎与分级:将水淬玻璃颗粒破碎,用 12 目标准筛分为两种粒度规格,即大于等于 1.68mm 和小于 1.68mm。②装模:模具规格为 35mm×23mm×8mm。将小于 1.68mm 的细料铺于模底,再用大于等于 1.68mm 的粗料覆盖。③烧成温度制度:

$T_{烧}$ ℃ -100℃进炉 $\xrightarrow{10℃/min}$ $T_{烧}$ ℃ -60℃ $\xrightarrow{4℃/min}$ $T_{烧}$ ℃保 40min → 加盖、取出,空气中自冷

$T_{烧}$ ℃(烧结保温温度)分别为 800℃、820℃、840℃、850℃、860℃、870℃、880℃、890℃、900℃、910℃、920℃、940℃。

各配方的玻璃颗粒烧结体的扫描照片见附图 2。

在现役烧结法中,玻璃颗粒的烧结温度范围通常指玻璃颗粒完全烧结在一起但仍未明显析晶的温度区间。据此,通过对烧结体表观形貌的观察,评估出各配方的烧结温度范围,见表 3-5。结合配方的化学成分(表 3-3)和玻璃颗粒烧结体形貌(附图 2)可知,CaO 含量高的配方,初始烧结温度(烧结温度范围的下限温度)低;而 CaO 含量低的配方的初始烧结温度高,甚至不能烧结成表面光滑的烧结体。Al_2O_3 的含量变化对初始烧结温度影响也很大,但对不同 CaO 含量的配方影响程度不同。对于高 CaO 含量配方组(BSLW1、BSLW4、BSLW7),随着 Al_2O_3 含量的增高,初始烧结温度逐渐增高;对于中 CaO 含量配方组(BSLW2、BSLW5、BSLW8),母玻璃颗粒的初始烧结温度基本未随 Al_2O_3 的变化而变化;而对低 CaO 含量配方组(BSLW3、BSLW6、BSLW9),Al_2O_3 对烧结性的影响正好与高 CaO 含量配方组的情况相反,即随着 Al_2O_3 含量的增加,初始烧结温度降低。

表 3-5　各配方母玻璃颗粒的烧结温度范围
Table 3-5　Sintering temperature ranges of the parent glass grains of all batches

配方编号	BSLW1	BSLW2	BSLW3	BSLW4	BSLW5	BSLW6	BSLW7	BSLW8	BSLW9
840℃	×	×	×	×	×	×	×	×	×
850℃	×	×	×	×	×	×	√	×	×
860℃	×	×	×	√	×	×	√	×	×
870℃	√	√	×	√	√	×	√	√	×
880℃	√	√	×	√	√	√	√	√	×
890℃	√	√	√	√	√	√	√	√	×
900℃	√	√	√	√	√	√	√	√	×
910℃	×	×	×	×	×	×	×	×	×

3.4.7 配方遴选

综合分析母玻璃的化学成分、差热分析(DTA)、烧结体表观形貌等基础资料可知，BSLW2、4、5、6、8 五个配方具有以下规律性：

(1) Al_2O_3 和 CaO 含量变化具有广泛性、代表性。配方 BSLW2、5、8 的 CaO 含量相近，Al_2O_3 含量则由高变低，分别为 8.75%、6.40%、3.11%；而配方 BSLW4、5、6 的 Al_2O_3 含量相近，CaO 含量由高变低，分别为 19.85%、17.20%、14.45%。故选择 BSLW2、4、5、6、8 五个配方可分别探讨 CaO、Al_2O_3 含量变化对裂纹玻璃的影响。

(2) 烧结性变化较广、有难有易。配方 BSLW4 非常容易烧结，配方 BSLW2、5 较易烧结，配方 BSLW6 难烧结，而配方 BSLW8 极难烧结。

(3) 析晶性能力变化较大、有强有弱。配方 BSLW2、6 的析晶能力较弱，配方 BSLW4 较强，配方 BSLW5、8 居中。

可见，配方 BSLW2、4、5、6、8 五个配方在烧结性、析晶性及化学成分等方面变化较大、代表性较强，故选择这 5 个配方作为后续裂纹玻璃晶化法各项参数实验研究的配方。为便于后续章节的论述，将各配方的烧结性汇于表 3-6。

表 3-6 选中配方的烧结性归类及描述

Table 3-6 Classification and description on the sintering characteristic of the selected batches

配方烧结性	代表性配方	烧结性描述
易烧结配方	BSLW4	玻璃颗粒在较低的温度下就能烧成平整光滑的烧结体
较易烧结配方	BSLW2、5	玻璃颗粒能够烧成表面平整光滑的烧结体，但所需的温度较高
难烧结配方	BSLW6	玻璃颗粒能够烧结，但烧结体表面不太平整，有凹坑
极难烧结配方	BSLW8	玻璃颗粒仅能烧结成一体，表面始终呈凹凸不平的熔圆玻璃态

§3.5 热处理工艺及性能表征实验

对于裂纹玻璃晶化法，最为重要的工艺过程是热处理，即裂纹玻璃的烧结和晶化。因此，本书将热处理工艺实验分为烧结实验和晶化实验两个系列进行，并对烧结实验和晶化实验得出的最佳热处理温度制度下的样品进行性能表征实验。

3.5.1 烧结实验

实验目的：①试验裂纹玻璃在不同烧结温度、不同烧结时间下的烧结状况；②探讨裂纹玻璃的烧结进程和机理；③试验不同化学成分的裂纹玻璃的烧结温度范围、最佳烧结温度和最佳烧结时间；④对比裂纹玻璃和玻璃颗粒的烧结状况，验证裂纹玻璃可否在更低的温度、更短的时间下实现烧结，且烧结致密度更高。

实验设计：基于上述配方遴选实验结果，选择 BSLW4、5、6 三个烧结难易程度不同的配方（表3-6、附图2）进行此项实验。将玻璃颗粒和裂纹玻璃在不同的烧结温度下和不同的烧结保温时间下进行热处理，再对烧结状况对比观测分析。

实验过程：将同一配方的裂纹玻璃料和玻璃颗粒同时放入台车式电阻炉，采用下列温度制度进行对比烧结。

$T_{烧}℃-100℃$进炉 $\xrightarrow{10℃/min}$ $T_{烧}℃-60℃$ $\xrightarrow{4℃/min}$ $T_{烧}℃$ 保 t min $\rightarrow$ 加盖、取出，空气中自冷

分为两个系列进行烧结实验：①烧结温度系列。将 t（烧结时间）固定为 60min，$T_{烧}$（烧结温度）设为变量，分别为 780℃、800℃、820℃、840℃、860℃、880℃、900℃、920℃；②烧结时间系列。将 $T_{烧}$ 固定在各配方相应的最佳值，t 设为变量，分别为 10min、20min、30min、40min、50min、60min、80min、120min、180min。

值得说明是，玻璃颗粒料采用模具盛装，装模方式为，先称细玻璃颗粒料（<1.68mm）40g 铺于模底，再称粗玻璃颗粒料（≥1.68mm）20g 铺在上面，而裂纹玻璃料一直处于模具中，故不需装模，直接连同模具放入电炉进行烧结。

烧结状况的表征：①密度、气孔率的测定；②X-射线粉晶衍射分析（XRD）；③扫描电子显微镜观测（SEM）；④烧结体的实物照片。各项测试方法及条件见§3.6。

3.5.2 晶化实验

实验目的：用不同的晶化温度对各配方的裂纹玻璃进行晶化热处理，并利用计算机扫描仪、扫描电子显微镜（SEM）、X-射线粉晶衍射分析（XRD）、万能材料试验机等观测手段对样品的析晶量、晶体种类、晶体含量等分析测试，以探索出晶化温度和化学成分对裂纹玻璃晶化的影响，并优选各配方的最佳晶化温度及最适合裂纹玻璃晶化法的配方。

实验设计：基于上述"预备性实验"结果，选择 BSLW2、4、5、6、8 五个配方进行晶化实验。另由于前人对玻璃颗粒的晶化研究已很深入，通常认为 $CaO-Al_2O_3-SiO_2$ 系母玻璃析出硅灰石晶体的最佳时间为 60~120min，而本实验所选的母玻璃配方与现役玻璃颗粒烧结法相近，因此，将不对晶化时间进行系统试验，而直接固定晶化时间为 90min，通过改变晶化温度来对裂纹玻璃的晶化特性进行系统实验。

实验过程：固定晶化时间为 90min，将晶化温度设为变量，对不同配方的裂纹玻璃按下列温度制度进行晶化热处理：

500℃进炉 $\xrightarrow{20℃/min}$ $T_{烧}℃-100℃$ $\xrightarrow{6℃/min}$ 烧结：$T_{烧}℃$ 保 60min $\xrightarrow{4℃/min}$ 晶化：$T_{晶}℃$ 保 90min $\rightarrow$ 随炉自冷 $\rightarrow$ 微晶玻璃原板

其中，$T_{烧}$（烧结温度）因配方不同而不同，具体温度点将由上述"烧结实验"得出；而 $T_{晶}℃$（晶化温度）用同一温度系列：900℃、950℃、1 000℃、1 050℃、1 075℃、1 100℃、1 150℃。

晶化状况的表征：①微晶玻璃的实物照片，包括微晶玻璃原板正表面、中部横截面、折断面；②X-射线粉晶衍射分析（XRD）；③密度、气孔率的测定；④抗折强度测试，其样品表面被铲除 1mm，以模拟实际生产中经过磨抛处理后的产品强度。各项测试的方法及条件见§3.6。

3.5.3 性能表征实验

实验目的：通过测试各配方的裂纹玻璃在最佳热处理温度制度下的微晶玻璃样品，评定裂纹玻璃晶化法产品的常规性能。

实验设计：基于前述的烧结实验和晶化实验的结果，确定最佳的烧结和晶化热处理温度制度。在最佳温度制度下，将裂纹玻璃制备成微晶玻璃，再对以下性能指标进行测试：①密度和气孔率；②抗折强度；③耐化学腐蚀性；④表观质量。实验过程与晶化实验相同，而各项测试的方法及条件见§3.6。

§3.6 性能测试设备及方法

3.6.1 密度、吸水率和气孔率联测

微晶玻璃的密度可分为体积密度和真密度。体积密度是指样品的质量与包括显气孔和闭口气孔在内的样品体积之比；真密度则指样品的质量与不包括显气孔和闭口气孔在内的样品体积之比。

微晶玻璃的气孔可分为两种：①封闭在微晶玻璃内部不与外界相通的闭口气孔；②显露在微晶玻璃表面与外界相通的显气孔。闭口气孔率是指样品的闭口气孔总体积与包括显气孔和闭口气孔在内的样品体积之比；而显气孔率则是样品的显气孔体积与包括显气孔和闭口气孔在内的样品体积之比；闭口气孔率与显气孔率之和为真气孔率。

在本书实验中，以国家标准《天然饰面石材试验方法——体积密度、真密度、真气孔率、吸水率试验方法》(GB/T 9966.3-2001)为参考，进行样品体积密度、真密度、吸水率、闭口气孔率、显气孔率等的测试。其中，测试样品的体积密度采用阿基米德方法（悬浮法），用感量为万分之一的电光天平进行称量，以蒸馏水作为介质。测试样品的真密度采用比重瓶法，仍以蒸馏水为介质。所有实验均在空调实验室内进行，室温控制在 20～25℃。

各项指标的计算公式如下：

(1) 体积密度 ρ_b (g/cm³)：

$$\rho_b = \frac{m_0}{m_1 - m_2} \times \rho_w \tag{3-1}$$

式中，m_0 为干燥试样在空气中的质量(g)，m_1 为水饱和试样在空气中的质量(g)，m_2 为水饱和试样在水中的质量(g)，ρ_w 为试验时室温水的密度(g/cm³)。

(2) 真密度 ρ_t (g/cm³)：

$$\rho_t = \frac{m'_0}{m'_1 + m'_0 - m'_2} \times \rho_w \tag{3-2}$$

式中，m'_0 为干粉试样在空气中的质量(g)，m'_1 为只装蒸馏水的比重瓶加水质量(g)，m'_2 为装粉样加水的比重瓶质量(g)，ρ_w 同式(3-1)中 ρ_w。

(3) 真气孔率 p_t (%)：

$$p_t = \left(1 - \frac{\rho_b}{\rho_t}\right) \times 100 \tag{3-3}$$

式中，ρ_b 为试样的体积密度(g/cm^3)，ρ_t 为试样的真密度(g/cm^3)。

(4) 吸水率 W_a(%)：

$$W_a = \left(\frac{m_1 - m_0}{m_0}\right) \times 100 \qquad (3-4)$$

式中，m_0、m_1 同式(3-1)。

(5) 显气孔率 ρ_a(%)：

$$\rho_a = \frac{m_1 - m_0}{m_1 - m_2} \qquad (3-5)$$

式中，m_0、m_1、m_2 同式(3-1)。

(6) 闭口气孔率 ρ_c(%)：

$$\rho_c = \rho_t - \rho_a \qquad (3-6)$$

测试时，以 3 个样品进行平行测试，测试结果用 3 个样品的平均值表示。

3.6.2 差热分析(DTA)

玻璃是一种具有硬度和刚性的过冷液体，内部质点处于无规格网络结构，内能高，不稳定。在加热处理过程中，具有转变为有序的晶体结构的趋势并放出热量。应用差热分析，通过探测玻璃在一定的加热速度下的放热信号，就可以测出玻璃的转变温度(T_g)、析晶放热峰温度(T_c)。将水淬玻璃颗粒研磨成粉末，全通过 200 目标准筛，用德国 NETZSCH 公司的 STA449C 型差热分析仪测定母玻璃的差热曲线，升温速度为 10℃/min，最高温度为 1 200℃，空气气氛，参比样为氧化铝坩埚。

3.6.3 X-射线粉晶衍射分析(XRD)

利用 XRD 可以很好地表征玻璃的析晶量。本测试利用日本 Rigaku 公司的 D/Max-3B 型 X-射线粉晶衍射仪对经过热处理的样品进行 X-射线粉晶衍射分析(XRD)，以测试不同热处理温度下的样品晶化度和晶相组成。测试条件为：$CuK\alpha$ 射线辐射，Ni 滤波，电压为 30kV，电流为 80mA，DS 狭缝为 1mm，SS 狭缝为 1mm，RS 狭缝为 0.15mm，扫描范围为 10°~75°，扫描速度为 6°(2θ)/min，测试温度为室温。

3.6.4 扫描电子显微镜分析(SEM)

先将样品表面打磨抛光，再在 5%HF 溶液(室内温度为 20~25℃)中侵蚀 60±5s，用清水充分清洗后烘干，对其表面进行喷金处理，用日本电子公司出产的 JSM-35CF 型扫描电子显微镜观察样品的微观结构。本书中 SEM 图片均为二次电子散射像。

3.6.5 计算机扫描仪

由于试样的反光较强，难以应用普通光学照相机或数码照相机拍摄样品的实物照片。经尝试，用于计算机配套的扫描仪可以高清晰、高保真度地扫描出样品的形貌。在本书实验中，利用美国惠普公司生产的 hp Scanjet 4400C 型计算机扫描仪，在 600 或 1 200 的分辨率、真色彩(16.7 百万种色彩)条件下，对实验样品的表观形貌进行图像扫描，获得实物照片，并通过计算机制图软件放大处理后对样品的细微结构进行观测。

3.6.6 耐化学腐蚀性测定

采用室温溶液浸泡法测定试样在特定浓度的浸泡溶液中的重量损失率,以衡量样品的耐化学腐蚀性。本书实验中,将试样切割为 15mm×15mm×10mm,每样并行制备 3 个平行样。选用的浸泡溶液分别为蒸馏水、1% 的 H_2SO_4 溶液、1% 的 NaOH 溶液。把试样烘干至恒重,在电子天平上称量样品干重(G_1),然后投入浸泡溶液中浸泡 650h,取出冲洗干净,烘干至恒重,再称浸后重量(G_2)。按下列公式计算样品的重量损失率(C):

$$C = (G_1 - G_2)/G_1 \tag{3-7}$$

式中,G_1 为浸泡前试样的质量(g),G_2 为浸泡后试样的质量(g)。称量精度均为 0.0001g。

3.6.7 抗折强度

将试样切割成条状样品,规格大致为 70mm×35mm×18mm(用于测试切削厚度对抗折强度的影响的样品的高度将偏离此规格),在 WE-50 型液压式万能试验机上利用三点法测定样品的抗折强度。测试条件为:跨距为 50mm,负荷加载速度为 8±1N/s。用游标卡尺测出断口的宽度和高度,按下面的公式计算抗折强度(δ):

$$\delta = 3P \cdot L / (2b \cdot h)^2 \tag{3-8}$$

式中,δ 为抗折强度(MPa),P 为负荷(N),L 为跨距(mm),b 为断口处宽度(mm),h 为断口处高度(mm)。

另外,为研究微晶玻璃的厚度方向上的机械强度变化,将配方和热处理条件完全相同的一组微晶玻璃样品切削去除不同厚度后,再测试余下部分的抗折强度。根据切削厚度与抗折强度的关系,论证微晶玻璃各层面的机械强度,分析厚度方向上的内应力变化趋势。

3.6.8 热膨胀系数分析

由于裂纹玻璃晶化法制备的微晶玻璃由宏观晶相区和宏观乳浊玻璃区构成,为组织结构不均匀体。宏观晶相区、宏观乳浊玻璃区及二者的过渡区的晶化度、物相构成、微观结构均存在差别,必然对微区的热膨胀系数产生影响,进而形成局部内应力。为探测宏观晶相区和宏观乳浊玻璃区的热膨胀系数,进而得出晶化度与热膨胀系数的关系,本书对完全晶化的微晶玻璃棒(可代表宏观晶相区)、乳浊玻璃棒(可代表宏观乳浊玻璃区)、母玻璃棒(可代表宏观透明玻璃区)分别进行了热膨胀系数测试,同时获得膨胀软化温度资料。

将相同配方的玻璃熔体同时拉制 3 根玻璃棒,在空气中冷却后,第一根保持玻璃态原状,第二根在裂纹玻璃的最佳烧结温度下进行乳浊化处理,第三根在裂纹玻璃的最佳晶化温度下进行长时间晶化处理。再通过裁截、两端面打磨后获得规格为 ϕ5~6mm×10~25mm 的母玻璃棒、乳浊玻璃棒、微晶玻璃棒。采用德国 NETZSCH 公司生产的 DIL 402C 型热膨胀仪,以 10℃/min 的升温速率,在空气气氛下分别对 3 种玻璃棒的热膨胀系数进行测试分析。

第四章 裂纹玻璃的烧结

在现役的烧结法工艺中，玻璃颗粒的烧结非常重要，要求玻璃颗粒必须在中温保温阶段烧成气孔率少、表面平整光滑的烧结体，否则高温晶化后制得的微晶玻璃气孔缺陷多、表面不平整，将严重影响后续的打磨抛光操作及产品的最终质量。

同理，对于本书的裂纹玻璃晶化法，裂纹玻璃也必须在烧结过程中实现良好的烧结。因此，有必要对裂纹玻璃在不同的烧结温度、不同的烧结时间下获得的烧结体进行细致的表观形貌观测，测试致密度相关指标（体积密度、闭气孔率、真气孔率、显气孔率、吸水率等），分析影响裂纹玻璃烧结质量的因素，探讨裂纹愈合机理及裂纹玻璃烧结理论。

§4.1 温度对裂纹玻璃烧结的影响

裂纹玻璃的烧结与现役烧结法中玻璃颗粒的烧结相似，当配方和化学成分一定时，烧结质量主要受烧结温度影响。由于制备微晶玻璃的母玻璃有一定的析晶能力，烧结温度上限受初始析晶的制约，烧结温度范围有限。当烧结温度过低时，玻璃粘度过大，不能实现烧结；而烧结温度过高，母玻璃析晶，粘度再次增高，也难以很好地烧结；仅在一定的温度区间，玻璃粘度降至最低，通过质点的粘滞流动，裂纹玻璃才能烧结良好。因此，有必要对烧结性不同的配方（以BSLW4、5、6为例；另外，"配方的烧结性"分级及描述见表3-6和附录，以下同）的裂纹玻璃和玻璃颗粒在不同温度下的烧结性进行对比试验（实验方案详见§3.5.1），并基于已成熟的现役烧结法的玻璃颗粒烧结理论，对比分析温度对裂纹玻璃和玻璃颗粒烧结效果的影响，以剖析烧结温度与裂纹玻璃烧结质量间的关系。

4.1.1 烧结体的表观形貌

利用烧结温度系列实验得到的各配方的裂纹玻璃烧结体和玻璃颗粒烧结体的表观形貌见附图3，表观形貌的特征描述见表4-1。由附图3和表4-1可知，对于烧结难易程度不同的配方（表3-6），裂纹玻璃与玻璃颗粒表现出的烧结行为不同。

4.1.1.1 易烧结配方在不同烧结温度下的烧结形貌

对于易烧结配方BSLW4，其裂纹玻璃在820℃下已能烧结成表面平整、光滑的烧结体；而该配方的玻璃颗粒在820℃烧成时，仅能熔结在一起，但表面仍呈颗粒熔圆形态；将烧成温度提升到840℃烧成时，则能够烧结成表面较光滑的烧结体，但表面凹凸不平；当进一步提高烧结温度至860℃时，才能烧结成表面平整、光滑的烧结体。可见，对于容易烧结的配方，裂纹玻璃和玻璃颗粒均能烧结，但裂纹玻璃所需的烧结温度更低。

表 4-1 裂纹玻璃和玻璃颗粒烧结体的表观形貌

Table 4-1 Surface appearances of the sintered bodies of cracked glass and glass grains

编号	玻璃料形态	评价指标	780℃	800℃	820℃	840℃	860℃	880℃	900℃	920℃
BSLW4	裂纹玻璃	烧结程度	初始烧结	烧结较好	烧结很好	烧结很好	烧结很好	烧结很好	烧结很好	烧结很好
		表观形貌	凹痕较深、不平整	凹痕较浅、略显不平	无凹痕、平整光滑	平整光滑	平整光滑	平整光滑	平整光滑	平整光滑
		析晶程度	未析晶	未析晶	未析晶	极少晶丝	较多晶丝	大量晶丝	大量晶丝	大量晶丝
	玻璃颗粒	烧结程度	初始烧结	烧结不好	烧结不好	烧结很好	烧结很好	烧结很好	烧结很好	烧结很好
		表观形貌	不规则颗粒态	熔圆颗粒态	熔圆颗粒态	较平整光滑	平整很好	平整很好	平整很好	平整很好
		析晶程度	未析晶	未析晶	未析晶	较多晶丝	大量晶丝	大量析晶	大量析晶	大量析晶
BSLW5	裂纹玻璃	烧结程度	初始烧结	烧结较好	烧结很好	烧结很好	烧结很好	烧结很好	烧结很好	烧结很好
		表观形貌	凹痕较深、不平整	凹痕较浅、略显不平	无凹痕、平整光滑	无凹痕、平整光滑	平整光滑	平整光滑	平整光滑	平整光滑
		析晶程度	未析晶	未析晶	未析晶	极少晶丝	少量晶丝	大量晶丝	大量析晶	大量析晶
	玻璃颗粒	烧结程度	初始烧结	烧结不好	烧结不好	烧结较好	烧结很好	烧结很好	烧结很好	烧结很好
		表观形貌	不规则颗粒态	不规则颗粒态	熔圆颗粒态	较圆颗粒态	平整光滑	平整光滑	平整光滑	平整光滑
		析晶程度	未析晶	未析晶	未析晶	较多晶丝	大量晶丝	大量析晶	大量析晶	大量析晶
BSLW6	裂纹玻璃	烧结程度	初始烧结	烧结较好	基本烧结	烧结较好	烧结很好	烧结很好	烧结很好	烧结很好
		表观形貌	凹痕较深、不平整	凹痕较浅、不平整	凹痕较浅、略显不平	凹痕较浅、略显不平	无凹痕、平整光滑	平整光滑	平整光滑	平整光滑
		析晶程度	未析晶	未析晶	未析晶	极少晶丝	少量晶丝	很多晶丝	大量晶丝	大量晶丝
	玻璃颗粒	烧结程度	初始烧结	烧结不好	烧结不好	烧结不好	烧结较好	烧结较好	烧结较好	烧结较好
		表观形貌	不规则颗粒态	不规则颗粒态	熔圆颗粒态	熔圆颗粒态	有凹坑、不太平整	有凹坑、不太平整	有凹坑、不太平整	有凹坑、不太平整
		析晶程度	未析晶	未析晶	未析晶	少量晶丝	大量晶丝	大量析晶	大量析晶	大量析晶

4.1.1.2 难烧结配方在不同烧结温度下的烧结形貌

对于难烧结配方 BSLW6,其玻璃颗粒在任何温度下均无法实现充分烧结,即使在 860℃ 以上时也仅能烧成凹坑很多、表面粗糙的烧结体;而该配方的裂纹玻璃却仍能有效烧结,最低烧结温度约为 840℃。可见对于难烧结的配方,玻璃颗粒在任何温度下均不能高质量烧结;而裂纹玻璃却仍可很好的实现烧结,且烧结温度并不高。这表明,裂纹玻璃对配方的质量要求低、配方范围宽。

4.1.1.3 较易烧结配方在不同烧结温度下的烧结形貌及烧结反弹现象

配方 BSLW5 的烧结性比 BSLW4 略差,是一个较易烧结的配方。其裂纹玻璃在 830℃ 完全烧结,表面平整光滑;而玻璃颗粒在 860℃时,才能烧成表面光滑平整的烧结体。

此外,BSLW5 的玻璃颗粒在更高的烧结温度下烧成的烧结体还可以观察到"烧结反弹"现象,即当烧成温度超过最佳烧结温度而升高至 880℃ 时,烧结体表面平整度再次变差,出现了较多大小不等的凹坑;而在更高的 900℃ 烧成时,烧结体表面又很平整、光滑。发生烧结反弹现象的根本原因在于晶体析出,增加了玻璃粘度,阻碍了粘滞流动传质,使玻璃颗粒烧结难度增大,烧结体表面难以流平。发生烧结反弹的温度区间较窄,当烧成温度略低于烧结反弹区时,由于玻璃颗粒未析晶,而玻璃的粘度又因温度较高而变得较低,粘滞流动的阻力较小,很容易实现烧结;当烧成温度略高于烧结反弹区时,由于温度的再次升高,因温度升高而导致粘度降低的趋势足大于因析晶而导致粘度升高的趋势,玻璃的实际粘度再次降至玻璃颗粒能烧结的条件。可见,发生烧结反弹的温度区间正是因初始析晶而导致的玻璃粘度骤然升高的一小段温度区。

而对于 BSLW5 的裂纹玻璃却未发现烧结反弹现象,也未观察到析晶对烧结的明显影响,即使在更高的、晶体可明显析出的温度下进行保温烧结,烧结体表面也是光滑平整的。这说明裂纹玻璃受初始析晶的影响较玻璃颗粒要小,表明裂纹玻璃的烧结上限温度更高。

总之,对于较易烧结的配方,裂纹玻璃和玻璃颗粒均能烧结,但裂纹玻璃比玻璃颗粒所需的烧结温度更低,且裂纹玻璃几乎不受初始析晶的影响,没有烧结反弹现象发生;而玻璃颗粒受初始析晶的影响很大,会发生烧结反弹现象,使烧结温度范围缩小,增加了实际生产中的工艺条件调控难度,特别是要求中温保温烧结的控温精度必须较高,否则烧结质量差,易出现因气孔缺陷而产生次品。

需补充的是,玻璃颗粒的烧结反弹现象与配方本身的烧结性和析晶性有关,仅发生在烧结性略差、析晶能力较强的配方。对于易烧结的配方 BSLW4,玻璃在烧结温度下的粘度很低,即使温度升高,部分晶体析出,导致粘度上升,但玻璃的实际粘度仍可维持在较低水平,对烧结体的表观形态影响不大。对于难烧结的配方 BSLW6,玻璃颗粒始终无法较好地烧结,不存在烧结反弹的问题。

4.1.2 烧结体的体积密度、吸水率、气孔率

利用阿基米德方法(悬浮法)测试裂纹玻璃和玻璃颗粒的烧结体的体积密度,而采用比重瓶法可测定真密度,由真密度和体积密度可计算出样品的真气孔率和闭口气孔率。此外,样品的吸水率的测定也可反映出样品的显气孔量。所有与烧结体致密度相关的测试结果见表

4-2。需特别说明的是,由于裂纹玻璃烧结体的吸水率、真气孔率和闭口气孔率等测试值(以3个平行测试结果的平均值表示,以下同)很小,测试误差均较大,故本书仅以这些测试值来反映烧结体的气孔量变化趋势。

表 4-2　不同烧结温度下的裂纹玻璃和玻璃颗粒烧结体的致密度指标测试结果
Table 4-2　Results of the compactness of the sintered bodies of cracked glass and glass grains respectively at different temperatures

编号	玻璃形态	性能指标	烧结温度(℃)							
			780	800	820	840	860	880	900	920
BSLW4	裂纹玻璃	吸水率(%)	0.01	0.01	0.01	0.02	0.01	0.02	0.02	0.02
		体积密度(g/cm³)	2.783	2.788	2.785	2.786	2.785	2.785	2.780	2.776
		真密度(g/cm³)	2.800	2.801	2.801	2.800	2.801	2.802	2.802	2.804
		真气孔率(%)	0.61	0.47	0.57	0.50	0.59	0.62	0.77	0.98
		显气孔率(%)	0.05	0.04	0.06	0.06	0.04	0.05	0.06	0.06
		闭口气孔率(%)	0.56	0.43	0.51	0.44	0.55	0.57	0.71	0.92
	玻璃颗粒	吸水率(%)	3.07	0.41	0.07	0.06	0.06	0.06	0.07	0.06
		体积密度(g/cm³)	2.532	2.724	2.747	2.744	2.743	2.743	2.736	2.735
		真密度(g/cm³)	2.800	2.801	2.801	2.800	2.801	2.803	2.803	2.805
		真气孔率(%)	9.56	2.74	1.94	1.99	2.06	2.14	2.38	2.51
		显气孔率(%)	7.76	1.12	0.18	0.18	0.16	0.16	0.18	0.16
		闭口气孔率(%)	1.80	1.62	1.75	1.81	1.90	1.98	2.21	2.35
BSLW5	裂纹玻璃	吸水率(%)	0.02	0.02	0.01	0.01	0.02	0.02	0.02	0.02
		体积密度(g/cm³)	2.740	2.740	2.741	2.740	2.738	2.736	2.737	2.736
		真密度(g/cm³)	2.754	2.753	2.754	2.753	2.755	2.756	2.758	2.757
		真气孔率(%)	0.49	0.49	0.47	0.46	0.63	0.73	0.75	0.74
		显气孔率(%)	0.04	0.06	0.02	0.03	0.05	0.05	0.05	0.06
		闭口气孔率(%)	0.45	0.43	0.45	0.43	0.58	0.69	0.69	0.69
	玻璃颗粒	吸水率(%)	4.67	1.58	0.10	0.06	0.06	0.06	0.05	0.04
		体积密度(g/cm³)	2.390	2.617	2.710	2.715	2.704	2.702	2.700	2.701
		真密度(g/cm³)	2.752	2.753	2.752	2.754	2.755	2.756	2.758	2.759
		真气孔率(%)	13.16	4.95	1.53	1.42	1.84	1.98	2.10	2.11
		显气孔率(%)	11.15	3.54	0.27	0.17	0.17	0.16	0.13	0.12
		闭口气孔率(%)	2.01	1.41	1.26	1.25	1.67	1.82	1.98	1.99

续表 4-2

编号	玻璃形态	性能指标	烧结温度(℃)							
			780	800	820	840	860	880	900	920
BSLW6	裂纹玻璃	吸水率(%)	0.03	0.04	0.03	0.04	0.03	0.03	0.04	0.03
		体积密度(g/cm³)	2.696	2.694	2.695	2.694	2.695	2.697	2.696	2.697
		真密度(g/cm³)	2.710	2.709	2.710	2.709	2.710	2.712	2.713	2.713
		真气孔率(%)	0.51	0.54	0.56	0.57	0.56	0.57	0.61	0.58
		显气孔率(%)	0.09	0.09	0.08	0.10	0.08	0.08	0.11	0.08
		闭口气孔率(%)	0.42	0.45	0.48	0.47	0.48	0.49	0.50	0.50
	玻璃颗粒	吸水率(%)	5.88	2.82	0.48	0.18	0.08	0.07	0.05	0.07
		体积密度(g/cm³)	2.289	2.488	2.652	2.670	2.668	2.669	2.666	2.660
		真密度(g/cm³)	2.709	2.710	2.711	2.710	2.708	2.712	2.713	2.715
		真气孔率(%)	15.52	8.21	2.18	1.49	1.48	1.58	1.74	2.01
		显气孔率(%)	13.46	7.02	1.27	0.48	0.21	0.18	0.14	0.19
		闭口气孔率(%)	2.06	1.19	0.91	1.01	1.27	1.40	1.61	1.83

图 4-1、图 4-2、图 4-3 分别给出了裂纹玻璃和玻璃颗粒的烧结体的体积密度、真气孔率、闭口气孔率、吸水率等随烧成温度的变化曲线,具体分析如下。

4.1.2.1 易烧结配方在不同烧结温度下的烧结致密度

配方 BSLW4 的裂纹玻璃烧结体的体积密度测试值在 800℃ 烧成时达到了最大值 2.788g/cm³;而烧成温度稍低的 780℃ 的体积密度为 2.783g/cm³,与最大值相差很小,表明裂纹玻璃在较低的温度下裂纹已开始愈合了。当烧成温度在稍高的 820~860℃ 时,烧结体的体积密度保持在 2.785g/cm³ 附近,略低于最大体积密度值,说明烧结体中封闭的气孔仍很少、烧结致密度很高;当烧成温度在更高的 880℃ 以上时,体积密度呈明显下滑趋势,表明烧结体中封闭的气孔越来越多。在闭口气孔率曲线上也清晰地反映出了因烧成温度过高所导致的闭口气孔率增大的趋势。闭口气孔率在 860℃ 以前稳定在较低的水平,而当烧成温度超过 880℃ 时,闭口气孔率不断增高,且增大趋势非常明显。此外,真气孔率的变化曲线也可观察到同样的气孔变化趋势。

发生这样的烧结现象的原因在于,配方 BSLW4 易烧结。玻璃在中温烧结阶段粘度随温度增加而较快的降低,玻璃质点容易迁移,使裂纹愈合。此外,在热处理加热升温过程中,裂纹玻璃表层直接受到热辐射,温度必然高于深部,表层玻璃粘度也必然低于深部。这种受热及粘度下降的不均匀性导致裂纹玻璃表层率先烧结、裂纹愈合,而内部滞后烧结,使裂纹深部的气体还来不及完全逸出,被封闭形成闭口气孔,体积密度随之降低。因此,当烧成温度较低时,裂纹玻璃表层的烧结速度较慢,与深部的烧结速度差也较小,深部的气孔有充裕的时间逸出,被封闭的气孔量少,体积密度较高。反之,烧成温度较高时,裂纹玻璃表层与深部的烧结速度相差较大,导致表层过快烧结,必然会封闭更多的气体在烧结体内部,体积密度下降、闭口气孔率

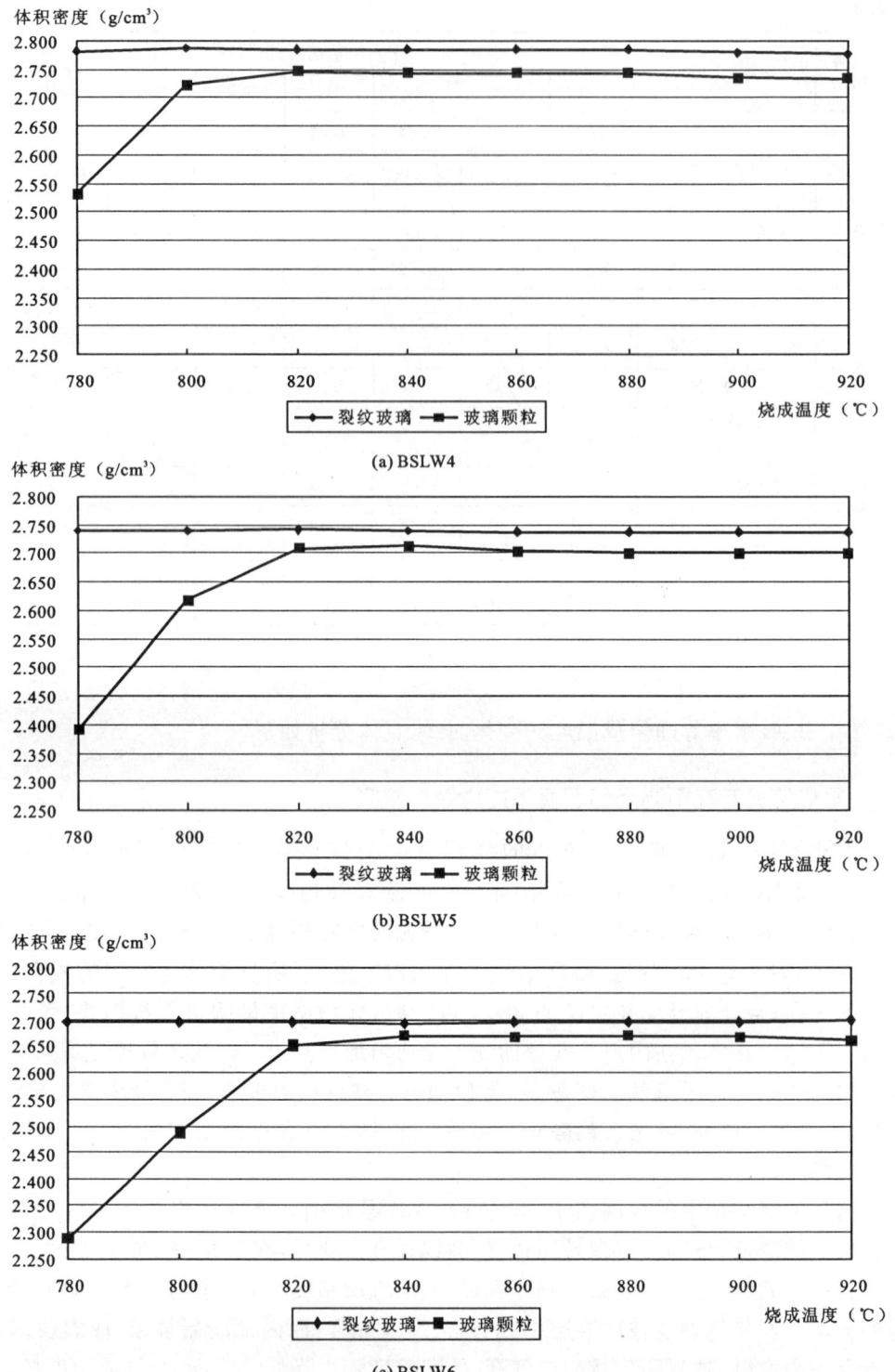

图 4-1　裂纹玻璃和玻璃颗粒烧结体的体积密度随烧成温度的变化曲线

Fig. 4-1　Bulk densities of sintered bodies of cracked glass and glass grains as a function of temperatures

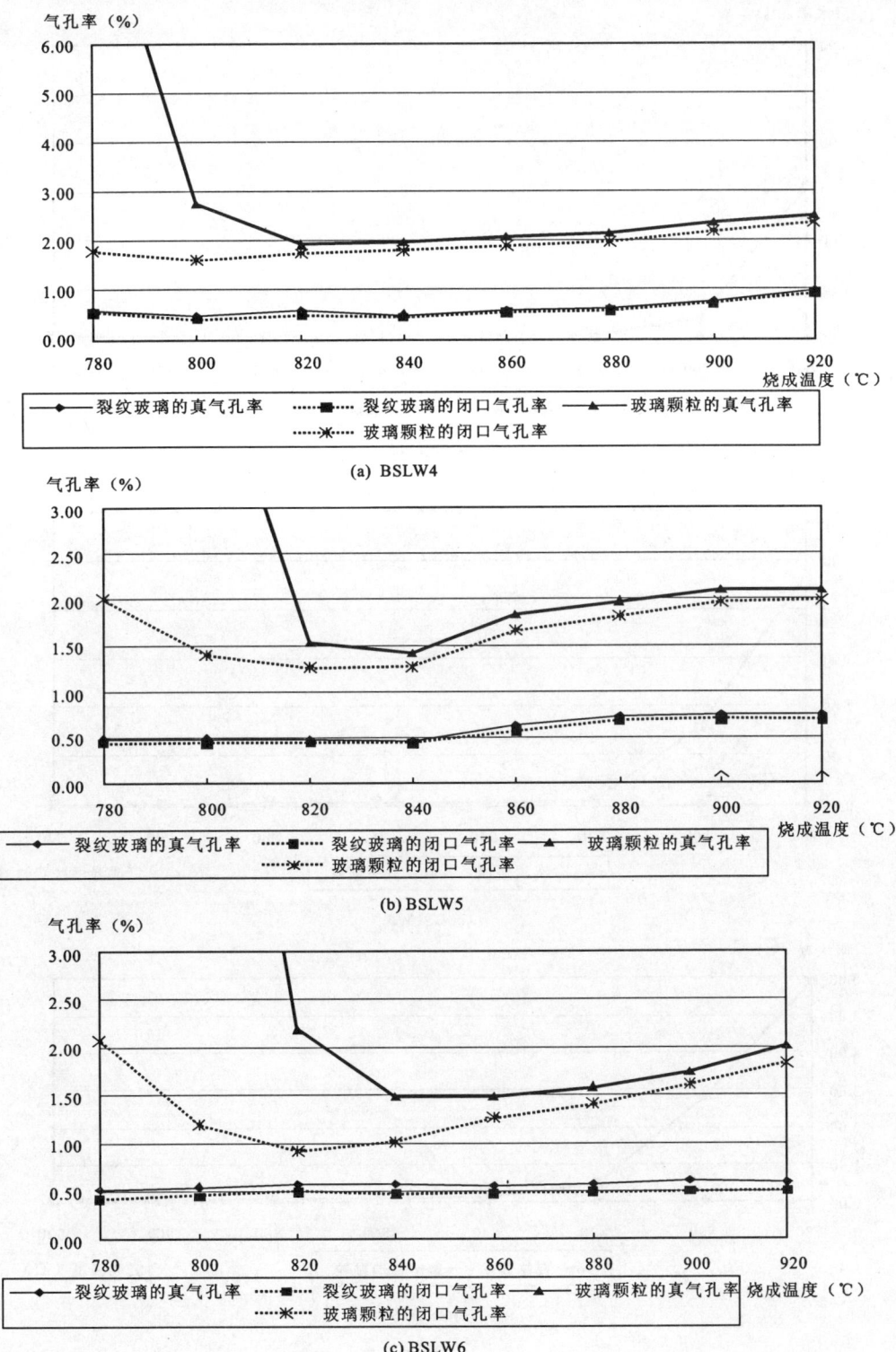

图 4-2 裂纹玻璃和玻璃颗粒烧结体的气孔率随烧成温度的变化曲线

Fig. 4-2 Porosities of sintered bodies of cracked glass and glass grains as a function of temperatures

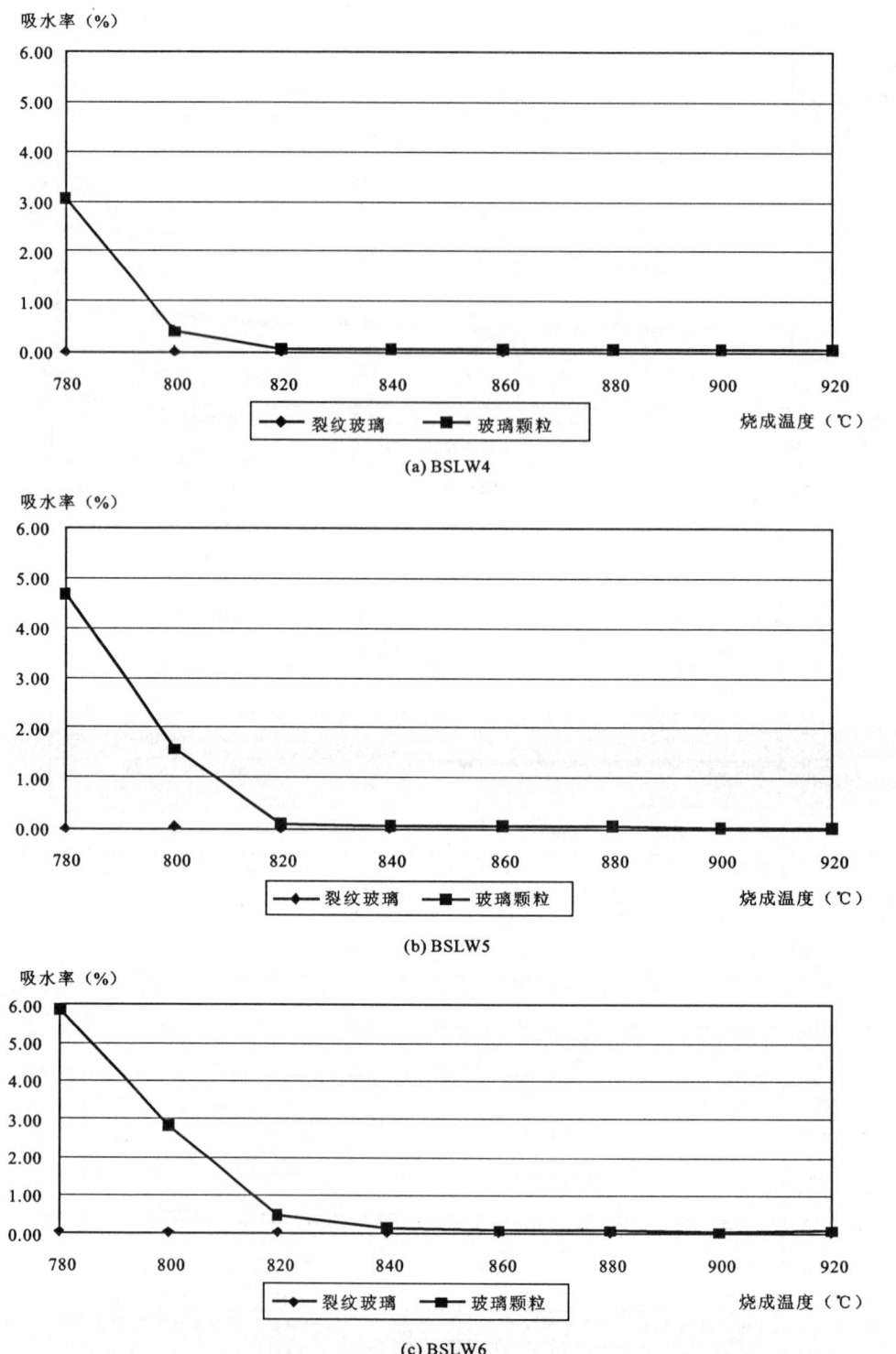

图 4-3 裂纹玻璃和玻璃颗粒烧结体的吸水率随烧成温度的变化曲线

Fig. 4-3 Water absorption rates of the sintered bodies of cracked glass and glass grains as a function of temperatures

增大。

从图中还可看出,BSLW4 的玻璃颗粒烧结体的致密度同裂纹玻璃烧结体相比,存在以下差别:①玻璃颗粒在较低温度下的烧结体的体积密度远低于裂纹玻璃烧结体,而真气孔率、显气孔率、闭口气孔率甚高,表明玻璃颗粒的烧结温度下限较裂纹玻璃低。②在 820℃ 达到了体积密度最大值 2.747g/cm³,但比该温度下的裂纹玻璃烧结体的体积密度低 0.028g/cm³。此时,显气孔率降到极小值,表明烧结体表面已完全烧结,基本上没有开口气孔,而闭气孔率仍非常高。③当烧成温度进一步升高时,玻璃颗粒烧结体的体积密度变化趋势与裂纹玻璃相似,也呈轻微的下降趋势。但闭气孔率却迅速上升,上升幅度比裂纹玻璃烧结体高得多。④玻璃颗粒烧结体的开口气孔率和吸水率在 820℃ 后维持在较低水平并呈轻微下降趋势,这证明了表层玻璃颗粒烧结致密,将中部气体继续逸出的通道堵塞,必然导致闭口气孔率增加。

总之,对于易烧结配方,在烧结温度下粘度下降很快,玻璃颗粒和裂纹玻璃均可能因表层的迅速烧结而封闭气体于烧结体内,但裂纹玻璃烧结体封闭的气孔量远小于玻璃颗粒烧结体。

4.1.2.2 较易烧结配方在不同烧结温度下的烧结致密度

配方 BSLW5 的裂纹玻璃烧结体的体积密度在 820℃ 达到了最大值 2.741g/cm³;稍高的 840℃ 下的烧结体的体积密度仍维持在高密度 2.740g/cm³ 附近;当温度进一步升高后,体积密度下降了,但下降幅度比 BSLW4 小。相应的闭口气孔率变化曲线显示出的闭口气孔量与体积密度的变化相一致,也是在 840℃ 以下维持着较小的气孔率,而当温度上升至 860℃ 后开始增加。体积密度和闭气孔率变化曲线共同表明,配方 BSLW5 的裂纹玻璃在一定的温度下可以获得致密高的烧结体。但当烧成温度超过最佳值后,闭口气孔量开始增加。不过,增加幅度较 BLSW4 小,各烧成温度下的闭口气孔率绝对值也比 BSLW4 小得多,特别是 920℃ 下烧成的样品,BSLW5 的闭气孔率仅为 0.69%,而 BSLW4 的气孔率已高达 0.92%。发生这样的气孔率变化趋势的根本原因在于配方 BSLW5 的烧结性比 BSLW4 略差,在烧结过程中,裂纹的愈合速度稍慢,使裂纹中的气体有充裕的时间逸出,从而避免了裂纹的过快愈合而导致闭口气孔量的增加。

配方 BSLW5 的玻璃颗粒在 840℃ 时达到了体积密度最大值 2.715g/cm³,比裂纹玻璃达到体积密度最大时的温度高了 20℃,而体积密度值却低了 0.026 g/cm³;在更高的烧成温度下,玻璃颗粒烧结体的体积密度变化趋势与裂纹玻璃烧结体相一致,表现出较小幅度的下降趋势;而在更低的烧结温度下,玻璃颗粒烧结体的体积密度非常低,相应温度下的裂纹玻璃烧结体的体积密度已很高。再从闭口气孔率上比较,玻璃颗粒烧结体的闭口气孔率始终维持在较高值,即使 840℃ 烧成的最致密的烧结体的闭口气孔率也达 1.25%,远大于该温度下的裂纹玻璃烧结体的闭口气孔率值。

可见,对于较易烧结的配方,无论是在最佳烧结温度高低方面,还是在体积密度和闭口气孔率反应出的烧结体致密度方面,裂纹玻璃均有较大优势,极易烧成致密烧结体。

4.1.2.3 难烧结配方在不同烧结温度下的烧结致密度

配方 BSLW6 是一个难烧结的配方,其烧结状况很特殊。裂纹玻璃烧结体的体积密度变化规律不明显,基本维持在 2.694~2.697g/cm³ 之间。再从闭口气孔率变化曲线来看,裂纹玻璃烧结体的气孔率总是维持在一个极低的水平。这表明,难烧结配方的裂纹玻璃容易烧成致密度高的烧结体。这是由于难烧结配方的裂纹玻璃在所用烧成温度下的粘度较大,裂纹愈合速度较慢,有利于深部裂纹中的气体逸出,封闭下来的气孔量很小,能实现高致密度烧结。

而配方 BSLW6 的玻璃颗粒烧结体的体积密度表现出的规律同易烧结配方 BSLW4 和较易烧结的配方 BSLW5,仍是由低升至最大值,再略微下降;相应的闭口气孔率变化趋势也与前两个配方相似,但闭口气孔率的绝对值远低于前两个配方的玻璃颗粒烧结体。这也证明了难烧结配方仍有利于降低封闭下来的气孔量。

4.1.3　配方烧结性对生产用配方选择的影响

通过上述分析,在现役烧结法中,由于使用了松散的玻璃颗粒料作为烧结前躯体,对于易烧结的配方,由于玻璃粘度在烧结温度下较低,烧结速度快,很容易将玻璃颗粒间的孔隙封闭成气孔;而对于难烧结的配方,在烧结温度下,玻璃粘度相对较高,烧结速度较慢,被封闭的气孔量将更少。但从烧结体表观形貌来看,难烧结配方的玻璃颗粒烧结体表面总是烧不平整,存在着凹坑。这些凹坑在很高的晶化温度下也难以全部熔平,导致微晶玻璃原板上出现的凹坑缺陷,既可能会增加原板的磨抛工作量,还可能转化成成品的表面气孔缺陷。因此,在现役烧结法的实际生产中,在解决烧结性和气孔缺陷这一矛盾体时,只好优先选择易烧结的配方(如 BSLW4),以得到光滑平整的微晶玻璃原板,而放弃了气孔量较少但难以烧平的配方(如 BSLW6)。然而,易烧结配方容易封闭大量气体、生成气孔缺陷的问题一直是困扰烧结法工艺的最大技术难题。

与玻璃颗粒烧结状况相反,难烧结配方的裂纹玻璃不但仍能烧成致密度高的烧结体,而且烧结体的表面平整、光滑,不影响微晶玻璃原板的表面平整性,易于磨抛成表面气孔缺陷极少的成品。当然,易烧结配方的裂纹玻璃更易烧成表面平整光滑的烧结体,烧结体的气孔率虽然比难烧结配方有所增加,但增幅很小,致密化程度仍很高,且远高于玻璃颗粒烧结体。可见,裂纹玻璃晶化法对配方的要求很宽。无论是容易烧结的配方,还是烧结困难的配方,均能烧成表面平整、闭口气孔率低的烧结体,均可作为该工艺的适宜配方。

4.1.4　最佳烧结温度选择及影响因素

各配方的裂纹玻璃和玻璃颗粒烧结体的最佳表观形貌和最大致密度(以体积密度、闭口气孔率表征)对应的烧成温度不一致。表观形貌主要反映的是烧结体的表面是否平整、光滑、有无凹痕(对于裂纹玻璃烧结体)或凹坑(对于玻璃颗粒烧结体)。表 4-3 首先给出了各配方的裂纹玻璃和玻璃颗粒烧结体的最佳表观形貌及达到最佳表观形貌的最低烧成温度,再给出了该烧成温度下的烧结体的体积密度和闭口气孔率。与此相反,表 4-4 首先给出各配方裂纹玻璃和玻璃颗粒所达到的最佳致密度指标及相应的烧成温度,再给出相应烧成温度下的烧结体表观形貌。对比表 4-3 和表 4-4 发现,表观形貌达到最佳状态时所对应的最低烧成温度与体积密度达到最小,烧结致密度最高的烧成温度并不同步。当烧成温度由低升高,烧结体的体积密度首先达到最大值,但该温度下的烧结体表面状态仍较差。裂纹玻璃烧结体可能残存着裂纹愈合后的凹痕,而玻璃颗粒烧结体的表面仍不平整(BSLW5),甚至仍呈玻璃颗粒状(BSLW4、BSLW6)(见表 4-4),随着烧成温度的进一步升高,烧结体的表观形貌达到最佳。此时,裂纹玻璃烧结体表面平整光滑,玻璃颗粒烧结体表面平整(如 BSLW4、BSLW5)或仅有少量的凹坑(BSLW6)(表 4-3)。且该烧成温度下的烧结体体积密度与最大值相比已有下降,而闭口气孔率略有上升,但变化幅度并不大。

表 4-3 烧结体的最佳表观形貌及对应的烧结体致密度
Table 4-3 Optimum appearances and corresponding compactness indexes of sintered bodies

配方	玻璃料形态	烧结体的最佳表观形貌状态	达到最佳表观形貌状态的最低烧成温度(℃)	相应烧结体的体积密度(g/cm³)	相应烧结体的闭口气孔率(%)
BSLW4	裂纹玻璃	无凹痕、平整光滑;烧结很好;未析晶	820	2.785	0.51
	玻璃颗粒	无凹坑、平整光滑;烧结很好;大量晶丝	860	2.741	1.90
BSLW5	裂纹玻璃	无凹痕、平整光滑;烧结很好;极少晶丝	840	2.740	0.43
	玻璃颗粒	无凹坑、平整光滑;烧结很好;大量晶丝	860	2.704	1.67
BSLW6	裂纹玻璃	无凹痕、平整光滑;烧结很好;很少晶丝	860	2.695	0.48
	玻璃颗粒	有凹坑、不太平整;烧结较好;大量晶丝	860	2.668	1.27

注:最低烧结温度是将烧结时间固定为60min得出的。

表 4-4 烧结体的最大致密度及对应的烧结体表观形貌
Table 4-4 Maximal compactness and corresponding appearances of sintered bodies

配方	玻璃料形态	体积密度最大值(g/cm³)	相应的闭口气孔率(%)	相应的烧成温度(℃)	相应烧结体的表观形貌
BSLW4	裂纹玻璃	2.788	0.43	800	有较浅凹痕、略显不平;烧结较好;未析晶
	玻璃颗粒	2.747	1.75	820	熔圆颗粒态;烧结不好;未析晶
BSLW5	裂纹玻璃	2.741	0.45	820	无凹痕、略显不平;烧结较好;未析晶
	玻璃颗粒	2.670	1.25	840	较平整光滑;烧结较好;较多晶丝
BSLW6	裂纹玻璃	2.697	0.49	880	平整光滑;烧结很好;少量晶丝
	玻璃颗粒	2.670	1.01	840	熔圆颗粒态;烧结不好;少量晶丝

注:最低烧结温度是将烧结时间固定为60min得出的。

借鉴现役烧结法的生产经验,为了使裂纹玻璃晶化法制备的微晶玻璃原板表面平整,以减少磨抛工作量,通常不认为气孔率最低的烧结体所对应的烧结温度是最佳温度,而是优先选择烧结体表观形貌以能达到最佳状态的烧结温度作为最佳烧结温度范围,并且,为了使玻璃粘度尽可能降低,以便用最短的时间实现烧结,通常将最佳烧结温度点定位在最佳表观形貌状态的上限温度,也即为析晶的下限温度。尽管在该温度下可能会多生成一些闭口气孔,但气孔增加的绝对量并不大,对产品质量影响不大。基于上述分析,各配方的裂纹玻璃和玻璃颗粒的最佳烧结温度优选结果见表 4-5。

表 4-5　不同配方的裂纹玻璃和玻璃颗粒烧结体的最佳烧结温度及形貌
Table 4-5　Optimum sintering temperatures and corresponding appearances of the sintered bodies of cracked glass and glass grains of different batches

配方编号	玻璃料形态	最佳烧结温度(℃)	烧结体表观形貌
BSLW4	裂纹玻璃	840	平整光滑,烧结很好,极少晶丝
	玻璃颗粒	860	平整光滑,烧结很好,大量晶丝
BSLW5	裂纹玻璃	840	平整光滑,烧结很好,极少晶丝
	玻璃颗粒	860	平整光滑,烧结很好,大量晶丝
BSLW6	裂纹玻璃	860	平整光滑,烧结很好,少量晶丝
	玻璃颗粒	880	有凹坑、不太平整,烧结较好,大量析晶

§4.2　时间对裂纹玻璃烧结的影响

当烧结温度一定时,裂纹玻璃烧结质量还受烧结温度下的保温时间即烧结时间的影响。通常情况下,烧结时间过短,必然不能实现裂纹玻璃的有效烧结;烧结时间过长,不仅对烧结质量的提升没有贡献,反而增加了能耗。适当的烧结时间对保证烧结质量和节省能耗具有重要意义。合理的烧结时间通常通过时间系列试验得出。本书将以易烧结配方 BSLW4 和难烧结配方 BSLW6 为试验对象,基于上节温度系列实验结果(表 4-5),并兼顾玻璃颗粒的烧结效果,以便对比,特将 BSLW4 和 BSLW6 的烧结温度点分别固定玻璃颗粒的最佳烧结温度下,即 860℃和 880℃,应用不同的烧结时间对裂纹玻璃和玻璃颗粒并行进行烧结(实验方案详见§3.5.1),以研究烧结时间对裂纹玻璃烧结质量的影响,以及对比裂纹玻璃和玻璃颗粒在烧结进程上的差异。

4.2.1　烧结体的形貌

烧结时间系列实验的烧结体样品表观形貌见附图 4,表观形貌特征描述见表 4-6。

附图 4 显示,对于易烧结配方 BSLW4,其裂纹玻璃在 860℃下经过 20min 的保温烧成后,表面仅残留着少量的原始裂纹愈合后的凹痕、略显不平,烧结体形貌较好;当烧结时间延长至 30min 后,烧结体表面凹痕消失,平整光滑,烧结很好。可见,BLSW4 的裂纹玻璃的最短烧结时间仅需 30min。而该配方的玻璃颗粒在 30min 烧成后,烧结体表面仍不太平整;仅当烧结时间延长至 40min 时,烧结体表面方才平整光滑,达到较好的烧结效果。可见,易烧结配方的裂纹玻璃比玻璃颗粒在更短的时间内就能实现烧结。

对于难烧结配方 BSLW6,其裂纹玻璃在 880℃下经过 30min 保温烧成后,样品表面没有凹痕,但不太平整;将保温时间延长至 40min 后,烧结体表面平整光滑,烧结效果很好。而该配方的玻璃颗粒经过 40min 保温烧结后,烧结体表面仍有少量的凹坑。即使通过延长烧结保温时间,玻璃颗粒烧结体的表观形貌状态仍无改观,总是存在凹坑,表面不平整。可见,对于难烧结的配方,采用现役烧结法,利用玻璃颗粒料进行烧结,很难达到理想的烧结效果。相反,裂

表 4-6 不同烧结时间烧成的裂纹玻璃和玻璃颗粒烧结体的表观形貌

Table 4-6 Appearances of the sintered bodies of cracked glass and glass grains with different sintering times

编号	玻璃料形态	评价指标	10min	20min	30min	40min	50min	60min	80min	120min	180min
BSLW4	裂纹玻璃	烧结程度	初始烧结	烧结较好	烧结很好	烧结很好	烧结很好	烧结很好	烧结很好	烧结很好	烧结很好
		表观形貌	凹痕较深,不平整	凹痕较浅,略显不平	无凹痕,平整光滑	平整光滑	平整光滑	平整光滑	平整光滑	平整光滑	平整光滑
		析晶程度	未析晶	未析晶	未析晶	少量晶丝	较多晶丝	较多晶丝	大量晶丝	大量析晶	大量析晶
	玻璃颗粒	烧结程度	初始烧结	烧结不好	烧结较好	烧结很好	烧结很好	烧结很好	烧结很好	烧结很好	烧结很好
		表观形貌	不规则颗粒态	熔圆颗粒态	较平整光滑	平整光滑	平整光滑	平整光滑	平整光滑	平整光滑	平整光滑
		析晶程度	未析晶	未析晶	较多晶丝	大量晶丝	大量晶丝	大量晶丝	大量析晶	大量析晶	大量析晶
BSLW6	裂纹玻璃	烧结程度	初始烧结	基本烧结	烧结较好	烧结很好	烧结很好	烧结很好	烧结很好	烧结很好	烧结很好
		表观形貌	凹痕很深,不平整	凹痕较浅,不太平整	无凹痕,但不太平整	无凹痕,平整光滑	平整光滑	平整光滑	平整光滑	平整光滑	平整光滑
		析晶程度	未析晶	未析晶	很少晶丝	较多晶丝	很多晶丝	很多晶丝	大量晶丝	析晶	大量析晶
	玻璃颗粒	烧结程度	烧结不好	烧结不好	烧结不好	烧结较好	烧结较好	烧结较好	烧结较好	烧结较好	烧结很好
		表观形貌	熔圆颗粒态	熔圆颗粒态	熔圆颗粒态	有凹坑,不太平整光滑	有凹坑,不太平整	有凹坑,不太平整	有凹坑,不太平整	有凹坑,不太平整	有凹坑,不太平整
		析晶程度	未析晶	较少晶丝	少量晶丝	大量晶丝	大量晶丝	大量析晶	大量析晶	大量析晶	大量析晶

纹玻璃晶化法采用裂纹玻璃料进行烧结,即使配方不太合理,或因原料质量的变动而使玻璃料的烧结性变差,也可实现较好的烧结,只是所需的烧结时间要比易烧结配方略长。

4.2.2 烧结体的体积密度、吸水率、气孔率

表4-7给出了配方BSLW4和BSLW5在不同烧结时间下的烧结体的致密度相关指标测试结果。同时,图4-4、图4-5、图4-6分别绘制出了体积密度、吸水率、气孔率的时间变化曲线。从这些图表中可以清楚地看出裂纹玻璃在烧结过程中的致密度变化规律及与玻璃颗粒烧结致密度的对比情况。

表4-7 不同烧结时间下的裂纹玻璃和玻璃颗粒烧结体的致密度指标

Table 4-7 Performance of compact degree of the sintered bodies of cracked glass and glass grains with different times

玻璃料形态	性能指标	烧结时间(min)								
		10	20	30	40	50	60	80	120	180
BSLW4 裂纹玻璃	吸水率(%)	0.06	0.03	0.01	0.02	0.01	0.01	0.05	0.09	0.11
	体积密度(g/cm³)	2.780	2.783	2.786	2.785	2.784	2.785	2.780	2.778	2.774
	真密度(g/cm³)	2.800	2.800	2.801	2.800	2.801	2.801	2.802	2.804	2.804
	真气孔率(%)	0.70	0.61	0.53	0.53	0.61	0.59	0.78	0.92	1.06
	显气孔率(%)	0.18	0.07	0.03	0.05	0.04	0.04	0.14	0.24	0.32
	闭口气孔率(%)	0.53	0.54	0.50	0.48	0.57	0.55	0.64	0.67	0.75
BSLW4 玻璃颗粒	吸水率(%)	2.45	0.56	0.07	0.04	0.04	0.06	0.03	0.02	0.02
	体积密度(g/cm³)	2.551	2.725	2.744	2.746	2.745	2.743	2.744	2.743	2.744
	真密度(g/cm³)	2.800	2.800	2.800	2.801	2.802	2.801	2.803	2.804	2.805
	真气孔率(%)	8.89	2.68	2.00	1.96	2.03	2.06	2.11	2.19	2.17
	显气孔率(%)	6.26	0.90	0.18	0.10	0.12	0.16	0.09	0.06	0.06
	闭口气孔率(%)	2.64	1.78	1.82	1.86	1.92	1.90	2.01	2.13	2.11
BSLW6 裂纹玻璃	吸水率(%)	0.06	0.05	0.03	0.02	0.02	0.03	0.03	0.04	0.06
	体积密度(g/cm³)	2.684	2.689	2.694	2.697	2.696	2.697	2.696	2.695	2.691
	真密度(g/cm³)	2.710	2.709	2.710	2.711	2.710	2.712	2.713	2.713	2.715
	真气孔率(%)	0.95	0.74	0.59	0.53	0.52	0.57	0.62	0.68	0.89
	显气孔率(%)	0.15	0.14	0.08	0.06	0.05	0.08	0.09	0.11	0.16
	闭口气孔率(%)	0.80	0.60	0.52	0.47	0.47	0.49	0.52	0.56	0.74
BSLW6 玻璃颗粒	吸水率(%)	2.07	0.16	0.13	0.09	0.07	0.07	0.08	0.11	0.11
	体积密度(g/cm³)	2.532	2.669	2.674	2.671	2.671	2.669	2.663	2.661	2.661
	真密度(g/cm³)	2.708	2.710	2.711	2.710	2.711	2.712	2.712	2.713	2.715
	真气孔率(%)	6.50	1.51	1.38	1.43	1.48	1.58	1.79	1.93	1.99
	显气孔率(%)	5.24	0.42	0.36	0.24	0.19	0.18	0.21	0.29	0.30
	闭口气孔率(%)	1.26	1.09	1.02	1.19	1.29	1.40	1.58	1.64	1.69

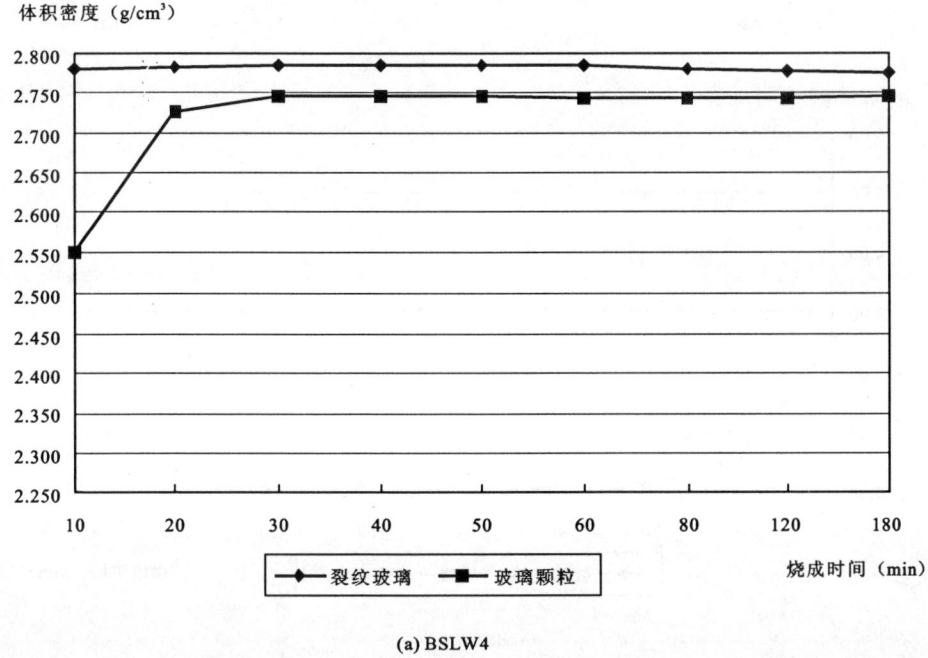

(a) BSLW4

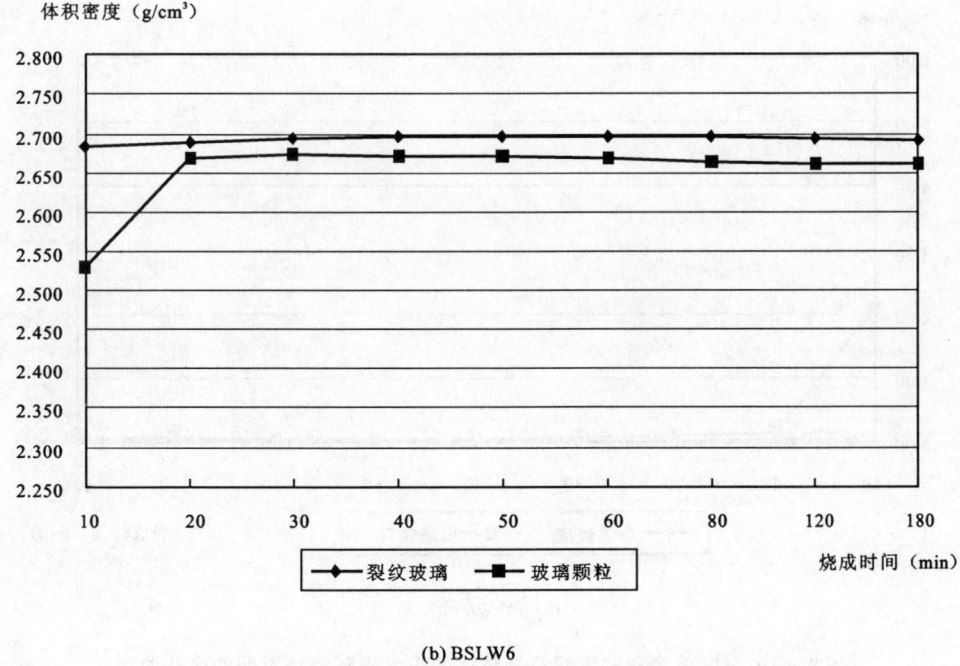

(b) BSLW6

图 4-4 裂纹玻璃和玻璃颗粒烧结体的体积密度随烧结时间的变化曲线

Fig. 4-4 Bulk densities of the sintered bodies of cracked glass and glass grains as a function of times

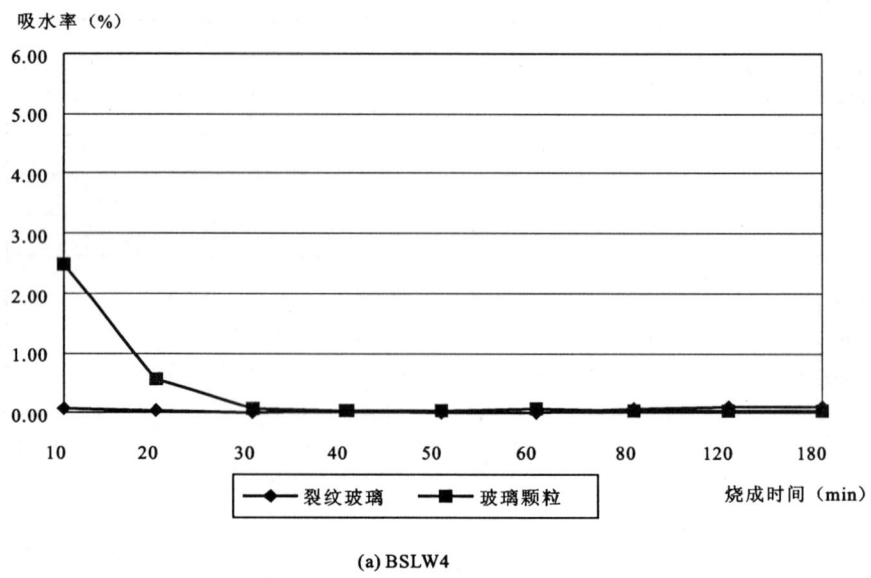

(a) BSLW4

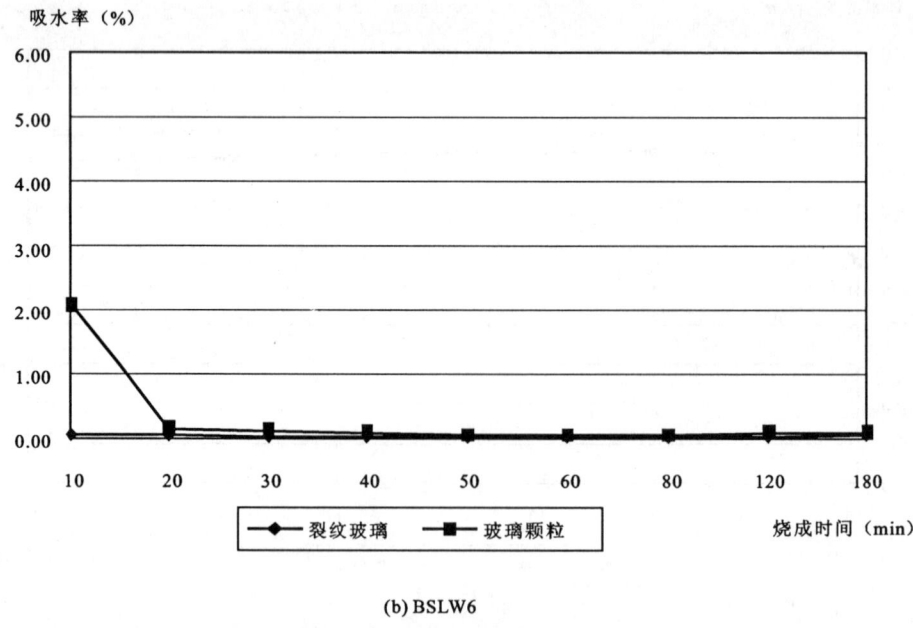

(b) BSLW6

图 4-5 裂纹玻璃和玻璃颗粒烧结体的吸水率随烧结时间的变化曲线

Fig. 4-5 Water absorption rates of the sintered bodies of cracked glass and glass grains as a function of times

第四章 裂纹玻璃的烧结

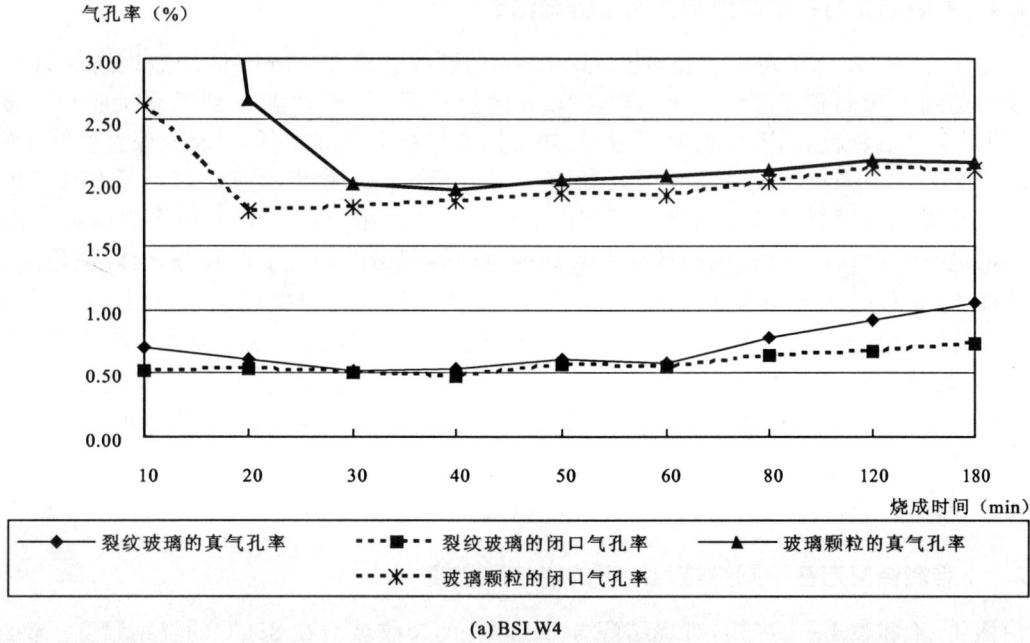

(a) BSLW4

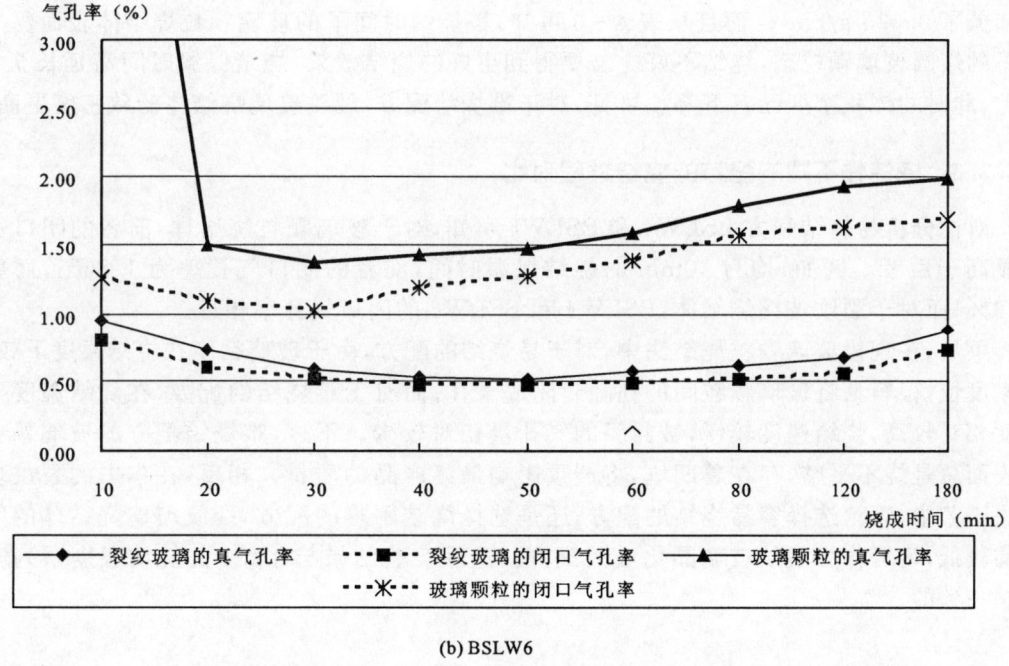

(b) BSLW6

图 4-6 裂纹玻璃和玻璃颗粒烧结体的真气孔率及闭口气孔率随烧结时间的变化曲线

Fig. 4-6 True and closed porosities of sintered bodies of cracked glass and glass grains as a function of times

4.2.2.1 易烧结配方在不同烧结时间下的烧结致密度

从图 4-4 和表 4-7 可以看出,配方 BSLW4 的裂纹玻璃在 10min 的较短烧结保温后,体积密度已达到了较高值 2.780g/cm³;经 30min 的保温后,体积密度达到了最大值 2.786 g/cm³。而对于玻璃颗粒料,若保温时间过短,烧结体的体积密度非常低,10min 保温烧结体的体积密度仅为 2.551g/cm³;当保温时间延长至 40min 后,体积密度才能达到最大值 2.746 g/cm³,但仍比裂纹玻璃烧结体的最大体积密度值低了 0.040 g/cm³。另外,还可观察到,随着烧结时间的进一步延长,裂纹玻璃和玻璃颗粒烧结体的体积密度均呈下降趋势,但降幅均很小。

由图 4-6 的闭气孔率变化曲线也可看出,配方 BSLW4 的裂纹玻璃在 10min、20min、30min 等较短的烧结时间下,闭口气孔率均较低;随着烧结时间的延长,闭口气孔率呈缓慢的上升趋势;而玻璃颗粒的闭口气孔率在 10min 的烧结时间下很大;当烧结时间延长至 20min 时,闭口气孔率陡降至最低值,随着烧结时间进一步延长,闭口气孔率呈上升趋势,升幅明显高于裂纹玻璃烧结体。

可见,对于易烧结配方,裂纹玻璃料比玻璃颗粒料烧结速度更快,封闭的闭口气孔量更少。

4.2.2.2 难烧结配方在不同烧结时间下的烧结致密度

由图 4-4 和表 4-7 可知,难烧结配方 BSLW6 的裂纹玻璃在 880℃的烧结温度下要经过 40min 才能使体积密度达到最大值 2.697g/cm³。不过,在更低的保温时间下,裂纹玻璃烧结体的体积密度仍很大,接近最大值;而该配方的玻璃颗粒烧结体的体积密度最大值出现在 30min,其值为 2.674 g/cm³。尽管比裂纹玻璃烧结时间短了 10min 达到体积最大值,但绝对值却低了 0.025 g/cm³。而且从表 4-6 可知,该烧结时间下的玻璃颗粒烧结体表面仍呈凹凸不平的熔圆玻璃颗粒态,烧结不好。若要得到更好的烧结效果,烧结保温时间需延长至 40min 以上,此时的体积密度已有下降。可见,对于难烧结配方,裂纹玻璃烧结体的致密度更高。

4.2.2.3 烧结性不同的配方的烧结进程对比

对比分析易烧结配方 BSLW4 和 BSLW6 可知,对于玻璃颗粒烧结体,前者的闭口气孔率明显高于后者。例如,均为 40min 的烧结保温时间,前者的闭口气孔率为 1.86%,而后者为 1.19%;而对于裂纹玻璃烧结体,BSLW4 和 BSLW6 的闭口气孔率相近。

可见,在现役玻璃颗粒烧结法中,对于易烧结的配方,由于玻璃粘度在烧结温度下较低,烧结速度快,很容易将玻璃颗粒间的孔隙封闭成气孔;而对于难烧结的配方,在烧结温度下玻璃粘度相对较高,烧结速度较慢,被封闭的气孔量相对较少。不过,难烧结配方的玻璃颗粒烧结体表面总是烧不平整,存在着凹坑,将严重影响最终产品的质量。相反,在本书的裂纹玻璃晶化法工艺中,无论选择容易烧结的配方,还是选择烧结困难的配方,裂纹玻璃烧结体的闭气孔率均较低,均可作为裂纹玻璃晶化法的配方。这一实验结果与§4.1 的烧结温度系列实验结果是一致的。

§4.3 CaO 含量变化对裂纹玻璃烧结性能的影响

不同配方的母玻璃因化学成分不同,玻璃软化后的粘度值及粘度变化速率、烧结活化能也不相同,进而对玻璃颗粒的烧结过程影响很大。此外,化学成分变化也将影响玻璃初始析晶温度及析晶速率等,反过来也将对裂纹玻璃和玻璃颗粒的烧结致密过程产生影响。因此,母玻璃的化学成分决定了玻璃料的基本烧结性能,故合理的配方设计至关重要。

在现役烧结法 30 年的发展中,已对母玻璃中各化学成分的作用及掺量进行了全面、深入的研究,形成了系统的配方理论及原则(参见§2.3.4)。根据玻璃的无规则网络理论和硅灰石质烧结法微晶玻璃理论,CaO 既是玻璃外体,又是析出硅灰石晶体的基本成分,对玻璃颗粒的烧结和晶化影响非常大。当 CaO 含量高时,一方面可以降低玻璃粘度,提高可烧结性;另一方面又增强了母玻璃的析晶趋势,降低了母玻璃的初始析晶温度,进而可阻碍玻璃颗粒的进一步烧结。反之,当 CaO 含量低时,玻璃析晶速率慢,主晶相 β-硅灰石析出量低,难以保证微晶玻璃有理想的物化性能。正因如此,在现役烧结法中,关于 CaO 含量的研究很多,以找到既能够烧结成致密烧结体,又能够析出足量晶体的配方。

与现役烧结法相似,CaO 含量变化也必将对裂纹玻璃晶化法中的裂纹玻璃的烧结性产生较大的影响,故在本节中,将对 CaO 含量变化对裂纹玻璃的烧结性给予详细探讨。

4.3.1 CaO 含量变化对烧结体表观形貌的影响

附图 3 和表 4-1 显示,CaO 含量高的配方 BSLW4(19.85 w_B%CaO)的裂纹玻璃很容易烧结成表面平整光滑的烧结体,在 820℃烧成时就能得到最佳表观形貌。该配方的玻璃颗粒在 860℃时也能烧出表面平整的烧结体。而 CaO 含量低的配方 BSLW6(14.45 w_B%CaO)的裂纹玻璃要在 860℃时才能烧结平整光滑,其玻璃颗粒在整个实验温度区间(780~920℃)均不能烧结平整。

这是由于 CaO 是网络外体,在其它成分含量相当的情况下,当 CaO 含量的增加及 SiO_2 含量的相应减少时,玻璃中网络外体的含量比例增加,有利于降低母玻璃的粘度,也就有利于玻璃颗粒烧结。相反,当 CaO 降低、SiO_2 升高时,玻璃中硅氧比随之增大,从而使玻璃中小型硅氧四面体聚合为大型硅氧四面体,使得玻璃网络键连接程度提高,致使玻璃粘度上升,不利于粘滞流动及传质过程,导致起始烧结温度随 CaO 含量的降低而升高。程金树等曾建议 CaO 的含量在 15mol%~20mol%间。从本书的烧结实验结果可以看出,配方 BSLW4 和 BSLW5 的 CaO 含量落在了合理范围,而配方 BSLW6 的含量偏低、不合理,不利于烧结。

实验结果还显示,适当高的 CaO 有利于玻璃颗粒和裂纹玻璃的烧结,而过低的 CaO 不利于玻璃颗粒的烧结,但对裂纹玻璃的烧结影响不大,只是需要提高烧结温度。这进一步证明了裂纹玻璃晶化法对母玻璃的化学成分变化不太敏感,有利于拓展配方范围。

4.3.2 CaO 含量变化对烧结体致密度的影响

图 4-7 绘出了各配方的裂纹玻璃和玻璃颗粒在不同温度下的烧结体的闭口气孔率变化曲线。图中显示,对于玻璃颗粒烧结体,表观形貌较差的 BSLW6 的闭口气孔率最低,而表观形貌较好的 BSLW4 的闭口气孔率最高,且闭口气孔率的绝对值之差很大。但是,对于裂纹玻璃烧结体,尽管也显示出了 BSLW6 的闭口气孔率低、BSLW4 高的趋势,但两者绝对值之差很小、非常接近。可见,CaO 含量变化对烧结体致密度的影响与对表观形貌的影响正好相反。

图 4-7 还显示,CaO 含量变化对裂纹玻璃和玻璃颗粒烧结体的气孔率有不同的影响。玻璃颗粒料含有大量的空隙,当 CaO 含量较高时,母玻璃的烧结性很好、烧结速度快,被封闭的

气孔量将增加。反之,CaO含量低时,母玻璃的烧结性较差,烧结速度放慢,有利于气体排出,只是样品表面很难烧平。而对于原始孔隙(表现为裂纹间隙)含量极低的裂纹玻璃,即使CaO含量较高,烧结速度快,被封闭下来的气孔量也很低。当然CaO含量低,烧结速度慢,封闭下来的气孔量更少。因此,CaO含量对裂纹玻璃烧结体的致密度影响很小。

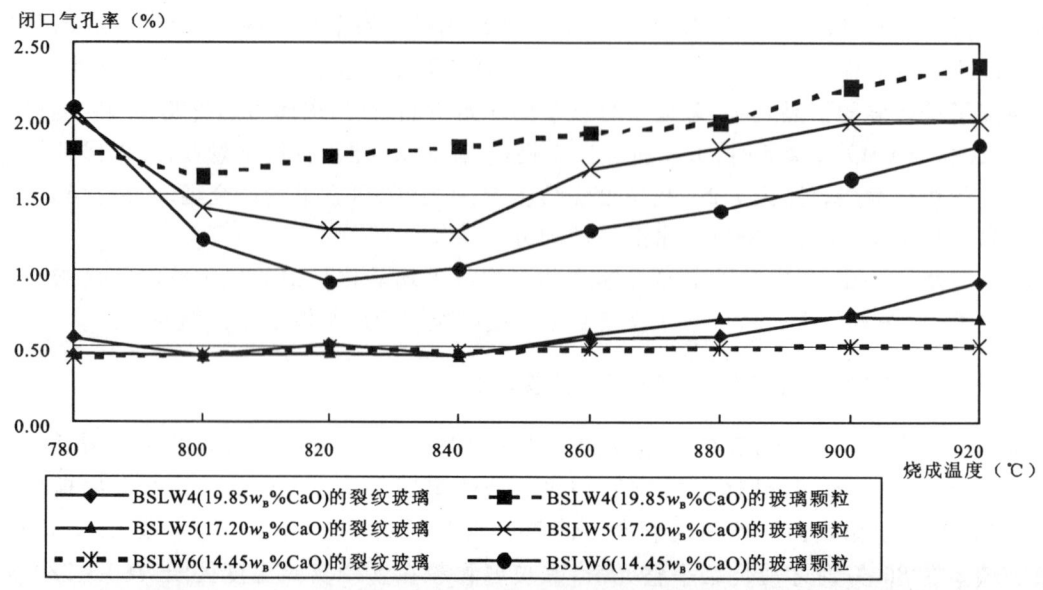

图 4-7 CaO含量变化对裂纹玻璃和玻璃颗粒烧结体闭口气孔率的影响

Fig. 4-7 The effect of CaO content on the closed porosities of the sintered bodies of cracked glass and glass grains

§4.4 裂纹玻璃的烧结进程及机理分析

4.4.1 裂纹玻璃的烧结进程描述

在裂纹玻璃的烧结过程中,随着温度的升高,玻璃粘度逐渐降低,发生软化,质点迁移速度加快,形成牛顿体,发生粘滞流动,裂纹玻璃碎屑相互粘接,裂纹开始愈合。当温度升到合适的温度下并进行保温烧结时,以面相互接触的裂纹玻璃碎屑首先相互粘结,裂纹开始愈合,但愈合不全,残留着较深、较多的裂纹愈合后形成凹痕。随着保温时间延至足够长时,裂纹才能完全愈合,烧成平整光滑的烧结体。

图 4-8 是配方 BSLW6 的裂纹玻璃在 880℃下保温烧结时裂纹愈合进展照片。从图中可知,原始未烧结的裂纹玻璃是由粗细不均的裂纹分隔出的大量的、裂而不散的玻璃碎屑紧密连接而成的。当烧结保温时间为 10min 时,细小的裂纹已完全愈合,从图中已看不出愈合后的痕迹,但较粗的裂纹愈合后形成的凹痕清晰可见。当保温时间延长至 20min 时,表面已较平整,可见到的凹痕已较少。保温时间进一步延长至 30min 时,除了留下一条较平坦的凹痕之外,原始裂纹已愈合平整。此时,在原始裂纹处已析出了少量丝状晶体纹理。随着烧结时间的继续延长,烧结体表面已见不到裂纹愈合痕迹。至此,裂纹玻璃已完全烧结,表面平整光滑。

如果烧结保温时间再延长,可看到大量的晶体沿着原始裂纹析出,形成自然飘逸、如丝如缕的晶纹。显然,这时的烧结保温对裂纹玻璃的烧结已失去了意义。

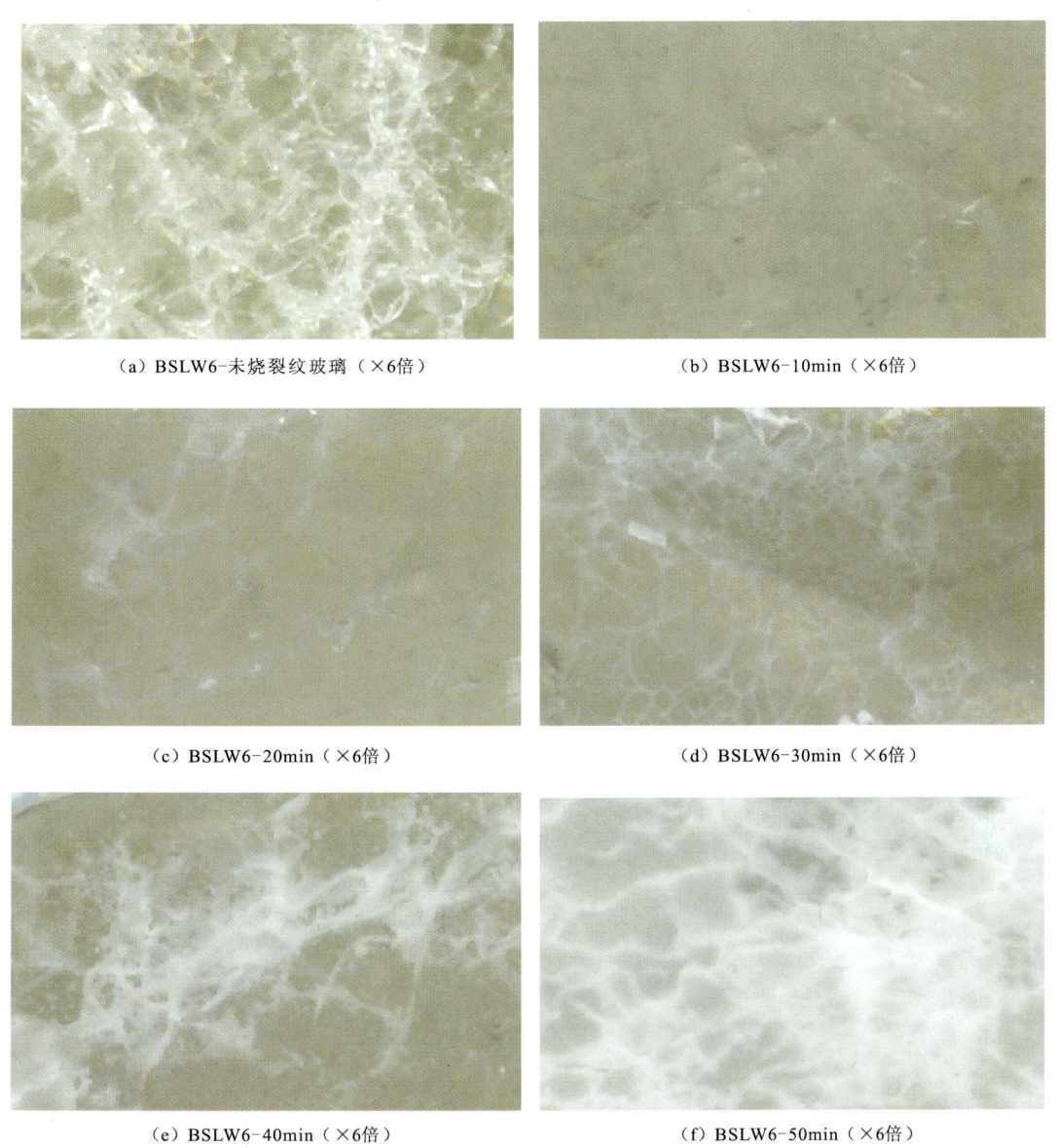

(a) BSLW6-未烧裂纹玻璃（×6倍）　　　　　(b) BSLW6-10min（×6倍）

(c) BSLW6-20min（×6倍）　　　　　(d) BSLW6-30min（×6倍）

(e) BSLW6-40min（×6倍）　　　　　(f) BSLW6-50min（×6倍）

图 4-8　裂纹愈合进程的放大图片

Fig. 4-8　Magnified photos on sintering procedure of cracked glass

4.4.2　裂纹玻璃烧结的理论基础

　　裂纹玻璃本质上是由玻璃碎屑(即玻璃颗粒,见附录)紧密结合而成的,因此,现役烧结法有关玻璃颗粒的烧结理论必然可作为裂纹玻璃烧结的理论基础。

　　玻璃颗粒的烧结机理通常被认为符合牛顿型流体的粘滞流动机理。粘滞流动机理是

1945 年由 Frenkel 首先提出的。他认为在高温下的固体物质在表面张力作用下会发生类似液态物质的粘滞流动,这种宏观的物质流动是物质迁移的主要方式。宏观的物质流动是把高温下的固体看成是一种牛顿型的流体在表面张力的驱动下发生的流动,流动时服从牛顿粘性流体的一般关系式:

$$\frac{F}{S} = \eta \frac{\partial v}{\partial x} \tag{4-1}$$

式中,F 为相对流动着的两层间的切向力,S 为流动面积,η 为粘度系数,$\frac{\partial v}{\partial x}$ 为流动速度。

玻璃颗粒烧结的原动力在于表面张力。由于玻璃颗粒接触点处有凹的曲率,存在一个负的附加压强,使玻璃颗粒主体与点接触处产生了压力差。这个压力差可推动物质进行粘滞流动,充填在接触点处,使点接触扩展成面接触,形成颈部。接触面继续扩展,即颈部不断扩大,最终使两颗粒间的颈部填平,烧结一体。

Frenkel 用粘滞流动机理阐明烧结过程,并提出了相应的动力学方程式。当两个球形颗粒彼此点接触时,颗粒内的质点在表面张力作用下发生粘滞流动而变形,并形成半径为 x 的圆形接触面。这时,系统总体积不变,而总面积减少。但面积减少引起的表面自由焓减少应等于粘滞流动引起内摩擦力或形变所消耗的功。在一定温度下 Frenkel 导出的公式是:

$$x^2 = \frac{3r\gamma}{2\eta}t \tag{4-2}$$

式中,x 为两球圆形接触面的半径(也即颈部半径),r 为球的半径,γ 为表面张力,η 为玻璃粘度,t 为烧结时间。这就是现在被普遍接受的玻璃初期烧结动力学公式,被称为 Frenkel 公式。

4.4.3 裂纹玻璃的烧结机理分析

裂纹玻璃烧结本质上是裂纹中的气体排出及裂纹愈合过程。裂纹两边的玻璃碎屑通常以面接触形式紧密相接,但也存在一些有间隙的裂纹,使两边的玻璃碎屑间存在一定的间距。为便于分析裂纹的愈合机理,本书将裂纹分为 3 类:以面接触的无间隙裂纹;处于裂纹玻璃表层的间隙裂纹;处于裂纹玻璃中下层的间隙裂纹。图 4-9 给出了裂纹的存在形式、愈合过程及闭口气孔的形成模型图。详细的裂纹愈合过程及机理分析讨论如下。

4.4.3.1 无间隙裂纹

由于无间隙裂纹两侧的玻璃碎屑是以裂纹面紧密接触,一旦温度上升到玻璃的膨胀软化温度(表 3-4)时,在玻璃的膨胀和表面张力作用下,相邻玻璃碎屑相互挤压,迅速粘结、愈合,形成整体[图 4-9(b)]。

4.4.3.2 中下层间隙裂纹

中下层间隙裂纹的愈合将在以下作用的协同效应下完成:①膨胀软化作用。母玻璃的热膨胀系数是正值(表 4-8)。随着温度的升高,玻璃碎屑将发生膨胀,缩短相邻玻璃碎屑的间隙,甚至使间隙窄的玻璃碎屑相互接触、粘结、愈合;②软化挤压作用。玻璃在玻璃化转变温度点(表 3-4)以上时将转变为高粘度牛顿型流体,在重力作用下,上层玻璃流体将对下层施加压力,使其玻璃碎屑向水平方向延展,从而使以间隙裂纹相隔的玻璃碎屑被挤压在一起,粘结一体,裂纹愈合[图 4-9(b)]。

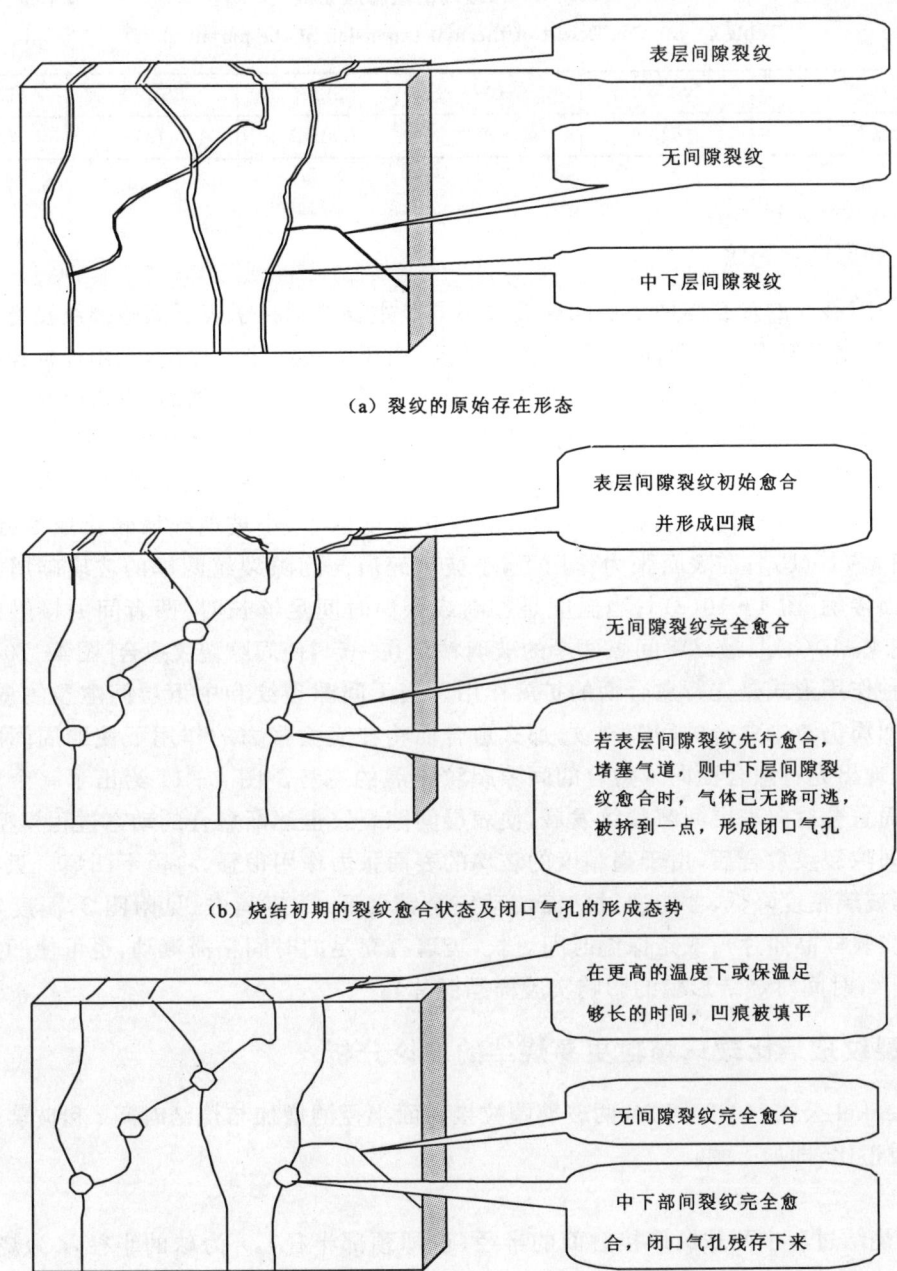

图 4-9 裂纹玻璃中不同存在形态的裂纹的愈合过程及闭口气孔形成示意图

Fig. 4-9 Schematic diagram of crack healing and gas-pore forming in the cracked glass during sintering

表 4-8 母玻璃的热膨胀系数　　　　　　　　　　（单位：×10⁻⁶/K）

Table 4-8　Coefficient of thermal expansion of the parent glass　（unit：×10⁻⁶/K）

配方编号	BSLW2	BSLW4	BSLW5	BSLW6	BSLW8
热膨胀系数	7.623 9	7.808 0	7.816 7	7.199 8	7.642 2

4.4.3.3 表层间隙裂纹

表层间隙裂纹的愈合与中下层间隙裂纹不同。主要差别在于表层间隙裂纹没有软化挤压作用，间隙裂纹不但不能因此而靠近、接触。相反，由于受表面张力作用，没用任何接触的间隙裂纹两岸的玻璃碎屑有收缩成球面的趋势，反而扩大了裂纹间隙。然而，也恰恰是表面张力的作用才能使表层间隙裂纹愈合，因为它可以通过以下两种作用形式将玻璃碎屑"拉拢"。

一种作用形式是小玻璃碎屑的桥接作用。由于种种原因，在裂纹间隙中总会落入一些小玻璃碎屑[图 4-10(a)]。当温度上升到玻璃软化温度以上，小玻璃碎屑转化成牛顿流体，软化变形[图 4-10(b)]；在表面张力作用下，小玻璃碎屑与间隙裂纹两岸的玻璃碎屑的点接触将扩大为面接触[图 4-10(c)]；当温度足够高或保温时间足够长时，两者间的接触面积将不断扩大[图 4-10(d)]，最终将间隙两岸的玻璃粘结在一起，使间隙裂纹愈合[图 4-10(e)、(f)]。

另一种作用形式是先行愈合面的扩展作用。当无间隙裂纹和中下层间隙裂纹愈合后，如果愈合面四周仍有未愈合的间隙裂纹，那么愈合面将在表面张力的作用下使四周间隙裂纹趋向愈合，表现出先行愈合面向未愈合的间隙裂纹扩展的态势。图 4-11 给出了一个典型的无间隙裂纹面愈合后向表层间隙裂纹发展，使表层间隙裂纹也逐渐愈合的动态过程模型图。

表层间隙裂纹愈合后，由于高粘度的玻璃的表面张力作用很强，将留下凹痕。只有在更高的温度下，玻璃粘度降低，才能通过粘滞流动完全铺展开，凹痕消失（见附图 3，温度对烧结形貌的影响实验样品照片）；或是保温时间更长，玻璃有充足的时间粘滞流动，也可使凹痕完全愈合（见附图 4，时间对烧结形貌的影响实验样品照片）。

4.4.4 裂纹玻璃比玻璃颗粒更易烧结的理论分析

由 Frenkel 公式(4-2)可知，两玻璃颗粒接触面半径的增加与烧结时间 t 和玻璃颗粒半径 r 的乘积成正比，即如下式：

$$x^2 \propto rt \qquad (4-3)$$

式中，x 为烧结过程中两球圆形接触面的半径（也即颈部半径），r 为球的半径，t 为烧结时间。可见，当母玻璃成分和烧结温度一定时，玻璃粘度和表面张力也一定，玻璃颗粒的半径大小将直接影响烧结时间。

从上面的裂纹玻璃烧结机理分析可知，无间隙裂纹的愈合是相邻玻璃碎屑面间的烧结过程，即"面-面烧结"；中下层有间隙裂纹将在玻璃膨胀软化、软化挤压作用下，相邻玻璃碎屑面相互靠近，最终也以"面-面烧结"形式完成烧结；而表层间隙裂纹也将在细小玻璃碎屑的桥接作用下通过"点-面烧结"形式进行烧结，或在已愈合裂纹面的扩展过程中通过"面-面烧结"形式将相邻玻璃碎屑面拉拢、愈合。可见，在裂纹玻璃的烧结中至少一个被烧结对象是"面"。从"面"角度来看待被烧结对象——玻璃碎屑，它的半径 r_1 是无限大的，远大于现役烧结法中以

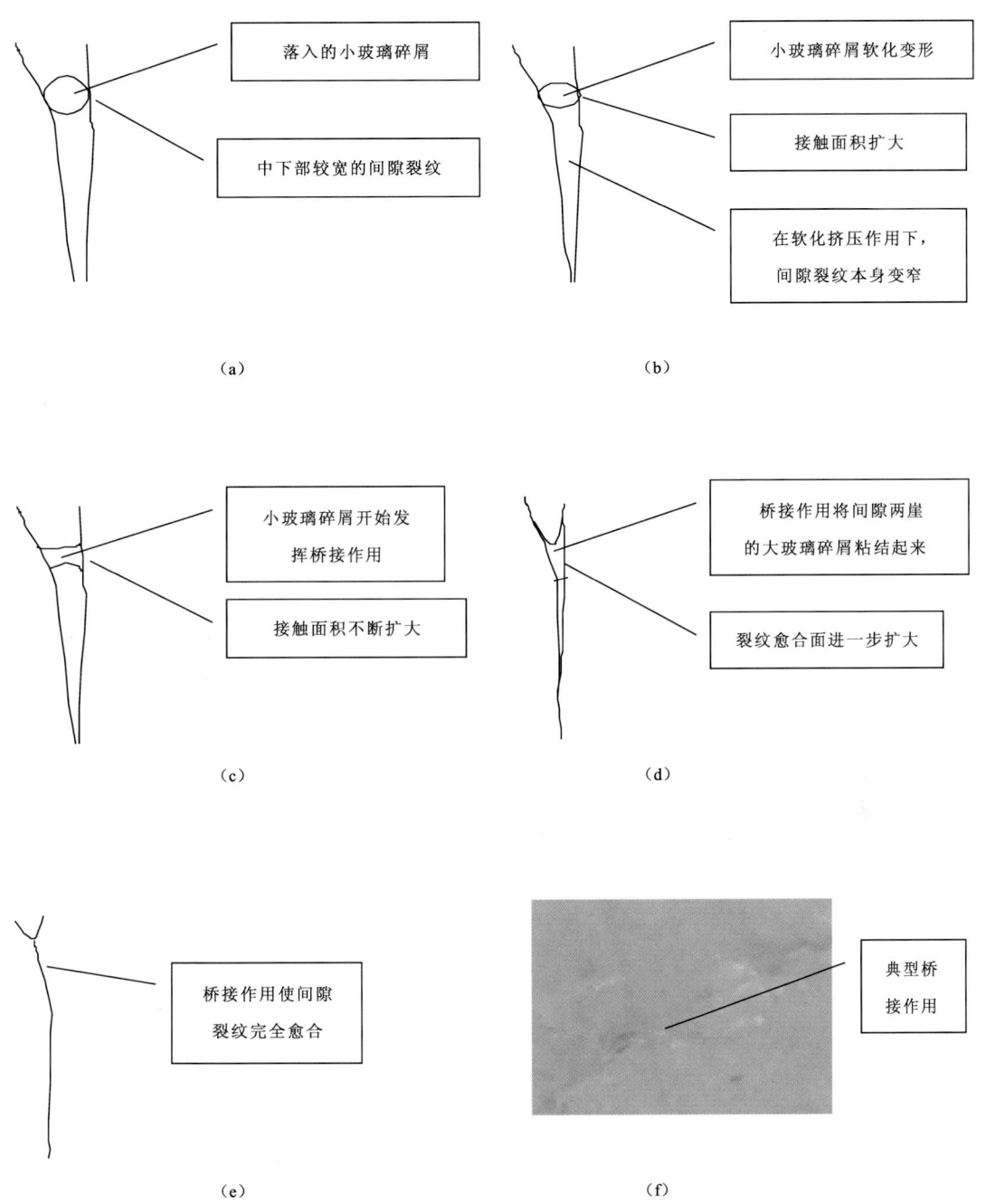

图 4-10 间隙裂纹中的小玻璃碎屑对裂纹烧结的桥接作用的模型图

Fig. 4-10 Bridging effect of small glass grains on crack sintering

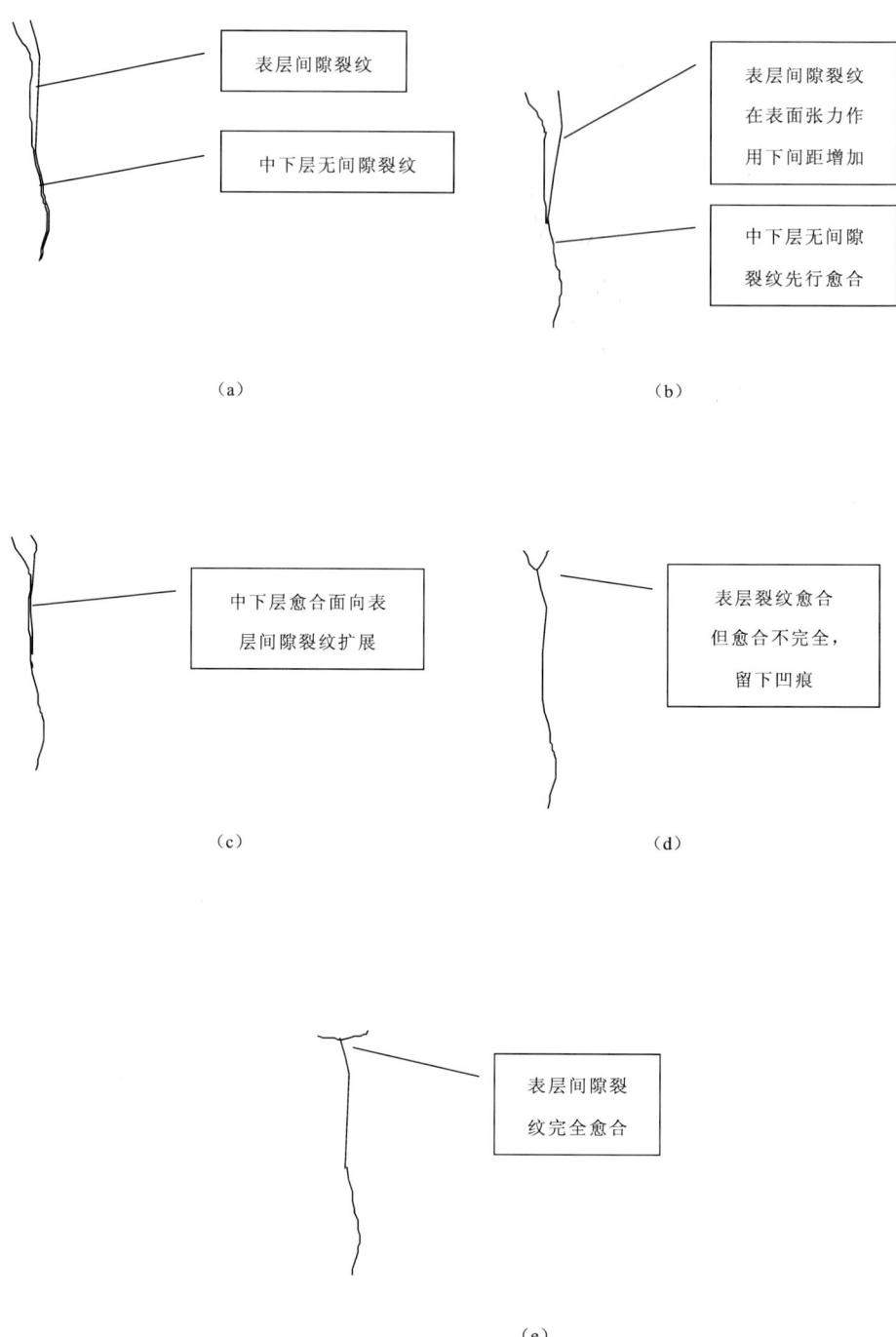

图 4-11 表层间隙裂纹在中下层裂纹愈合面的扩展作用下而发生的愈合过程模型图

Fig. 4-11 Healing progress of gap cracks in surface layer under the extension effect of front edges of cracks healed previously in middle-layer and bottom-layer

点相接触的通过"点-点烧结"的玻璃颗粒的半径 r_2（图 4-12）。因此，要达到同样的烧结效果，由式(4-3)可知，裂纹玻璃所需的烧结时间将小于玻璃颗粒。

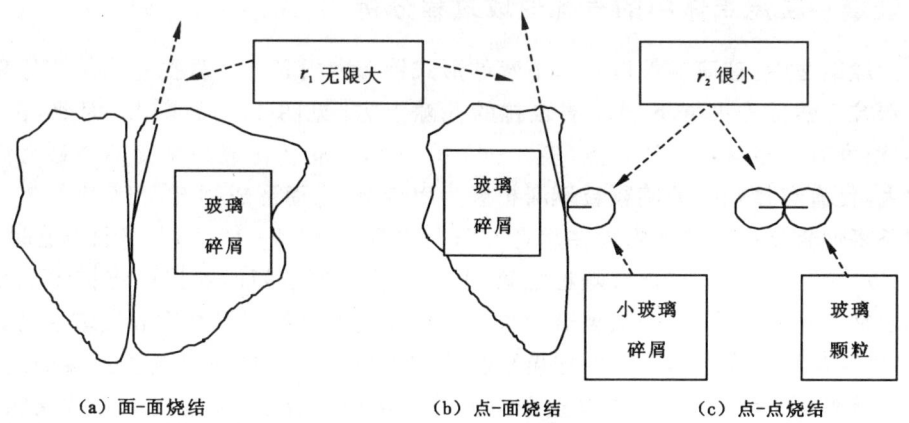

(a) 面-面烧结　　　　(b) 点-面烧结　　　　(c) 点-点烧结

图 4-12　裂纹玻璃晶化法与现役烧结法的烧结对象的半径对比

Fig. 4-12　Comparison of the particle radiuses between QICGC process and sintering process

r_1 为裂纹玻璃晶化法的玻璃碎屑半径；r_2 为现役烧结法的玻璃颗粒半径

§4.5　气孔的形成机理分析

4.5.1　裂纹玻璃烧结体中的气孔形成过程分析

既然裂纹玻璃的烧结过程本质上是裂纹中的气体排出及裂纹的愈合过程，那么，裂纹玻璃烧结体的闭口气孔形成过程也就是裂纹愈合过程中气体排除不净而被封闭的过程。

通过上述 3 种形式的裂纹的愈合过程分析可知，无间隙裂纹两侧玻璃碎屑以面接触形式紧密相接，烧结过程中不会形成闭口气孔，而中下层间隙裂纹在烧结过程中，充填在原始间隙中的气体如果未能在表层及四周的间隙裂纹（起气体通道作用）愈合之前排净，就必然会被封闭形成闭口气孔。因此，中下层间隙裂纹是裂纹玻璃烧结体闭口气孔生成的根源。

在图 4-9 中同时给出了中下层间隙裂纹愈合时闭口气孔的形成过程。图中可知，当表层间隙裂纹先行愈合，必然会堵塞中下层间隙裂纹的气体通道，致使中下层间隙裂纹愈合时残余气体无法排除，就可能被挤压到某一部位，并在表面张力作用下形成圆形闭口气孔。可见，表层间隙裂纹先行愈合而将中下层气体通道堵塞是裂纹玻璃烧结体闭口气孔生成的前提。

形成闭口气孔的主要影响因素有：①温差。裂纹玻璃在热处理过程中，表层受热辐射，温度升高速度快，而中下层升温速度相对较慢。当裂纹形态相近时，表层裂纹愈合速度也必将快于中下层，就可能堵塞下层未及时排出的残余气体通道，生成闭口气孔。②细小玻璃碎屑对表层间隙裂纹的填堵作用。由于各种原因，原来呈楔形的间隙裂纹上部很容易落入细小玻璃碎屑（图 4-10）。当烧结发生时，细小玻璃碎屑相当于缩小了裂纹间隙，使本来上宽下窄的楔形裂纹变成了上窄中宽，因此，上层裂纹在细小玻璃碎屑的桥接作用下将很快愈合，而中部较宽的裂纹滞后愈合,气体被封闭,形成闭口气孔。可见,温差和细小玻璃碎屑的桥接作用是导致表层间隙裂纹先行愈合,进而堵塞中下层气体通道的环境条件。

4.5.2 玻璃颗粒烧结体中的气孔形成过程分析

在现役烧结法中,玻璃颗粒以物料下落的形式铺布在模具中。根据重力堆积原理可知,上层的玻璃颗粒必然优先占据下层玻璃颗粒的孔隙上方[见图4-13(a)]。因此,在烧结过程中,当烧成温度升至玻璃膨胀软化点(表3-4)以上时,玻璃转化成高粘度的牛顿型流体,表面张力非常大,使有点接触的玻璃颗粒逐渐扩展为面接触,进而形成颈部,相互粘接。与此同时,重力作用还将使软化后的玻璃颗粒在垂直方向上的坍塌[图4-13(b)]。因此,在表面张力作用下,原来以点相接触的同层玻璃颗粒之间、上下层玻璃颗粒间的点接触将扩大成面接触,进而形成颗粒粘结颈部。同时,表层玻璃颗粒在重力作用下又将坍塌在次表层玻璃的孔隙上方。以此类推,次表层也将在更下一层的玻璃颗粒孔隙上方坍塌。也正是这种点接触向面接触的发展过程使接触面不断扩大,再加垂直方向上的软化坍塌过程,最终使所有玻璃颗粒粘结一体,生成完整的烧结体。

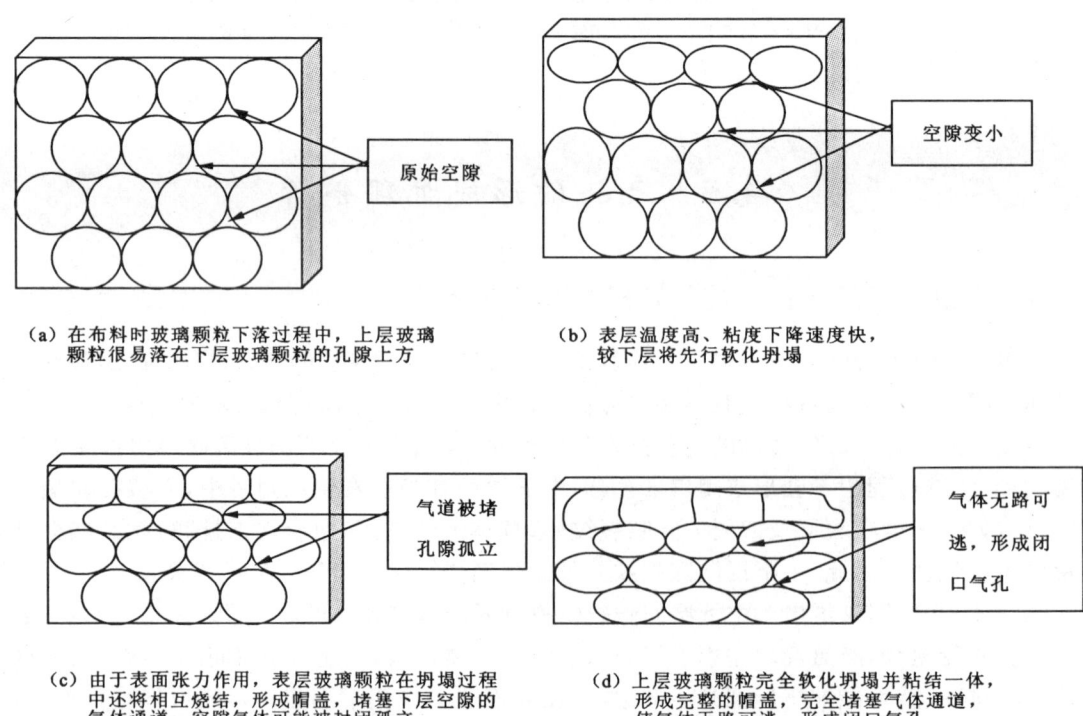

图4-13 玻璃颗粒的烧结及气孔形成示意图

Fig. 4-13 Schematic of sintering of glass grains and forming of closed gas pores in the sintering process

不难想象,在表面张力作用下,同层的玻璃颗粒之间、以及上层玻璃颗粒与下层支撑它们的玻璃颗粒之间的接触面不断扩大,并最终烧结成整体时,就必然会将下层支撑它们的玻璃颗粒之间孔隙封闭起来,同时阻碍了次下一层的孔隙中的气体的顺利排出,从而形成闭口气孔。

与此同时,在重力作用下,上一层玻璃颗粒软化坍塌在下一层玻璃颗粒的孔隙之上,将该孔隙严实的充填,也可阻碍次下一层气体借助该孔隙通道排出气体,若次下一层及其下部的孔隙气体不能借助四周的其它气体通道排出,就必然会形成闭口气孔[图 4-13(c)]。

此外,装在模具中的玻璃颗粒在晶化窑中进行热处理时,表层玻璃颗粒直接受热辐射,温度将高于中下层玻璃颗粒,形成温差,进而形成了粘度差,导致上层玻璃颗粒间的接触面积扩大速度、软化坍塌速度均快于下层,即烧结速度快于下层。显然,这样的烧结速度差将使上层玻璃颗粒优先完成相互粘结和软化坍塌过程,形成一顶完整的烧结层帽盖,将会堵塞下层滞后烧结的玻璃颗粒间的孔隙气体的继续排出,从而形成大量的闭气孔[图 4-13(c)、(d)]。可见,温差的存在使表层玻璃颗粒优先烧结是玻璃颗粒烧结体容易出现大量闭口气孔的主要影响因素。

显然,对于难烧结的母玻璃颗粒,上层玻璃颗粒的相互粘结、软化坍塌速度将放慢,对下层气体通道的封堵速度也将放慢。同时,因烧结缓慢,烧结保温时间的延长,当上层烧结层帽盖形成时,上下层温度已趋于一致,温差副作用将减小到较小程度,从而使下层玻璃颗粒孔隙间的气体有充分的时间逃逸。反之,对于易烧结配方的母玻璃颗粒,一旦温度升至软化温度以上,表层玻璃颗粒将快速相互粘结、坍塌,形成帽盖。而此时上、下层间温差很大,中下层玻璃颗粒还来不及完全粘结、挤出气孔,就被表层生成的帽盖封闭了气体通道,气体再也无路可逃,闭口气孔率必然上升。这就是难烧结配方(如 BSLW6)的玻璃颗粒烧结体中封闭的闭口气孔率反而低于易烧结配方(如 BSLW4)的原因(见表 4-2、表 4-7 的气孔率测试值及 §4.1、§4.2 的论述)。

4.5.3 裂纹玻璃烧结体的气孔率低于玻璃颗粒烧结体的原因分析

利用含有孔隙的玻璃料进行烧结,气孔形成的本质是母玻璃料孔隙内的气体排出不净,最终被封闭在烧结体中。本书的裂纹玻璃晶化法使用的裂纹玻璃和现役烧结法使用的玻璃颗粒均含有孔隙,都有在烧结过程中生成闭口气孔的可能。从前述的烧结温度实验和烧结时间实验中可明显看出,裂纹玻璃烧结体的气孔率远低于玻璃颗粒烧结体(参见表 4-2、表 4-7 的测试值)。其原因主要有:

(1)母玻璃料的原始孔隙度不同:玻璃颗粒堆积在模具中进行烧结,无论如何优化颗粒级配和装模方式,都不可避免地在玻璃颗粒间存在着大量的孔隙,部分孔隙最终被封闭形成孤立的气泡;而裂纹玻璃是由无数的、大小不等的、以裂纹面相接触的、紧密连接在一起的、"裂而不散"玻璃碎屑紧密结合而成的,玻璃碎屑间除了狭窄的间隙裂纹外,没有大的孔隙。

(2)孔隙的存在形态不同:前面已述,在玻璃颗粒堆积体中,上层玻璃颗粒位于下层玻璃颗粒孔隙上方(图 4-13),一旦上层玻璃颗粒相互烧结、软化坍塌,再加上温差存在,气体通道极易被封堵,致使下层玻璃颗粒间的孔隙转化为封闭气孔。与此相反,裂纹玻璃的裂纹是在水淬过程中形成的。水淬时,表层受水急冷,玻璃体收缩大,将形成较宽的裂纹间隙,而下层裂纹的形成一方面是由于与表层玻璃体间存在的温差,导致上下层间的玻璃体收缩不一致而生成新的裂纹,另一方面是上层生成的裂纹向下层扩展。无论那种形式,都会使裂纹玻璃的上层裂纹间隙宽,而下层裂纹间隙窄甚至无间隙。因此,理想状态下,裂纹玻璃中的裂纹间隙形态呈楔形,楔形间隙裂纹上部应是空旷的,不存在玻璃颗粒那样的上层玻璃颗粒的烧结、软化坍塌而堵塞下层气体通道的情况。尽管大量的细小玻璃碎屑因各种作用可能充填至间隙裂纹中,并起桥接作用,使表面间隙裂纹可能先于中下层间隙裂纹愈合。温差的存在还可能增大这种趋势。然而,相对于烧结法中的玻璃颗粒堆积空隙而言,这种生成闭口气孔的趋势显然小得多。

§4.6 本章小结

(1)裂纹玻璃的烧结性受配方的影响很小,烧结性难易程度不同配方的裂纹玻璃均能实现很好的烧结,尤其是难烧结配方也能烧结成表面平整光滑的烧结体,且烧结下限温度低;而玻璃颗粒的烧结性受配方烧结性的影响很大,仅易烧结配方的玻璃颗粒料才能实现有效烧结,且烧结下限温度较高。

(2)裂纹玻璃的烧结温度范围较玻璃颗粒宽,可在很宽的烧结温度区间实现高质量烧结。较佳烧结温度区间烧成的裂纹玻璃烧结体的致密度很高,闭口气孔率小于0.5%;而玻璃颗粒即使在最佳的烧结温度下的烧结体的致密度也相对较差,闭口气孔率在1.0%以上。

(3)裂纹玻璃的烧结受配方的烧结性和初始析晶的影响很小,表明裂纹玻璃晶化法对配方的适应性强,对原料质量要求低、配方范围宽,原料成分的波动或杂质成分的引入对裂纹玻璃的烧结性影响不大。

(4)裂纹玻璃和玻璃颗粒烧结体的闭口气孔率均随烧成温度的升高而增大,但裂纹玻璃烧结体的增幅很小,基本稳定在0.5%附近;而玻璃颗粒烧结体的增幅很大,较易增大至2.0%以上。此外,不同烧结性配方的裂纹玻璃和玻璃颗粒烧结体的闭口气孔率随烧结温度的升高而增大的幅度不同,易烧结配方的增大幅度大,而难烧结配方的增大幅度小。

(5)裂纹玻璃烧结体的致密度与配方的烧结性和烧结体的表观形貌反置,烧结性越好的配方,其裂纹玻璃越易烧成表面平整光滑的烧结体。但烧结体的致密度越低。其原因在于,若配方烧结性好,表明母玻璃的粘度在烧成温度下很低、粘度下降速度快,易于烧成表面平整光滑的烧结体。但是粘度下降速度越快,导致表层裂纹愈合速度过快,中下层间隙裂纹中的残余气体无充足时间逃逸,可能被封闭生成更多的气孔。

(6)裂纹玻璃的烧结速度快,烧结进程受配方的烧结性影响较小,烧结性不同的配方均能在较短的时间内实现烧结,且烧结体致密度很高;在同样的适宜烧结温度下,裂纹玻璃的烧结速度比玻璃颗粒快10~30min,且烧结体致密度更高。

(7)CaO含量变化对裂纹玻璃和玻璃颗粒的烧结有不同的影响,对前者影响小,对后者影响很大。CaO含量较高时,玻璃颗粒的烧结性很好、烧结速度快,烧结体的闭口气孔率增加;CaO含量低时,玻璃颗粒的烧结性较差,烧结速度放慢,有利于气体排出、闭口气孔率的降低,但样品表面很难烧平。与玻璃颗粒的烧结状况相反,CaO含量对裂纹玻璃的烧结速率、烧结体形貌和致密度等的影响不大。CaO含量低时,裂纹玻璃的烧结速率略慢,烧结体致密度高,但需要稍高的温度、稍长的时间实现烧结;CaO含量较高时,裂纹玻璃很易烧成表面平整的烧结体,但被封闭下来的气孔率略高,不过,绝对值仍很低,远低于玻璃颗粒烧结体。

(8)裂纹玻璃在烧结温度下转化为牛顿型流体,通过粘滞流动机理实现烧结,用Frenkel烧结公式可以从理论上解释裂纹玻璃比玻璃颗粒更易烧结原因在于,前者的烧结对象玻璃碎屑的半径可被看作无穷大,远大于后者的玻璃颗粒的半径。

(9)裂纹玻璃烧结的实质是裂纹的愈合。裂纹可分为3类:无间隙裂纹、中下层间隙裂纹、表层间隙裂纹。3类裂纹的烧结均是在表面张力的作用下实现的,但表面张力的具体作用形式及受到的其它辅助作用力不同。无间隙裂纹是在玻璃受热膨胀和表面张力作用下实现烧结;中下层间隙裂纹受的作用力主要有玻璃的膨胀软化作用和上层玻璃的软化挤压作用;表层间隙裂纹则借助间隙中的细小玻璃碎屑的桥接作用、先行愈合面的扩展来实现烧结。

(10)不同的裂纹对闭口气孔的形成贡献不同。无间隙裂纹和表层间隙裂纹均不会生成气孔;而中下层间隙裂纹是裂纹玻璃烧结体闭口气孔生成的根源,但表层间隙裂纹先行愈合而将中下层气体通道堵塞则是裂纹玻璃烧结体闭口气孔生成的前提。裂纹玻璃的气孔生成受到温差和落入表层间隙裂纹中的细小玻璃碎屑的严重影响,因为温差和细小玻璃碎屑的桥接作用是导致表层间隙裂纹先行愈合,进而堵塞中下层气体通道的环境条件。

(11)裂纹玻璃烧结体比玻璃颗粒烧结体气孔率低的原因主要在于:①母玻璃料的原始孔隙度不同。后者是由玻璃颗粒堆积在模具中进行烧结,无论如何优化颗粒级配和装模方式,都不可避免地在玻璃颗粒间存在大量的孔隙,部分孔隙最终被封闭形成孤立的气泡;而前者是由无数的、大小不等的、以裂纹面相接触的、紧密连接在一起的、"裂而不散"玻璃碎屑紧密结合而成的,玻璃碎屑间除了细微的裂缝外,没有大的孔隙。②孔隙的存在形态不同,前者的裂纹间隙呈楔形,表层先行烧结而堵塞气体通道的概率低;而后者的颗粒空隙呈堆积型,上层玻璃颗粒的软化坍塌和相互烧结过程容易封闭下层玻璃颗粒空隙的气体通道,形成气孔。

第五章 裂纹玻璃的晶化

现役的烧结法制备建筑装饰用微晶玻璃工艺之所以能发展起来,一个主要原因就在于该工艺生产出的微晶玻璃产品具有纹理装饰效果;另一个重要原因是该工艺基于表面析晶机理,不需外掺晶核剂,能生产出淡雅高贵的色泽。要知道,尽管晶核剂有极大的非均匀成核和析晶作用,但一些晶核剂在玻璃中有很强的着色能力(如 Cr_2O_3 等),对生产浅色产品极为不利。正是由于纹理和色泽上的巨大优势,现役烧结法比压延法在生产建筑装饰用微晶玻璃方面得到了更为广泛的应用。

裂纹玻璃晶化法完全继承了现役烧结法的晶化特点,其析晶基本原理在于玻璃水淬惊裂过程中生成的大量裂纹的优先非均匀成核和析晶。裂纹实质上是相邻的玻璃碎屑之间的交界面,裂纹玻璃本质上是由大量的裂而不散的玻璃碎屑构成的。当裂纹玻璃受到热处理时,就像现役烧结法中的玻璃颗粒析晶那样,将从玻璃碎屑表面(即有裂纹的界面)优先析出晶体,再向玻璃碎屑内部生长。玻璃碎屑表面与玻璃碎屑内部的析晶量不等,前者多于后者,从而显示出仿生物碎屑晶体纹理。裂纹玻璃的这种析晶过程仍不需要外掺晶核剂的支持,故产品色泽可调。

尽管裂纹玻璃晶化法的基本析晶机理与现役烧结法相同,但两种工艺所用的母玻璃料形态完全不同,表面成核、析晶机理的具体作用形式及影响因素不尽相同,纹理形态及调控措施也有很大差别,因此,有必要对此进行详细的论述,并引用相关实验结果加以佐证。

§5.1 裂纹核化和晶体生长的机理分析

众所周知,玻璃是由熔融态冷却到刚体状态而没有结晶的一种无机非金属产品,也被认为是一种具有硬度、刚性和脆性的固体形态的过冷液体。玻璃具有一系列表征液态的性质,把玻璃看作是粘度很高的液体,更符合现代玻璃科学的观点,也是玻璃晶化制备微晶玻璃的理论基点。

从热力学观点出发,玻璃是一种亚稳态,较之晶态结构具有较高的内能,在一定条件下可转变为结晶态。但从动力学观点来看,玻璃熔体在冷却过程中,粘度的快速增加抑制了晶核的形成和长大,使它来不及转变为晶态。因此,以母玻璃制备微晶玻璃的基本措施就是要创造母玻璃析晶的动力学有利条件。通常情况下,采用对母玻璃进行加热处理的方式,将其保持在粘度适当、有利于成核和晶体生长的温度区间,在母玻璃基质上生成一种或多种晶体,最终使母玻璃从亚稳态的无定形结构转化为稳定的、能量更低的晶体和残余玻璃体的复合结构。

5.1.1 裂纹核化的理论基础

母玻璃析晶过程可分为两步,即成核过程和晶体生长。成核涉及到比通常存在于液相中的原子远程有序度更大的区域的形成。这种不稳定的中间态叫做晶芽。在这些晶芽中,不是所有的都能发展成晶体,只有那些尺寸大于临界尺寸的晶芽才能发展成稳定的晶体。因此,尺寸大于临界尺寸的晶芽被称为晶核。可见,成核过程就是熔体物质在一定的条件下转化成原子远程有序的、尺度大于临界尺寸的晶核的过程。

成核过程通常可分为均匀成核和非均匀成核两类。在微晶玻璃的晶化热处理中,几乎都是依靠非均匀成核来完成母玻璃的核化和晶化过程。例如,现役压延法和浇铸法通常要掺加适当的晶核剂或利用原料本身含有的具有晶核剂作用的成分来促使晶核的形成及晶体的生长,而现役烧结法则是利用玻璃颗粒表面(气-玻璃间的相界)来诱导核化。

Tabata K 和 Muler R 的研究表明,没有加入晶核剂的玻璃晶化,其析晶方式主要是玻璃颗粒表面非均匀成核析晶。玻璃表面上的成核析晶对表面条件如裂纹、凹陷、以及表面杂质等非常敏感。

本书研究的裂纹玻璃晶化法制备微晶玻璃工艺的晶化理论基础与现役烧结法相似,也是基于玻璃的表面核化析晶理论,具体表现形式为"裂纹核化析晶",其含义有两层:一是将裂纹玻璃板看作是一块含有大量裂纹的玻璃板。众所周知,若玻璃板含有裂纹缺陷,裂纹具有很强的成核趋势,促使玻璃板在裂纹处优先成核析晶。其二是将裂纹玻璃板看作是由大量的玻璃碎屑紧密结合而成的。玻璃碎屑比表面积大,且含有大量结构缺陷,并可能吸附大量的大气尘埃和冷淬水蒸发后残留下的溶质,以至于成核过程发生在玻璃碎屑的表面要比发生在内部更具能量优势,导致构成裂纹玻璃的玻璃碎屑表面(也即裂纹玻璃的裂纹处,两者所指相同,以下将不加区别,见附录)将优先核化析晶。

可见,裂纹核化是典型的非均匀成核过程。关于非均匀成核理论,早在 1959 年,Stookey S D 导出了包括扩散活化能在内的非均匀成核速率方程,其表达式为:

$$I = A\exp\{-[\Delta F^* f(\theta) + Q]/kT\} \quad (5-1)$$

其中,
$$\Delta F^* = \frac{16\pi(\Delta f_s)^3}{3(\Delta f_v)^2}$$

$$f(\theta) = (2+\cos\theta)(1-\cos\theta)^2/4$$

式中,ΔF^* 为均匀成核的自由能,θ 为基底相-熔体相-析出相三者交界的接触角,Q 为扩散活化能,A 为常数,Δf_s 为表面积变化引起的自由能变;Δf_v 为体积变化引起的自由能变。

在 Volmer M 的研究工作中,首先提出了当玻璃晶化转化时的自由能变化。随后,Meryer K 导出了相变过程中的自由焓变公式:

$$\Delta G = -\frac{4}{3}\pi r^3 \Delta G_V + 4\pi r^2 \gamma + \Delta G_E \quad (5-2)$$

式中,r 为表示球形颗粒的半径,γ 为表面积变化引起的自由焓变,相应于形成的晶核的新表面所需的能量,ΔG_V 为体积变化引起的自由焓变,也即形成晶核而带来的单位体积自由焓变;ΔG_E 为在结构变化期间的弹性形变能。按照数学观念,对于熔体析晶或蒸汽析晶转变中,ΔG_E 可被忽略。然而,在玻璃晶化动力学研究中,特别是表面晶化控制中,ΔG_E 必须给予考虑。在 1994 年,Zanotto E D 证明了"表面成核位"在晶化的早期阶段就已经饱和了。在大多数情况下,表面核化速率是太高,以至于难以人为控制。最近的研究已表明,式(5-2)中的弹性张力项(ΔG_E)对表面核化具有重要的意义。Schmelze J 等已证实,ΔG_E 能被减小,以促进表面核化过程。

5.1.2 裂纹核化的成因及机理分析

裂纹玻璃中的裂纹核化主要是由以下因素导致的。

5.1.2.1 水-热玻璃相互作用(水-玻热作用)生成活性基团和异相物质

裂纹玻璃是将室温的自来水直接喷淋到高温(500~800℃)玻璃板,两者温差非常大,玻璃板瞬间形成大量的裂纹。裂纹的形成可使原来平衡的化学键遭到破坏,生成很多非化学计量的、活性很高的基团。这些基团不能稳定地存在,必然与水发生反应。可能的反应主要有:

$$—Si—O—Si— + H_2O \leftrightarrow 2(—Si—OH) \quad (5-3)$$

$$—Si—O^- R^+ + H_2O \leftrightarrow —Si—OH + ROH \quad (5-4)$$

$$—Si—OH + H_2O \leftrightarrow OH—Si—OH \text{ (with OH above and below)} \quad (5-5)$$

$$OH—Si(OH)—OH + ROH \leftrightarrow OH—Si(OH)—O^- R^+ + H_2O \quad (5-6)$$

式(5-3)是 H_2O 分子对硅氧骨架直接起反应,可使母玻璃的硅氧网络断裂。式(5-4)、式(5-5)、式(5-6)是水中的 H^+ 离子与母玻璃中的碱金属离子发生交换,随后进行水化反应及中和反应,3个反应互为因果,循环进行,而总反应速度取决于离子交换反应,因为它控制着 —Si—OH 和 ROH 的生成速度。

母玻璃与水的反应产物中主要为 —Si—OH 和 $Si(OH)_4$。前者(OH^- 基团)本身具有反应活性。在热处理过程中,这些活性表面构成了成核的基础,能促进晶核的形成;而后者是极性分子,能使周围的水分子极化,并将其定向地吸附在它的周围,成为 $Si(OH)_4 \cdot nH_2O$,除一部分溶于水溶液外,大部分吸附在裂纹面上,形成一层薄膜。$Si(OH)_4 \cdot nH_2O$ 将在热处理时失水,转化为活性 SiO_2,生成与母玻璃主体组成不同的异相物质,可作为晶核生成的基底,具有核化能量优势,有利于晶核的形成。

5.1.2.2 裂纹处聚集着大量的杂质

众所周知,自来水中含有微量的矿物质,当用自来水冷淬玻璃后,水遇热玻璃或在烘干过程中蒸发,而水中的矿物质残留下来,被吸附在裂纹玻璃的裂纹中。另外,大气中含有大量尘埃,在裂纹玻璃制成后直至热处理前这段时间里,大量的大气尘埃有充足的机会沉积在裂纹玻璃上。前面已述,裂纹面在水淬过程中将会形成大量的活性基团,对水中的矿物质和大气尘埃必然有很强的吸附能力,进而在裂纹玻璃的裂纹面上可能聚集大量的杂质,有利于裂纹面优先成核、析晶。

5.1.2.3 裂纹本身也具有的成核能量优势

除了裂纹面在生成过程中可能生成的异相物质、活性基团以及吸附的杂质之外,裂纹面本质上也是玻璃碎屑与空气的相界面。即使清洁的相界面,也具有成核的能量优势。此外,本书实验研究选用的母玻璃属于 $CaO-Al_2O_3-SiO_2$ 系统,本身具有易表面成核析晶的特点。

总之,高温水淬形成的裂纹面具有很强的反应活性,既可以与水发生反应,也可以吸附水和空气中的杂质,加之裂纹面本质上是玻璃与空气的相界面,因此,裂纹玻璃的裂纹处具有大量的成核位和成核能量优势,有利于优先成核析晶。

5.1.3 裂纹玻璃的晶体生长机理

在一定的晶化温度下,容易成核的裂纹面将首先析出晶体[图5-1(a)],然后再沿着玻璃碎屑的径向向玻璃碎屑内部生长。晶体的生长将受到两方面的严格制约,一是晶体的析出要释放出凝固潜热,使晶体周围的玻璃液温度升高,过冷度降低,继续析晶的趋势减弱;另一是裂纹玻璃所含的CaO量低于玻璃全部析晶的化学计量,不可能整体全部析晶。先期析出的晶体消耗了部分CaO,致使后续析晶可能面临着CaO含量的不足,抑制了后续析晶过程。因此,无论从热量上,还是晶体反应物(CaO)的含量上,裂纹面先期析出的晶体均不可能向玻璃碎屑内部全面推进,只能在能量有利、CaO含量充足的某些部位向玻璃碎屑内部突入,生长出晶体枝芽[图5-1(b)]。接着再在这样的晶体枝芽上不断析出晶体,沿着玻璃碎屑的径向向玻璃碎屑内部推进生长,长大为主干晶枝[图5-1(c)]。主干枝晶的生长同样会释放出凝固潜热、消耗CaO,使主干晶枝两侧的残余玻璃温度升高,导致主干晶枝向其两侧横向生长又将遇到过冷度和CaO含量的不足。不过,同前述的裂纹面先期析出的晶体向玻璃碎屑内部萌发主干枝晶的枝芽一样,主干枝晶也可能在能量有利的部分点位上向其两侧萌发二次枝晶的枝芽[图5-1(d)],进而生长出二次枝晶[图5-1(e)]。以此类推,二次枝晶上又可萌发晶体枝芽、析出三次枝晶。最终,晶枝繁茂,遍布整个玻璃碎屑[图5-1(f)],裂纹玻璃晶化完全。可见,裂纹玻璃晶体生长遵从枝晶生长机理。

图5-2给出了配方BSLW6的裂纹玻璃在880℃下进行热处理时随着不同的保温时间而呈现出的初始晶化形貌照片。从图中可以清楚地看到,原始裂纹处优先析出晶体。保温热处理20min的样品仅能看到极少的、呈丝状的晶纹,分布在原始裂纹处。随着保温时间的延长,如保温30min,被晶丝充填的裂纹越来越多。40min保温后,部分晶丝变粗,已将原始裂纹覆盖。当保温时间更长时,如50min、80min,原始裂纹处析出的晶体宏观上呈粗壮的、纵横交错的树枝状纹理。如将保温时间进一步延长,如120min、180min,裂纹处先期析出的晶体向玻璃碎屑内部生长,使本来界线清晰的枝状晶体纹理演变为雾状,笼罩在原始裂纹上。从图5-2还可发现,晶体很容易从裂纹玻璃的原始裂纹处析出,而被裂纹分隔的裂纹玻璃母板原始表面并未明显析晶。可见,尽管从理论上讲,裂纹玻璃母板原始表面作为"气—玻璃"的相界,相对

(a) 玻璃碎屑表面优先核化，析出晶体

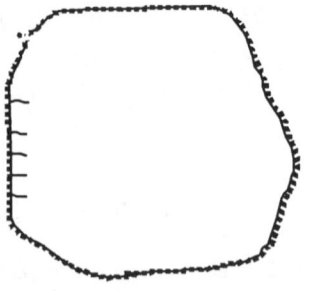
(b) 晶体突入玻璃碎屑内部，生成晶体枝芽

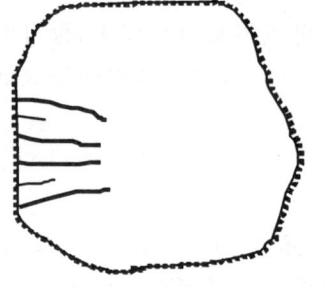
(c) 晶体枝芽沿玻璃碎屑的径向生长出主干枝晶

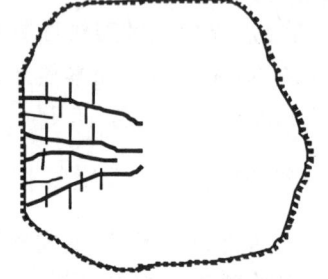
(d) 主干枝晶再次萌发二次晶体枝芽

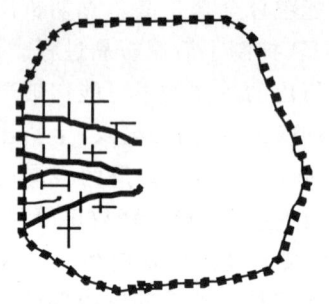
(e) 二次晶体枝芽在主干枝晶两侧生成二次枝晶，主干枝晶则沿着玻璃碎屑径向继续生长，直至碎屑中心

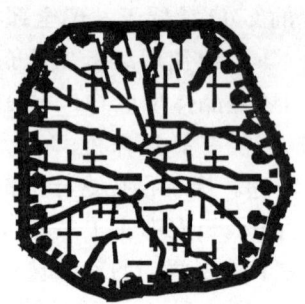
(f) 多次分支，枝状晶体遍布玻璃碎屑，但主干枝晶和二次及多次枝晶的析出量相差明显

图 5-1 玻璃碎屑的枝晶生长机理示意图

Fig. 5-1 Schematic of dendritic crystal growth in the glass debris of cracked glass

于玻璃内部更有利于非均匀成核。但同裂纹相比，其成核能力显然不足。这就进一步证明了前述的水淬裂纹面（即玻璃碎屑表面）有利于成核和析晶的推论。

图 5-3 给出了 BSLW6 的裂纹玻璃在 1 000 ℃下晶化处理成的微晶玻璃的扫描电子显微镜（SEM）照片。该图形貌与 Barbieri L 等观测到的硅灰石表面析晶显微结构图像完全一致。图中清晰显示，裂纹玻璃的晶体生长遵循的是枝晶生长机理。

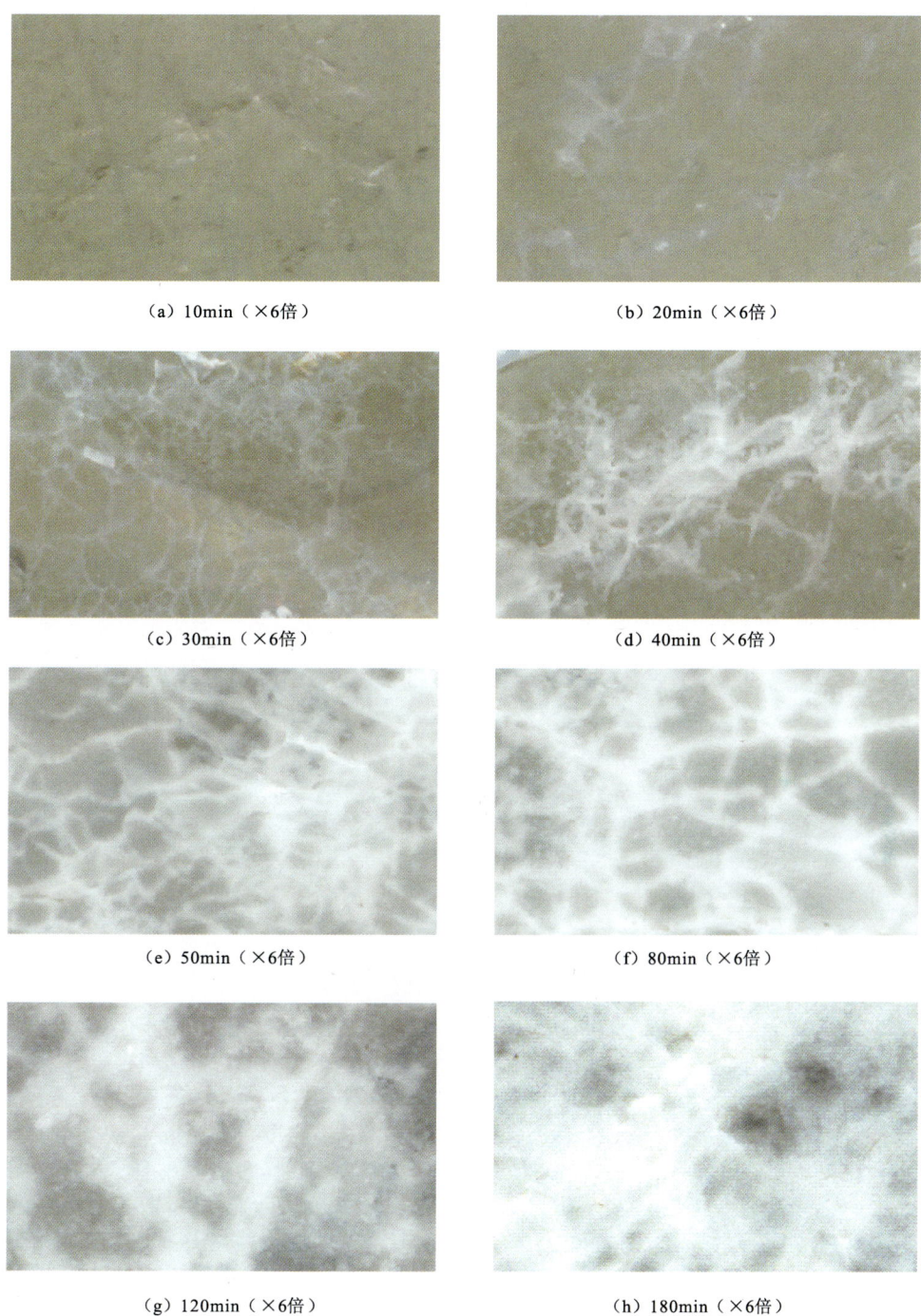

图 5-2　配方 BSLW6 的裂纹玻璃的晶化进程图

Fig. 5-2　Photos of crystallizing procedure of cracked glass of the batch BSLW6

(a) ×1 000倍

(a) ×5 000倍

图 5-3 SEM 图像显示的枝晶生长机理(样品为 BSLW6 在 1 000℃下晶化的微晶玻璃)

Fig. 5-3 Mechanism of dendritic crystal growth observed in the SEM Micrographs of BSLW6 glass-ceramic crystallized at 1 000℃

§5.2 晶化温度对裂纹玻璃析晶的影响

玻璃可以看作是一种过冷液体,是液态的继续,但它和正常的液态的不同之处在于玻璃具有很高的粘度。当熔融态玻璃冷却时,会经过本可以发生析晶的温度区域而并未晶化,仍保持似液的无定形结构。其原因就在于玻璃制备过程中采用了快速冷却方式,随着过冷度的迅速增加,玻璃粘度急剧升高,质点迁移困难,致使质点的结构重排变得越来越不可能,最终保存着一种似液的介稳状态,具有向晶态转化的趋势,以降低自身的自由能。

然而,玻璃的这种介稳状态除了在一个相当有限的温度范围之外,却表现得异常稳定。能使玻璃结晶的这一有限温度范围就是微晶玻璃制备中要探寻的晶化温度区间。在晶化温度区间以下的温度,玻璃将表现为刚体状态。在晶化区间以上的温度,玻璃将再次熔融为玻璃液,呈流体状态。仅在可晶化温度区间内,玻璃呈塑性状态,此时的粘度值已降低至难以完全阻止玻璃析晶的程度,晶体可以以一定的速度析出。然而,即使在可晶化的温度区间内,温度不同,玻璃的粘度也不同,玻璃成核和晶体生长的速度也不同。例如,18世纪上叶,法国化学家Réaumur M将玻璃瓶安放在砂子和石膏的混合物中,经受了数天的赤热处理,才能转变成不透明的类似陶瓷的物质即微晶玻璃。在现代微晶玻璃制造中,显然不可能接受如此漫长的晶化时间。因此,寻找具有较快的核化和晶化速度的温度区间,以加快微晶玻璃生产速度是必然的选择。

根据Zanotto E D的研究成果,若母玻璃系统易表面析晶,则有$T_{max} < T_g$(T_{max}为最大成核温度,T_g为玻璃化转变温度),即最大表面成核速率的温度应低于玻璃化转变温度。现在已有共识,属于$CaO-Al_2O_3-SiO_2$系统的母玻璃的最快表面成核速率的温度区间位于玻璃转变温度T_g与软化温度T_f之间,甚至认为,最佳的核化温度为$T_g+50℃$处。然而,在现役烧结法中,由于主要依赖具有充足成核位和能量优势的玻璃颗粒表面成核,因此,母玻璃的核化过程已无关紧要,而主要关心的是玻璃颗粒的析晶问题。同样,裂纹玻璃主要依靠裂纹成核、析晶,况且,前面已详细分析了裂纹核化机理,故下文主要针对析晶问题进行探讨。在本节中,将以温度作为变量,进行不同晶化温度的系列实验,以研究温度对裂纹玻璃晶化的影响。

实验设计为以一个晶化温度系列(900℃、950℃、1 000℃、1 050℃、1 075℃、1 100℃、1 150℃)对5个配方(BSLW2、4、5、6、8)进行晶化时间为90min的晶化热处理(详见§3.5.2)。当然,裂纹玻璃在进入晶化温度阶段前,已在第四章提出的最佳烧结温度(见表4-5)下经过了烧结。下面将以BSLW4的晶化样品的表观形貌、横截面、折断面的扫描照片、DTA曲线、XRD图谱、SEM照片为依据,系统分析晶化温度对裂纹玻璃析晶性的影响规律。同时在附图1、附图5、附图6分别汇总了所有配方(BSLW2、4、5、6、8)的母玻璃DTA曲线、晶化样品的扫描照片、XRD图谱,以便相互对比分析,并可印证配方BSLW4反映出的晶化规律。

5.2.1 晶化温度对晶化度和宏观形貌的影响

图5-4给出了BSLW4在不同晶化温度下的样品的表面、中部横截面、抗折强度测试的折断面等的扫描照片。

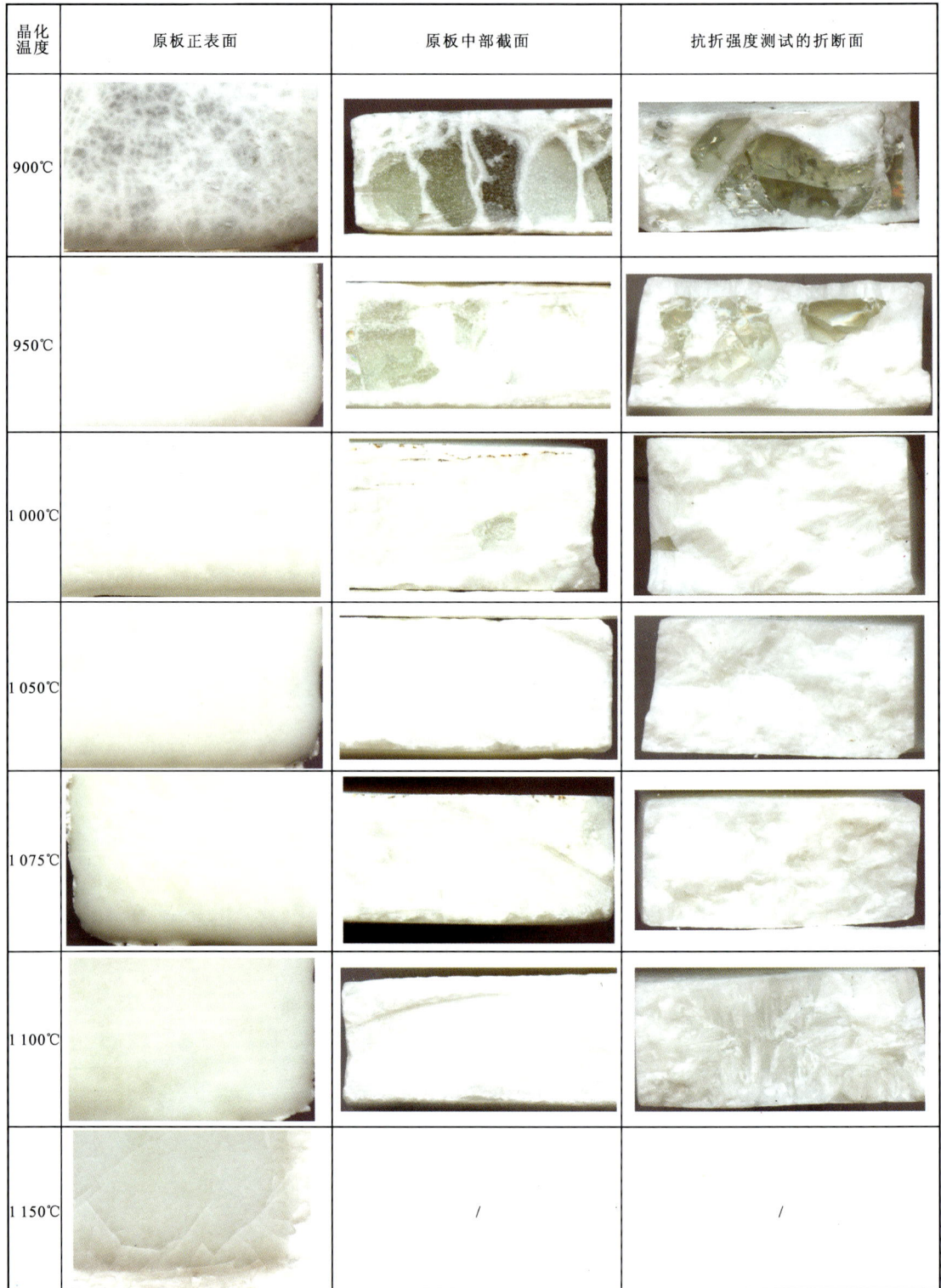

图 5-4 BSLW4 的裂纹玻璃在不同晶化温度下晶化后的样品形貌图

Fig. 5-4 Photos of glass-ceramic prepared at different crystallization temperatures with BSLW4' cracked glass

当晶化温度很低时,裂纹玻璃晶化度也很低。如配方 BSLW4 的裂纹玻璃在 900℃ 晶化处理时(图 5-4),其微晶玻璃原板仅能见到裂纹处析出了树枝状晶体,而裂纹之间的玻璃表面并未明显析晶。从样品的中部横截面也可明显看出,析出的晶体形貌及走向与原始裂纹一致,原始裂纹处已充分晶化,但裂纹之间的玻璃碎屑内部并未晶化,仍呈透明玻璃态(见附录"宏观透明玻璃")。这表明玻璃碎屑内部较难晶化,也表明原始裂纹处优先析出的晶体在较低的晶化温度下很难生长至玻璃碎屑内部。

随着晶化温度的升高,晶化程度也逐渐增加。析晶量增加的方式是以原始裂纹处先期析出的晶体为基点向玻璃碎屑内部生长,沿着裂纹走向的晶体纹理越来越粗。当晶化温度为 950℃,晶体"树枝"之间还有空隙,未晶化的宏观透明玻璃区清晰可见(图 5-4);当晶化温度提升为 1 000℃,晶化已较完全,变粗的晶体纹理互相靠拢,仅有很少的玻璃碎屑未晶化(图 5-4)。这些未晶化的玻璃碎屑可能是由于原始颗粒过大,在试验温度下的玻璃粘度仍较高,晶体生长速率较慢,90min 的晶化时间内晶体未能生长至碎屑中心,以至于残留着未晶化的宏观透明玻璃相。

温度更高的 1 050℃ 和 1 075℃ 下晶化,玻璃粘度已降至较低水平,晶体生长速率快,90min 的晶化时间已能使所有玻璃碎屑晶化完全,已看不到未晶化的宏观透明玻璃区(图 5-4),达到了最佳晶化状态。

如果将晶化温度升至更高,如 1 100℃,晶化样品的形貌将产生很大的变化,宏观上已看不到未晶化的残余玻璃颗粒,但从晶化样品的折断面可以看出,样品的颜色趋于均匀,白度下降,白中泛绿(图 5-4)。这表明裂纹玻璃整体的析晶总量已下降,但晶体分布更为均匀。产生这一现象的原因可能是,在很高的晶化温度下,玻璃粘度很低,质点迁移速度快,裂纹处优先析出的晶体向玻璃颗粒内部快速生长,遍及整个玻璃碎屑,使其完全晶化。图 5-5 给出了 1 100℃ 下晶化样品折断面的放大 15 倍的局部照片。从图中观察发现,尽管玻璃碎屑宏观上已晶化完全,但晶化度并不相同。沿碎屑径向析出的枝晶的晶化度高,呈白色,而枝晶两侧的晶化度低,颜色泛绿,宏观上显示出树枝状晶体纹理。这充分证明了即使在很高的晶化温度下,裂纹玻璃也不会整体析晶,仍为表面析晶,即裂纹处优先析出晶体,再向玻璃碎屑内部生成,因而形成明显的中心辐射状晶体形貌。

其实,不仅高温(1 100℃)晶化样品的宏观形貌显示出中心辐射状晶体纹理(图 5-5),而且在较低的晶化温度(950℃、1 000℃)下的样品的宏观放大照片(图 5-7)上也清晰可见这样的纹理。

中心辐射状晶体纹理形成的原因在于,沿着原始玻璃碎屑径向生长的主干枝晶受到的凝固潜热影响小、CaO 供应充沛,晶体生长较快、析晶量大;而沿着玻璃碎屑周向析出的二次及多次枝晶将受到主干枝晶生长时释放的凝固潜热影响,也会受到主干枝晶大量消耗 CaO 而导致 CaO 供应不足的影响,析出和生长速度将低于主干枝晶。主干枝晶和二次及多次枝晶的生长速率和析出量的差别,在宏观形貌上就表现为中心辐射状。

显然,在不同的晶化温度下,凝固潜热对晶体析出的影响程度不同。在过高温度(1 100℃)下晶化,适合晶体析出的过冷度本来已很小,在凝固潜热的负面作用下,已析出的主干枝晶两侧过冷度将变得更小,二次及多次枝晶析出更加困难。在 15 倍放大照片(图 5-5)上可看出,沿着玻璃碎屑径向的主干枝晶析出量明显高于主干枝晶两侧的沿着玻璃碎屑周向析出的二次及多次枝晶量,主干枝晶之间呈乳浊玻璃状态。与此相反,在较低温度(950℃、

图 5-5 原始玻璃碎屑内部的在过高温度下(1 100℃/90min)的析晶形貌(×15 倍)

Fig. 5-5 Crystallization appearance showed within original glass debris in the glass-ceramic prepared in 1 100℃/90min

1 100℃)下,过冷度本身很大,即使在主干枝晶释放的凝固潜热使主干枝晶两侧温度略升,但过冷度仍保持在较大值,对二次及多次枝晶的析出影响很小。从放大照片[图 5-7(b)]可以看出,主干枝晶之间的区域晶化度也很高,呈完全晶化态,表明二次及多次枝晶析出量也很大。显然,在最佳的晶化温度范围(1 050℃、1 075℃),晶化样品的折断面照片(图 5-4)也显示出较大的二次及多次枝晶析出趋势,裂纹玻璃整体晶化度较高。

综上所述,晶化温度低时,析晶速度缓慢,裂纹玻璃中的大玻璃碎屑难以晶化透,将残留透明玻璃颗粒;而晶化温度过高时,尽管宏观上能使裂纹玻璃完全晶化,但二次分支析晶困难,整体析晶量偏低;仅当温度适当时,析晶速度较快,能使裂纹玻璃在较短的时间内晶化完全,而且二次及多次枝晶析出相对容易,整体析晶量达到理想水平。

5.2.2 晶化温度与 DTA 晶化放热峰温度间的关系

图 5-6 是配方 BSLW4 的母玻璃差热分析曲线。图中显示,该配方的母玻璃在 963.4℃处有一强放热峰。通常认为,玻璃由无定形结构向晶体结构转变时释放热量,在 DTA 曲线上表现为放热峰,而母玻璃的最大析晶速率就在 DTA 曲线放热峰附近。据此推知,配方 BSLW4 母玻璃粉末的最大析晶温度应在 963.4℃附近。结合图 5-4 的不同晶化温度下的微晶玻璃照片发现,该配方的裂纹玻璃在 950℃、1 000℃的晶化温度下析晶量都较大,只是在 950℃下晶化的样品还残留着粗大的未明显析晶的宏观透明玻璃区,1 000℃晶化的样品也有较小的未晶化玻璃区。这似乎与 DTA 测出的最大析晶温度相驳。然而,两者并无矛盾。一方面,DTA 曲线的晶化峰温度只表明测试所用的小于 74μm 的玻璃粉末在该晶化峰对应的温度下具有很强的析晶趋势。另外,大量研究已表明,$CaO-Al_2O_3-SiO_2$ 系母玻璃在不外掺晶核剂条件仅能表面析晶,很难整体析晶。由此推知,DTA 曲线晶化放热峰实质上是玻璃粉末表面析晶放热所致,表明玻璃粉末在该放热峰温度下有很强的表面析晶能力。另一方面,从图 5-4 中 950℃和 1 000℃下晶化的样品照片中可以清楚地看到裂纹玻璃从原始裂纹面(玻璃碎

屑表面)优先析出了大量的晶体。由此可见,DTA 测出的母玻璃粉末的最大析晶温度与裂纹玻璃在该温度下的表面析晶趋势是一致的。

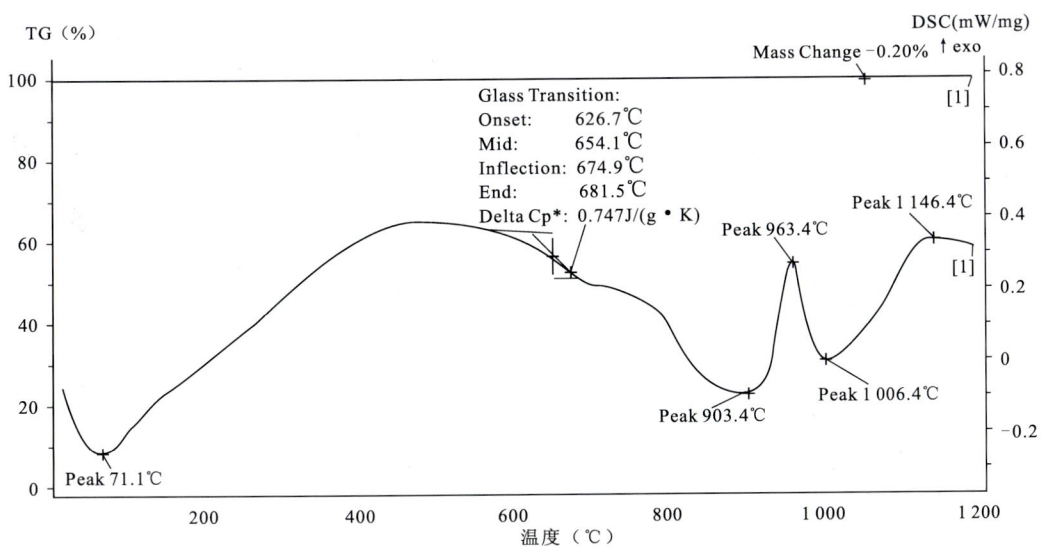

图 5-6 BSLW4 的母玻璃粉末的 DTA 曲线

Fig. 5-6 DTA Trace of the parent glass powder from the batch BSLW4

裂纹玻璃在 DTA 曲线放热峰附近的 950℃、1 000℃下晶化 90min 仍晶化不透、残留有明显的宏观透明玻璃区的根本原因在于,裂纹玻璃的玻璃碎屑粒度通常为 1~5mm,其比表面积远小于用于 DTA 测试的玻璃粉末。尽管玻璃碎屑表面也即裂纹面能很快析晶,但该温度下玻璃粘度仍较大,晶体向玻璃碎屑内部生长的速度受到限制,挺进速度缓慢,在 90min 的有限晶化时间内,晶体仍不能长至玻璃碎屑中心部位,从而在原始玻璃碎屑中部残留下了未晶化的宏观透明玻璃颗粒。图 5-7 给出了 BSLW4 在 950℃和 1 000℃晶化 90min 后的宏观透明玻

(a) BSLW4-950℃/90min (×6倍)

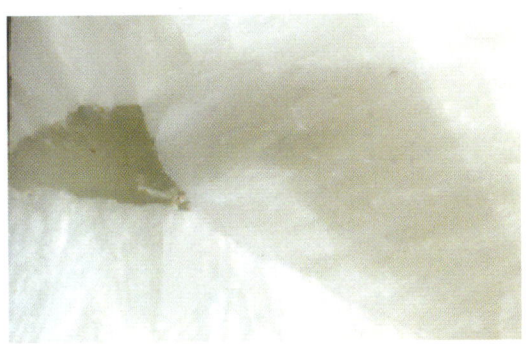

(b) BSLW4-1 000℃/90min (×10倍)

图 5-7 未晶化透的微晶玻璃的宏观透明玻璃区

Fig. 5-7 Macroscopically residual glass region of partially crystallized glass-ceramic with glass-crack

璃区的局部放大照片。图中显示,透明玻璃区位于中间,四周已被宏观晶相区包围,晶体纹理指向透明玻璃,呈前进态势。

如果要使体积远大于 DTA 测试所用玻璃粉末的玻璃碎屑完全晶化,就应使用比 DTA 晶化峰高得多的温度进行晶化处理,以进一步降低玻璃粘度,提高晶体生长速率,使 90min 内的晶体析出量能遍及整个大颗粒玻璃碎屑,裂纹玻璃被完全晶化透。例如,BSLW4 的裂纹玻璃在远大于晶化放热峰(963.4℃)的温度 1 050℃或 1 075℃下晶化处理 90min,裂纹玻璃中所有玻璃碎屑均能晶化。当然,若将晶化温度固定在 DTA 曲线的晶化放热峰温度处,通过无限延长保温时间,也可使裂纹玻璃整体晶化完全。只是该温度下制备的微晶玻璃原板表面平整度较差,且过长的晶化时间也不利于工业生产节能。可见,采用比 DTA 曲线放热峰温度高的晶化温度既有利于裂纹玻璃晶化透,也有利于微晶玻璃原板表面熔平,一举两得。

5.2.3 晶化温度对析晶总量的影响

图 5-8 给出了配方 BSLW4 的裂纹玻璃在不同温度下晶化处理后样品的 X-射线粉晶衍射分析(XRD)图谱。图中显示,900℃晶化处理的样品已有衍射峰出现,尽管衍射峰很弱,但足以说明配方 BSLW4 裂纹玻璃的析晶下限温度较低。

当晶化温度升高后,在 950℃、1 000℃、1 050℃ 3 个温度下晶化的样品的衍射峰强度相当,均很强,且与硅灰石衍射峰位置一致,未见其它杂相衍射峰出现。这表明配方 BSLW4 的裂纹玻璃在这一温度区间析出硅灰石晶体的能力很强,晶体纯度很高。

当晶化温度提升到 1 100℃时,晶化峰强度再次变弱。这也进一步证明了图 5-4 中 1 100℃晶化的样品的色泽泛绿的原因在于析晶总量下降了。

对比图 5-4 和图 5-8 可以发现,能使裂纹玻璃在宏观上完全晶化的过高温度 1 100℃晶化的样品的 XRD 衍射峰强度反而低于 950℃、1 000℃下未能晶化透、残余着透明玻璃体的样品。其原因在于:尽管过高的晶化温度(1 100℃)有利于晶体快速生长,使裂纹玻璃所含的全部玻璃碎屑宏观上晶化完全,但因析晶时的玻璃过冷度降低,特别是与玻璃碎屑径向相垂直的二次及多次枝晶析出时,过冷度将因径向主干枝晶的析晶放热而变得更小,二次及多次枝晶析出困难。此外,晶化温度过高时,晶体的再次熔解的趋势也将增大,这两个因素导致了裂纹玻璃整体的析晶量偏低,表现为 XRD 衍射峰强度较弱。与此相反,尽管较低的晶化温度(如 950℃、1 000℃)下的微晶玻璃样品存在着晶化不透的宏观透明玻璃颗粒,但是由于晶化温度低,过冷度大,受到的凝固潜热的影响小,二次及多次枝晶的析出量也较大,导致玻璃碎屑已晶化部分的晶化度非常高,使裂纹玻璃整体的析晶总量很高,表现为 XRD 衍射峰强度较高。可见,过高晶化温度下的样品的总析晶量低于偏低晶化温度下的样品,表现在 XRD 衍射峰强度上,前者弱于后者。这从图 5-5 的 1 100℃晶化样品和图 5-7 的 950℃、1 000℃晶化样品的放大照片上也可清晰看出,前者仅主干枝晶发达,而后者已析晶部位的主干枝晶和二次及多次枝晶均非常发达,必然导致前者的 XRD 衍射峰强度弱于后者。

如果在更高的晶化温度下热处理,主干枝晶的分支析晶更加困难,而晶体的二次熔解趋势将更大,因此,析晶平衡后的总析晶量必然更低。图 5-8(f)上 1 150℃晶化样品的 XRD 晶化峰进一步变弱,就证明了这一点。

结合图 5-6 上的 BSLW4 的 DTA 曲线分析还可发现,晶化温度接近和高于 DTA 曲线的晶化放热峰温度(963.4℃)时,如 950℃、1 000℃、1 050℃的样品,XRD 图谱显示出的晶体衍

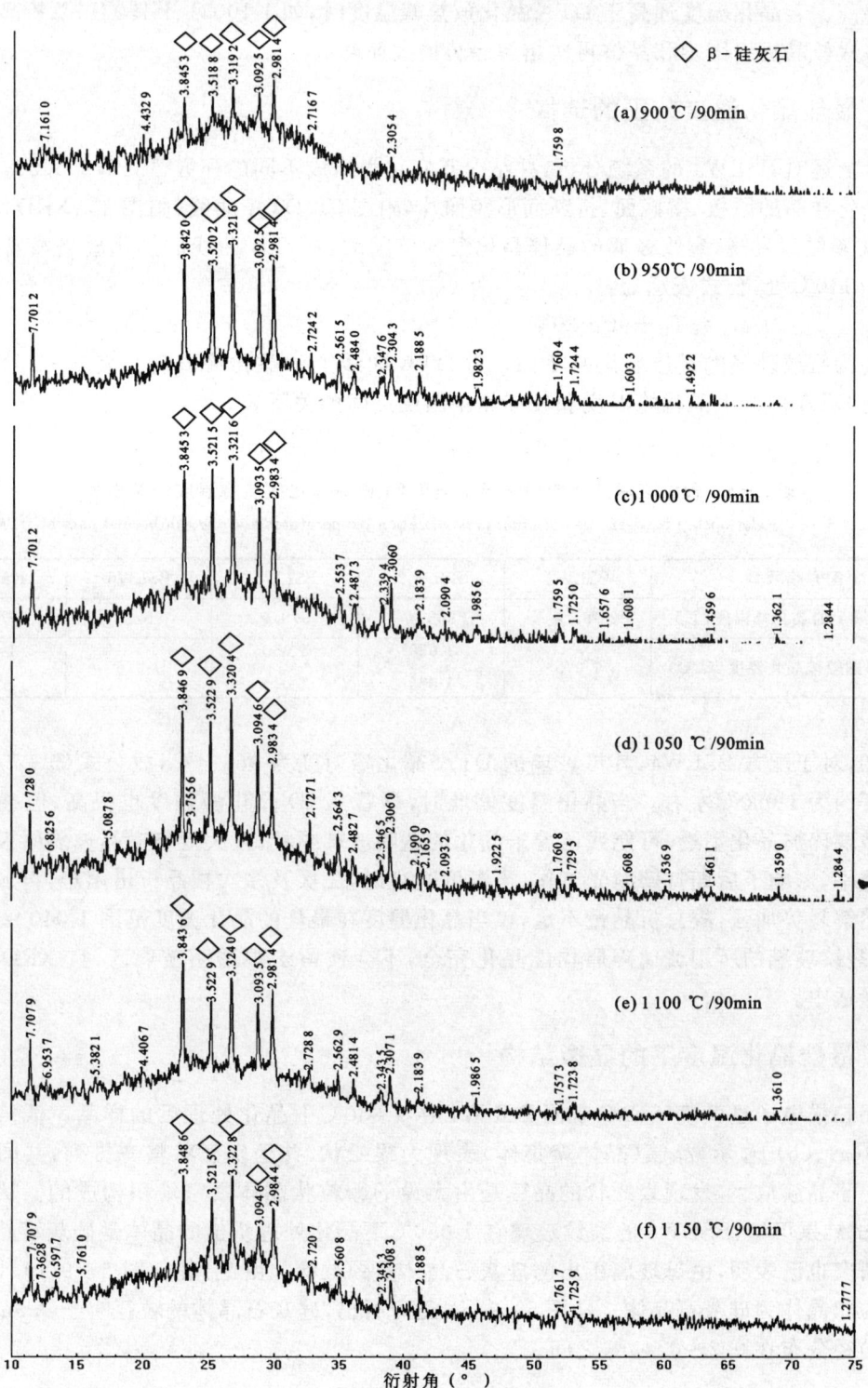

图 5-8　BSLW4 的裂纹玻璃在不同热处理温度下晶化后的 XRD 图谱

Fig. 5-8　XRD patterns of glass-ceramics prepared at different crystallization temperature with BSLW4 batch

射强度很高。若晶化温度远高于 DTA 晶化放热峰温度时,如 1 100℃、1 150℃,总析晶量将因二次及多次枝晶析出困难和晶体再次熔解趋势增大而降低。

5.2.4 最佳晶化温度范围的选择

综合上述对 BSLW4 的系统分析,并结合其它化学组成不同的配方 BSLW2、5、6、8 等的裂纹玻璃晶化样品的原板、横截面、折断面形貌照片(附图 5)、DTA 曲线(附图 1)、XRD 图谱(附图 6)等实验结果发现,裂纹玻璃的最佳晶化温度范围约在 DTA 曲线的晶化放热峰温度(T_C)以上 70～110℃处,公式表示为:

$$T_{OC} \approx T_C + 90 \pm 20℃ \tag{5-7}$$

式中,T_{OC} 为裂纹玻璃的最佳晶化温度,T_C 为 DTA 曲线上的晶化峰温度。表 5-1 给出了实验得到的 DTA 曲线上晶化峰温度和较佳晶化温度点间的关系表。

表 5-1 裂纹玻璃的最佳晶化温度与 DTA 曲线晶化放热峰温度的关系表
Table 5-1 Relationship between the optimum crystallization temperatures and the exothermal ones of DTA traces

配方编号	BSLW2	BSLW4	BSLW5	BSLW6	BSLW8
DTA 曲线上的晶化峰温度(℃)	987.4	963.4	979.9	997.9	975.9
实验获得的较佳晶化温度点(℃)	1 075	1 050 1 075	1 050 1 075	1 075	1 050 1 075

例如,对于配方 BSLW4,其母玻璃的 DTA 晶化峰温度为 963.4℃,故公式(5-7)显示的晶化温度约为 1 050℃左右。当晶化温度偏低时,尽管 XRD 晶化峰强度也很高,但裂纹玻璃中的大玻璃碎屑晶化不透,可能残留着未晶化的透明玻璃颗粒,且大规格微晶玻璃原板表面不能完全摊平,影响了后期打磨抛光工作;当温度过高时,二次及多次枝晶析出困难,再加上晶体的二次熔解趋势加强,故总析晶量不足,仅当晶化温度在最佳的晶化温度范围 1 040～1 080℃时,构成裂纹玻璃的所用玻璃碎屑均能晶化完全,不会残留宏观透明玻璃区,且 XRD 反映出析晶总量适中。

5.2.5 最佳晶化温度下的显微结构

利用扫描电子显微镜(SEM)观测 BSLW4 在 1 050℃下晶化处理后的样品。低倍数图片[图 5-9(a)、(b)]显示,晶簇(晶体聚集体)表现为蜈蚣状,并呈辐射状整齐排列,共同指向辐射中心。将晶簇放大,发现蜈蚣状的晶簇是由大量的颗粒状晶体紧密堆积构成的。从前述的 XRD 测试结果可知,BSLW4 的裂纹玻璃在 1 050℃下晶化处理析出的晶体是硅灰石晶体。而大量的研究也已表明,由母玻璃析出的硅灰石晶体呈颗粒状。由此判断,图 5-9(c)、(d)显示出的颗粒状晶体为硅灰石晶体。从图 5-9(d)还可看出,硅灰石晶体的粒径小于 0.5μm,大多数晶体粒径分布在 0.2～0.4μm 之间。

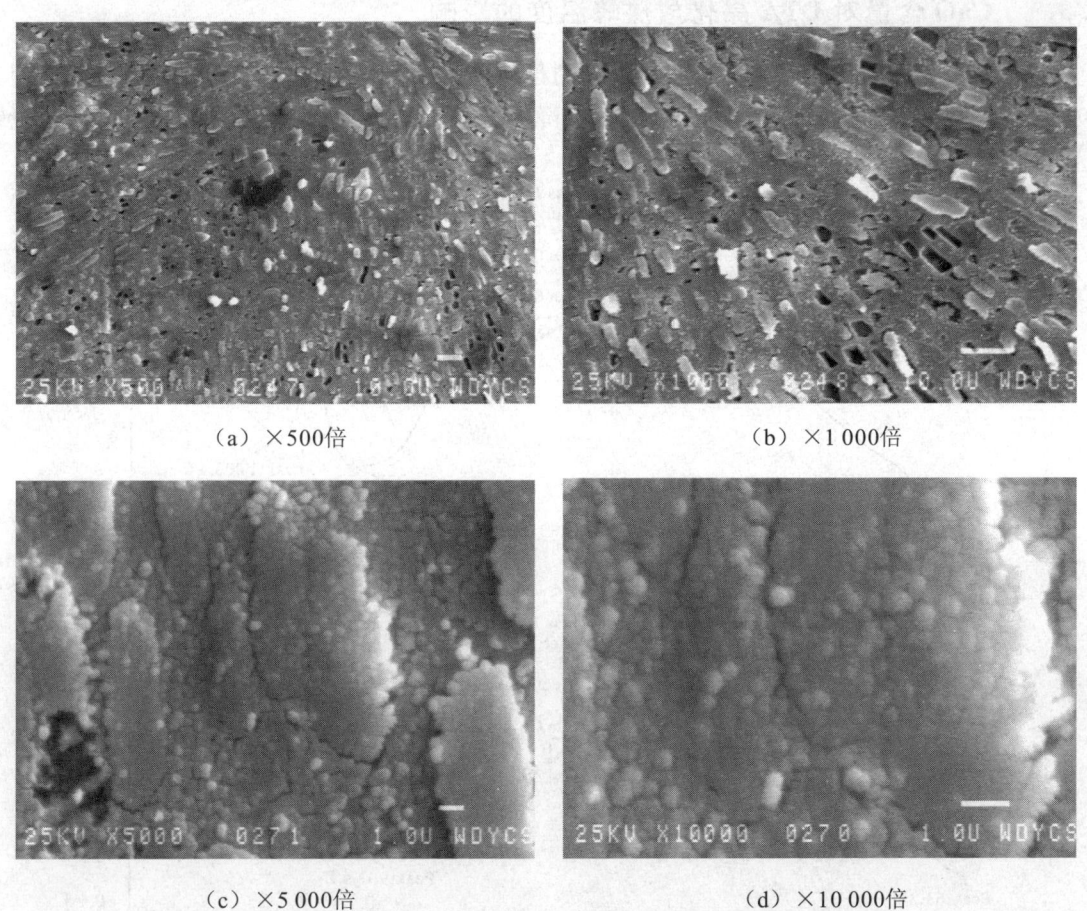

(a) ×500倍　　　　　　　　（b) ×1 000倍

(c) ×5 000倍　　　　　　　（d) ×10 000倍

图 5-9　BSLW4 的裂纹玻璃在 1 050℃下晶化 90min 的微晶玻璃 SEM 图像

Fig. 5-9　SEM micrographs of glass-ceramic prepared in 1 050℃/90min with cracked glass of BSLW4 batch

§5.3　CaO 含量对裂纹玻璃析晶的影响

母玻璃的化学成分变化不但对裂纹玻璃的烧结产生影响(见§4.3),还会严重影响裂纹玻璃的析晶种类、析晶量、析晶温度等。鉴于化学成分对现役烧结法中玻璃颗粒的析晶性影响已研究较透,可为裂纹玻璃晶化法所借鉴。故本书将只对 CaO 对裂纹玻璃析晶的影响进行探讨,而其它成分的影响可以参照现役烧结法的研究成果及本节 CaO 对裂纹玻璃析晶性的影响而推知。

从表 3-3 可以看出,配方 BSLW4、5、6 三个配方中的 CaO 含量由高变低,分别为 19.85%、17.20%、14.45%;而对玻璃析晶影响很大的 Al_2O_3 含量相近,分别为 7.25%、6.40%、6.07%;SiO_2 作为 CaO 掺量降低后的替补成分,含量逐渐增大;其它化学成分基本不变。

5.3.1 CaO 含量对 DTA 晶化放热峰温度的影响

图 5-10 给出了 BSLW4、5、6 三个配方的母玻璃的 DTA 曲线,其晶化放热峰温度分别为 963.4℃、979.9℃、997.9℃,表明随 CaO 含量降低,析晶温度增加。这是由于本书设计的裂纹

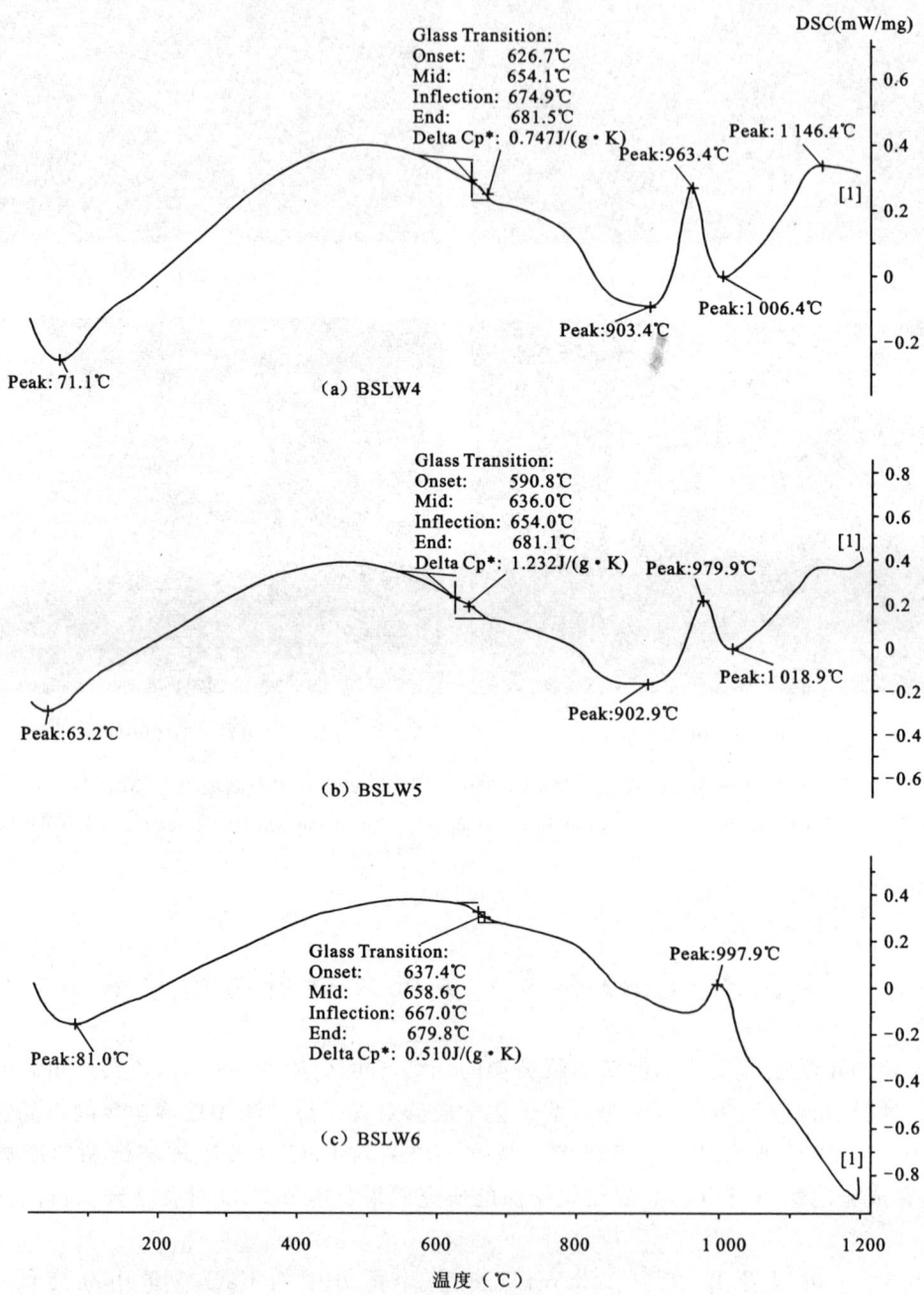

图 5-10　CaO 含量变化对 DTA 放热峰的影响

Fig. 5-10　Effect of CaO content on the DTA traces

玻璃晶化法采用的是 $CaO-Al_2O_3-SiO_2$ 系母玻璃,并基于裂纹成核析晶机理,析出 $\beta-CaSiO_3$ 晶体。从化学角度来看,CaO 是生成 $\beta-CaSiO_3$ 晶体产物的反应物,其理论化学反应关系为:$CaO+SiO_2 \longleftrightarrow CaSiO_3$。显然,CaO 含量越高,反应朝生成 $CaSiO_3$ 方向进行的趋势就越大。再从玻璃结构学角度分析,CaO 作为网络外体,位于[SiO_4]四面体构成的无规则网络结构的空隙中,具有断开玻璃网络、降低玻璃粘度的作用。CaO 含量越高,使连接[SiO_4]四面体之间的桥氧键发生断裂的比率也越高。因此,母玻璃的析晶趋势必将随着 CaO 含量的增加而增大,反应在 DTA 曲线上就是晶化放热峰温度降低。

5.3.2　CaO 含量对微晶玻璃宏观形貌的影响

从附图 5 的样品实物照片,特别是中部截面和折断面照片可以看出,配方 BSLW4 的裂纹玻璃在 1 000℃及以上的温度下晶化制备的微晶玻璃已完全晶化透,没有宏观透明玻璃颗粒;而配方 BSLW6 仅在 1 075℃下制备的样品才没有宏观透明玻璃颗粒,当偏离该温度时,均有宏观透明玻璃颗粒残留,而配方 BSLW5 的晶化情况居中。这表明,CaO 含量偏低时(配方 BSLW6),裂纹玻璃很难晶化透,也即根据前述的裂纹玻璃晶化机理,从裂纹处优先析出的晶体很难生长到大玻璃碎屑中部。反之,当 CaO 含量较高时(配方 BSLW4),析晶能力强,从裂纹处先期析出的晶体能向玻璃碎屑内部快速挺进,即使较大的玻璃碎屑也能完全晶化。可见,CaO 含量较高有利于裂纹玻璃的完全晶化,而偏低时,晶化不透,在大玻璃碎屑中心部位易残留未晶化的透明玻璃颗粒。

5.3.3　CaO 含量对析晶总量的影响

经对不同 CaO 含量的裂纹玻璃在不同的晶化温度下制备的微晶玻璃进行 X-射线粉晶衍射分析(XRD),结果见附图 6;另在图 5-11 给出了 BSLW4、5、6 三个配方的裂纹玻璃于 1 050℃下晶化样品的 XRD 图谱,以便对比。图中显示,在相同的晶化温度下,随着 CaO 含量的降低,XRD 衍射峰明显降低。可见,裂纹玻璃中的 CaO 含量与裂纹玻璃的总析晶量直接相关。CaO 含量高时,晶体易析出,析晶量高;而 CaO 含量低时,析晶困难,析晶量低。

5.3.4　CaO 含量对显微结构的影响

图 5-12 给出了 CaO 含量不同的配方(BSLW4、5、6)的裂纹玻璃晶化样品的扫描电子显微镜(SEM)图像。在低倍数(×1 000 倍)下观测,3 个配方的晶簇形貌不同,BSLW4 和 BSLW5 呈蜈蚣状的晶簇分布,而 BSLW6 呈树枝状,均呈中心辐射状整齐排列,这与前述的主干枝晶容易生长的论断是一致的。从图中还可看出,CaO 含量高的微晶玻璃,晶簇密集,而 CaO 含量低的微晶玻璃,晶簇稀疏。

在高倍数(×10 000 倍)下观测发现,无论晶簇形态如何,均是由颗粒状晶粒组成。CaO 含量高的配方 BSLW4 的晶粒堆积紧密;含量次之的 BSLW5 的晶粒在晶簇位置堆积也很紧密,但在晶簇之外,则很疏松;而 CaO 含量低的 BSLW6 的晶粒堆积更为疏松,晶簇外的晶粒零星地散落在母玻璃基底上。

可见,CaO 含量对晶粒形状没有影响,这是由于析出的晶体都是硅灰石,故均呈颗粒状。但是,CaO 含量的变化对晶簇形貌、晶粒堆积密度、晶体总含量的影响很大。

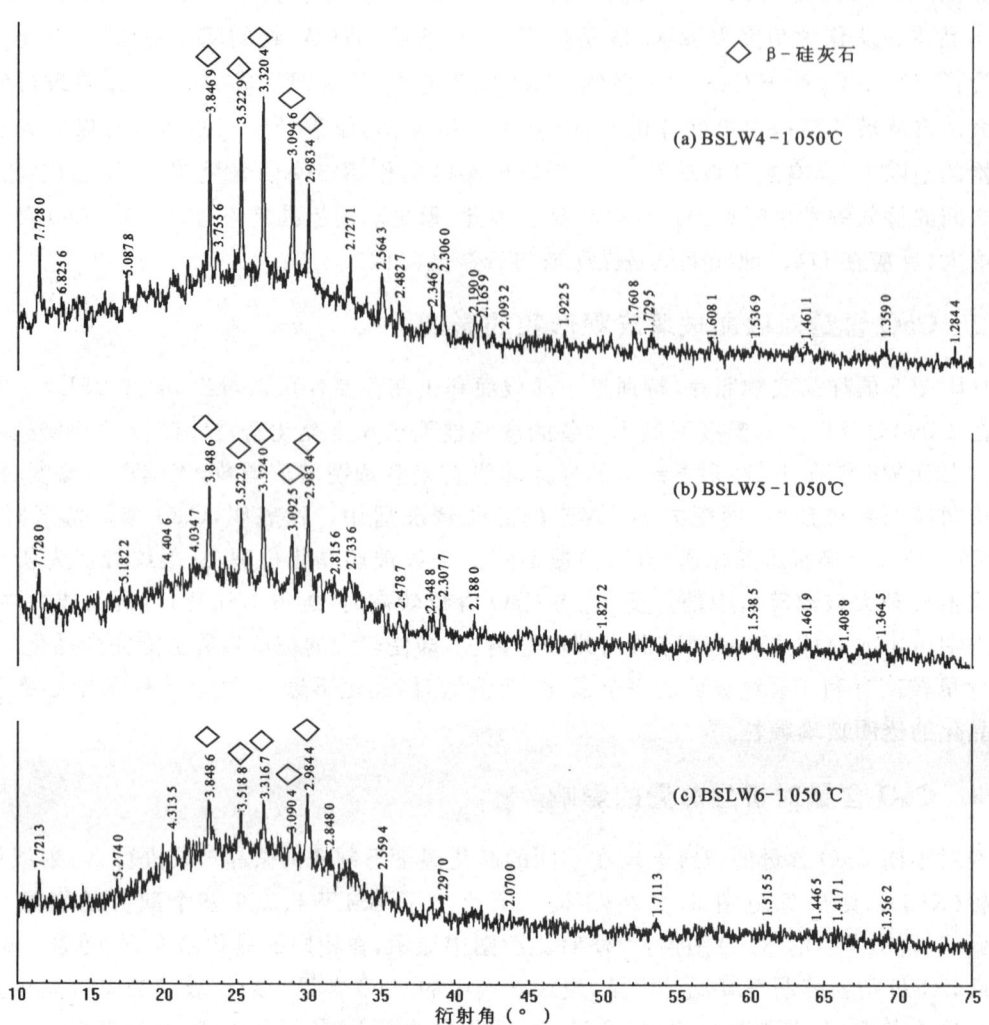

图 5-11 CaO 含量不同的裂纹玻璃在 1 050℃/90min 下晶化后的 XRD 图谱

Fig. 5-11 Effect of CaO content on XRD patterns of glass-ceramics prepared in 1 050℃/90min

5.3.5 CaO 含量对析晶的影响机理分析

综上所述，CaO 含量对裂纹玻璃晶化样品的宏观形貌（计算机扫描照片）、总析晶量（XRD）及显微结构（SEM）影响很大。这些影响的根源在于 CaO 作为生成硅灰石晶体（β-$CaSiO_3$）的反应物而对枝晶（尤其是二次及多次枝晶）的析出、生长有着根本性影响。

当 CaO 含量高时（以 BSLW4 为例），在与玻璃碎屑表面垂直的方向（即玻璃碎屑的径向）析出主干枝晶的趋势非常大；当主干枝晶析出后，尽管消耗了部分 CaO，使主干枝晶两侧残余的母玻璃体中的 CaO 含量下降，但原始母玻璃中含有充沛的 CaO，残余的母玻璃体中仍有足量的 CaO 可满足二次及多次枝晶析出所需，析出趋势仍较高。可见，CaO 含量高的母玻璃的总体析晶趋势很大，在扫描照片上表现为裂纹玻璃容易晶化完全，样品白度高；XRD 图谱上的晶相衍射峰强度高；SEM 显微图像上晶簇密集，晶体堆积紧密。当然，从配方可知，即使 CaO

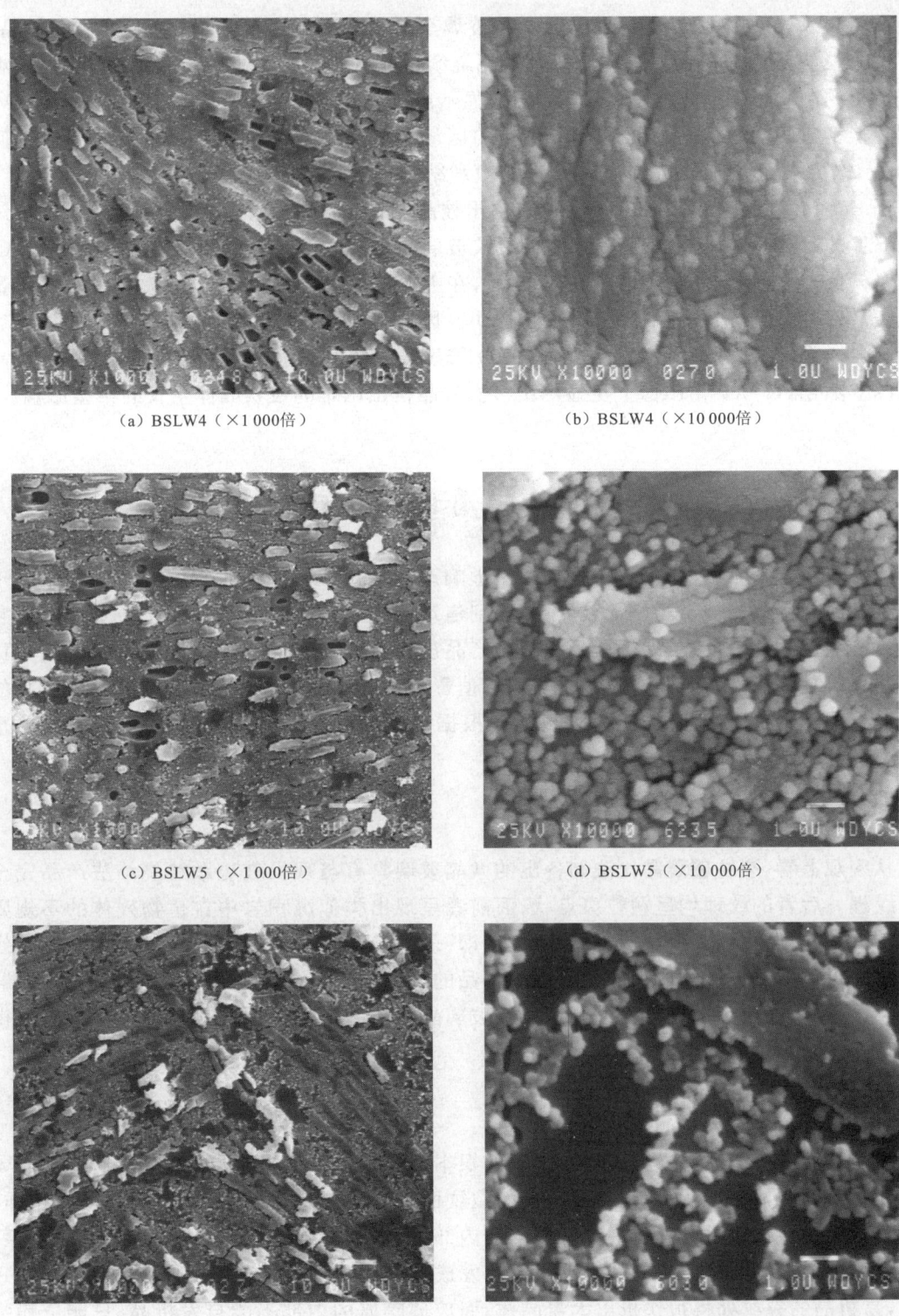

(a) BSLW4（×1 000倍）　　　　　　（b) BSLW4（×10 000倍）

(c) BSLW5（×1 000倍）　　　　　　（d) BSLW5（×10 000倍）

(e) BSLW6（×1 000倍）　　　　　　（f) BSLW6（×10 000倍）

图 5-12　CaO 含量不同的裂纹玻璃在 1 050℃下晶化后的 SEM 图像

Fig. 5-12　Effect of CaO content on SEM micrographs of glass-ceramics prepared in 1 050℃/90min

含量高的裂纹玻璃中的 CaO 含量仍低于母玻璃全部析晶的化学计量值,故不可能全部晶化,经多次分枝析晶后,总有将 CaO 消耗至不能继续析晶的程度。因此,含量高的裂纹玻璃在能完全晶化的温度下的晶化样品(图 5-15)也显示出了晶化度低的宏观乳浊玻璃区;在 SEM 显微图片上密集的蜈蚣状晶簇间还有未晶化的区域[图 5-12(a)],甚至在晶簇内部也有间隙[图 5-12(b)]。这也正是形成产品纹理的微观结构基础。

当 CaO 含量低时(以 BSLW6 为例),主干枝晶的析出趋势较小、析晶速率较慢,这可解释附图 5 上的 BSLW6 仅在 1 075℃才能使裂纹玻璃晶化透的原因。由于母玻璃体中的 CaO 含量本身偏低,当主干枝晶析出时消耗 CaO 后,在主干枝晶两侧残余的母玻璃相中 CaO 含量将更低,析出二次及多次枝晶的趋势将变得更小。因此,CaO 含量低的配方 BSLW6 的裂纹玻璃完全晶化样品的宏观照片色泽泛绿;而 1 000 倍显微图像上显示晶簇呈稀疏的树枝状,且晶簇之间的空隙宽;10 000 倍图像上更显示出多次枝晶析出困难的枝状晶体生长的典型形貌。

§5.4 仿生物碎屑纹理的形成及调控

作为建筑装饰用微晶玻璃,纹理形貌是影响产品品位和市场认可程度的重要因素。现役烧结法产品之所以能被市场广泛接受,并得到建筑装饰业界的青睐,一个重要原因就在于它的产品具有颗粒纹理。反之,现役压延法则因产品没有明显纹理而影响了它的市场开拓。可见,纹理对建筑装饰产品乃至制造技术本身的价值影响显著。因此,对裂纹玻璃晶化法产品的纹理形成机理及影响因素的展开研究,以达到根据需要灵活控制产品纹理之目的,是至关重要的。

5.4.1 仿生物碎屑纹理形貌描述

从宏观上看,裂纹玻璃晶化法制备出的微晶玻璃具有与现役玻璃颗粒烧结法产品完全不同的纹理。后者的纹理均呈颗粒斑点状;而前者呈现出类似沉积岩中古生物残体的不规则树枝状、叶片状、颗粒状、扇贝状等形貌的纹理,即"仿生物碎屑"纹理。图 5-13 是一张由裂纹玻璃晶化而得的微晶玻璃的放大照片。图中样品的仿生物碎屑纹理明显,纹理形态变化多端、飘逸自然。另外,在附图 7 还给出了利用裂纹玻璃晶化法制备出的不同颜色的仿生物碎屑微晶玻璃产品实物照片。

5.4.2 仿生物碎屑纹理的机理分析

裂纹玻璃产生宏观仿生物碎屑纹玻璃的根本原因在于裂纹玻璃的非均匀核化和非均匀析晶。在本章第一节已述及,由于裂纹玻璃的裂纹面含有大量的活性基团、异相物质及杂质,致使裂纹处很容易核化,析出晶体;而玻璃碎屑内部,因母玻璃料属于 $CaO-Al_2O_3-SiO_2$ 系统,且不含晶核剂,因此,玻璃碎屑的内部很难自发成核、析晶。这样,在裂纹玻璃的晶化热处理过程中,易析晶的裂纹处将很快析出大量晶体;而玻璃碎屑的内部不能自发析晶,只能依赖裂纹处先期析出的晶体,以其作为玻璃碎屑内部析晶的基底,使晶体不断在其上面沉积、析出。当然,也可认为裂纹处先期生成的晶体沿着玻璃碎屑径向(玻璃碎屑的中心辐射方向)向玻璃碎屑内部生长,使玻璃碎屑逐渐晶化。无论如何看待晶体的析出,就单粒玻璃碎屑而言,是玻璃

§5.5 本章小结

(1)裂纹玻璃生成过程中,水-热玻璃相互作用(水-玻热作用)有利于在裂纹面(玻璃碎屑表面)生成不同于母玻璃主体的活性基团和异相物质。同时,裂纹面也可吸附和富集冷淬水和空气中的杂质。此外,属于 $CaO-Al_2O_3-SiO_2$ 系统的玻璃碎屑本身也具有表面成核特征。因此,多种因素协同作用,使裂纹玻璃的裂纹处具有丰富的成核位和成核能量优势,即裂纹优先非均匀成核。

(2)裂纹玻璃在晶化处理时,优先非均匀成核的玻璃碎屑表面有利于晶体的析出,但由于析晶后存在凝固潜热的释放、CaO 的消耗、CaO 含量低于母玻璃全部晶化所需的化学计量等可影响进一步析晶的因素,致使先期析出的晶体向玻璃碎屑内部生长时遵从枝晶生长机理。

(3)原始玻璃碎屑表面先期析出的晶体沿着玻璃碎屑的径向向玻璃碎屑内部析出主干枝晶时,受到的凝固潜热影响小、CaO 供应充沛、生长较快、析晶量大;而沿着玻璃碎屑的周向生长的二次及多次枝晶将受到主干枝晶生长释放的凝固潜热的影响,也会受到主干枝晶消耗 CaO 所导致的 CaO 含量下降的影响,生长较慢、析晶量较低。主干枝晶与二次及多次枝晶的生长速率和析出量的差别,在原始玻璃碎屑上表现为中心辐射状晶体纹理形貌。

(4)凝固潜热和 CaO 消耗在不同条件下对晶体析出的影响程度不同。当晶化温度偏低时,凝固潜热影响小,CaO 消耗的影响处于主导地位;当晶化温度偏高时,CaO 的影响小,凝固潜热的影响将处于主导地位。

(5)在不同的晶化温度下,二次及多次枝晶与主干枝晶间的生长速率和析出量不同。当晶化温度高时,适应晶体析出的过冷度本来已很小,在凝固潜热的负面作用下,已析出的主干枝晶两侧过冷度将变得更小,二次及多次枝晶析出更加困难。反之,当晶化温度低时,母玻璃的过冷度本身很大,即使在主干枝晶释放的凝固潜热使主干枝晶两侧温度上升,但过冷度仍保持在较大值,对二次及多次枝晶的析出影响很小。

(6)晶化温度对裂纹玻璃的整体晶化状况影响很大。当晶化温度偏低时,玻璃粘度高,主干枝晶的生长速率缓慢,裂纹玻璃中的大玻璃碎屑可能难以晶化透,将残留宏观透明玻璃颗粒,但二次及多次枝晶受凝固潜热的影响小,析出速率接近主干枝晶的生长速率,故玻璃碎屑已析晶部位的晶化度高,辐射状纹理不明显;反之,当晶化温度过高时,主干枝晶的生长速率快,能使裂纹玻璃快速晶化透,但二次及多次枝晶受主干枝晶释放的凝固潜热影响大,析出速率和析晶量远低于主干枝晶,故辐射状纹理明显,而整体析晶量不足;仅当晶化温度适当时,主干枝晶生长速度快,能使裂纹玻璃在合理的时间内晶化透,而二次及多次枝晶的析出速度也较快,使裂纹玻璃的总析晶量达到适宜水平。

(7)综合裂纹玻璃晶化样品的原板、横截面、折断面形貌照片、SEM 微观结构、DTA 曲线、XRD 图谱等实验结果,可以认为,裂纹玻璃的最佳晶化温度范围(T_{OC})约在 DTA 曲线的晶化放热峰温度(T_C)以上 70~110℃处。

(8)母玻璃中的 CaO 含量对裂纹玻璃晶化法微晶玻璃的宏观形貌、总析晶量及显微结构影响很大。其原因在于 CaO 作为生成硅灰石晶体($\beta-CaSiO_3$)的反应物而对枝晶(尤其是二次及多次枝晶)的析出速率和析出量有着根本性影响。当 CaO 含量较高时,沿着玻璃碎屑径向析出主干枝晶的趋势非常大。当主干枝晶析出后,尽管消耗了部分 CaO,使主干枝晶两侧残余的母玻璃体中 CaO 含量下降,但原始母玻璃中含有的充沛的 CaO,残余的母玻璃体中仍有足量的 CaO 可满足二次及多次枝晶的析出所需,析出趋势仍较高。结果导致裂纹玻璃可在较短的时间内晶化透,且析晶总量较高,微观晶粒密集。当 CaO 含量偏低时,主干枝晶的析出趋势较小、析晶速率较慢。当主干枝晶析出时消耗 CaO 后,在主干枝晶两侧残余的母玻璃相中 CaO 含量将更低,析出二次及多次枝晶的趋势将变得更小。结果导致裂纹玻璃难以晶化透,且析晶总量偏低,微观晶粒稀疏。

(9)裂纹玻璃晶化法微晶玻璃磨抛后呈现出仿生物碎屑纹理。纹理形成的机理在于裂纹玻璃的非均匀成核和析晶:①裂纹玻璃中的玻璃碎屑表面易于核化,先期析晶;而玻璃碎屑内部不能自行成核、析晶,仅能借助表面晶体向其内部的生长而逐渐晶化。该晶化过程因受到晶化时间、凝固潜热和 CaO 消耗的影响,越靠近玻璃碎屑表面,三者的影响越小,晶化度越高;反之,越靠近玻璃碎屑中心,晶化度越低。②玻璃碎屑表面先期析出的晶体沿径向朝玻璃碎屑内部析出主干枝晶时,受到的凝固潜热的影响小、CaO 供应充沛,生长快,析晶量大;而沿周向析出二次及多次枝晶时将受到主干枝晶释放的凝固潜热和消耗 CaO 的影响,生长较慢、析晶量较低。正是裂纹玻璃的原始裂纹与玻璃碎屑、玻璃碎屑表层与中部、玻璃碎屑径向和周向等部位的晶化度差异,构成了宏观仿生物碎屑纹理形貌的微观基础。③由于硅灰石晶体本身呈白色,与残余玻璃相有显著的颜色差异,致使①和②所述的晶化度差异能通过色泽表现出来,构成了宏观纹理的视觉分辨前提。

(10)影响裂纹玻璃晶化法微晶玻璃的仿生物碎屑纹理的主要因素是水淬温度和化学成分。水淬温度影响着裂纹玻璃的原始裂纹量和玻璃碎屑形态及大小。水淬温度越高,裂纹越多,碎屑颗粒越小,制得的微晶玻璃纹理密集,宏观乳浊玻璃颗粒少而小,纹理风格细腻;反之,裂纹越稀,碎屑颗粒越大,制得的微晶玻璃纹理较疏,宏观乳浊玻璃颗粒粗大,纹理风格粗犷。化学成分通过影响母玻璃的析晶能力而影响纹理风格。难析晶的配方不利于玻璃碎屑的充分晶化,残留的宏观乳浊玻璃颗粒较多、较大,且与宏观晶体相之间的界线分明,致使纹理略显生硬;而易析晶的配方析晶能力较强,晶体纹理丰富,而宏观乳浊玻璃颗粒较小,且与晶体相之间过渡自然,使纹理整体柔和。

第六章　裂纹玻璃晶化法微晶玻璃的性能表征

抗折强度是建筑装饰板材的重要性能指标，也是结构不均匀的裂纹玻璃晶化法产品最可能被关注的质量指标。因此，本书设计了两个系列实验对此进行系统分析。一是晶化温度对抗折强度的影响规律，重点分析未晶化透的微晶玻璃的宏观透明玻璃区和完全晶化的微晶玻璃的宏观乳浊玻璃区对抗折强度的影响，同时也可获取最佳的晶化温度工艺参数；二是不同切削厚度的微晶玻璃的抗折强度变化规律，重点分析微晶玻璃垂直方向上因晶化度差异而形成的不均匀组织结构对抗折强度的影响，同时也可证明常规的磨抛厚度对产品强度的影响程度。

除了抗折强度外，产品密度、气孔率、耐化学腐蚀性等常规性能指标也有必要进行测定，并作适当的分析。进行这些指标测试的微晶玻璃样品所采用的烧结温度、晶化温度为前两章所获得的最佳温度制度。具体的热处理温度制度参数见表6-1。

表6-1　制备用于性能测试微晶玻璃样品的温度参数
Table 6-1　Temperature parameters of preparing samples

配方编号	BSLW2	BSLW4	BSLW5	BSLW6	BSLW8
烧结温度(℃)	860	840	860	880	860
晶化温度(℃)	1 075	1 050	1 075	1 075	1075

§6.1　抗折强度

6.1.1　微晶玻璃强度概况

微晶玻璃的抗折强度来源于结构整体对外加负荷的反抗强度，其大小不仅与晶体相，也与玻璃相有关。通常情况下，微晶玻璃结构中晶相与残余玻璃相互相咬合。但是，不同的工艺制得的微晶玻璃，晶相与玻璃相的比重及二者间的结合方式有很大的差别。对于建筑装饰用微晶玻璃，现役压延法基于晶核剂的非均匀成核，使母玻璃板整体晶化(volume crystallization)，晶体颗粒细小、分布均匀，且晶相含量通常高于玻璃相，对微晶玻璃整体的抗折强度提高非常有利，产品强度很高，可达几百 MPa；而现役烧结法基于母玻璃颗粒表面析晶(surface crystallization)原理，使原始玻璃颗粒表面优先析晶，再向玻璃颗粒内部生长，因此，晶体分布不均匀，在原始玻璃颗粒表面晶体含量较高，而在颗粒内部则较低。此外，为实现玻璃颗粒的高质量烧结，提高产品致密度，并考虑到产品的光泽度、纹理形貌等，通过调控母玻璃的化学成分而使最终晶化产品的晶体总含量低于玻璃相,也就是说晶体相被连通的玻璃相包裹。Karamanov A 等在制备垃圾焚烧灰微晶玻璃时,也曾担心在大玻璃颗粒中央部位的残余玻璃相会成为抗折强度的弱势区,因为它可能成为断裂裂纹扩展的优势路径。然而,他们通过测试发现,这样的微晶玻璃结构的抗折强度仍在 35MPa 以上。可见,烧结法的这种产品结构限制了产品机械强度的提高。但通常情况下,抗折强度仍能保持在 35～50MPa 之间(表 1-4),完全能满足建筑装饰用板材的强度需要。

本书研究的裂纹玻璃晶化法制备的微晶玻璃产品结构与现役工艺的产品结构不同。尽管与现役烧结法的析晶原理一致,均是利用母玻璃颗粒(玻璃碎屑,见附录)的表面析晶。但是,烧结法利用的玻璃颗粒形态相对规整,粒度控制在 0～7mm 之间,且布料时采用下细上粗的方式。而裂纹玻璃晶化法利用的裂纹玻璃中的玻璃碎屑形状多样,有尖锥状、颗粒状、楔状等,大小也不等,表层碎屑偏小、中部偏大,最大颗粒粒径可达 10mm。同时玻璃碎屑大小也受水淬温度的影响,水淬温度越低,玻璃碎屑粒径越大。在晶化热处理过程中,当玻璃碎屑表面,也即裂纹面,优先析晶后,再向玻璃碎屑内部生长,致使原始裂纹处晶化度高,而玻璃碎屑中部晶化度低;裂纹玻璃板的表层玻璃碎屑细,晶化度高,而中层玻璃碎屑粗,晶化度低。可见,由裂纹玻璃晶化而成的微晶玻璃在结构上有其特殊性,最显著的特点就是组织结构的不均匀性,其机械强度必受影响。

在本节中,将以晶化温度对抗折强度的影响为主线,分析抗折强度随晶化温度的变化规律及机理。同时,在相应部分深入进行以下分析:①晶化不透的微晶玻璃中的宏观透明玻璃区对微晶玻璃的整体抗折强度的影响;②完全晶化的微晶玻璃的宏观乳浊玻璃区对抗折强度的影响;③横截面垂直方向上晶化度差异对抗折强度的影响,并对切削不同厚度后的微晶玻璃的抗折强度变化趋势、以及因热膨胀系数差而产生的内应力等进行论证;④微观结构与机械强度间的关系。

6.1.2 强度变化趋势

微晶玻璃的抗折强度严重受到晶相和玻璃相含量比例(晶化度)变化的影响,对于裂纹玻璃晶化法,不但如此,还要受到晶化后的宏观乳浊玻璃相和/或宏观透明玻璃相的影响。而这一切均与晶化温度直接相关。图 6-1 给出了不同晶化温度下的样品抗折强度与晶化温度间的关系曲线。图中显示,随着晶化温度的由低至高,样品的抗折强度先下降、再上升、最后又下降。

将抗折强度测试后的样品折断面进行图像扫描,汇总于附图 5。根据断面形貌,可将由低至高的晶化温度下的样品(参见§5.2)归为 4 类,即退火玻璃、晶化不透的微晶玻璃、完全晶化的微晶玻璃、过烧的微晶玻璃。其中,完全晶化的微晶玻璃是裂纹玻璃晶化法所追求的最佳工艺条件下的产品形态;其它 3 类仅为探讨晶化温度对裂纹玻璃的晶化状况及性能的影响而制备的。

6.1.3 强度变化机理探讨

6.1.3.1 过低晶化温度下的样品抗折强度

在大量析晶前的温度下进行晶化热处理,裂纹玻璃被烧结成玻璃块,经严格的退火处理后

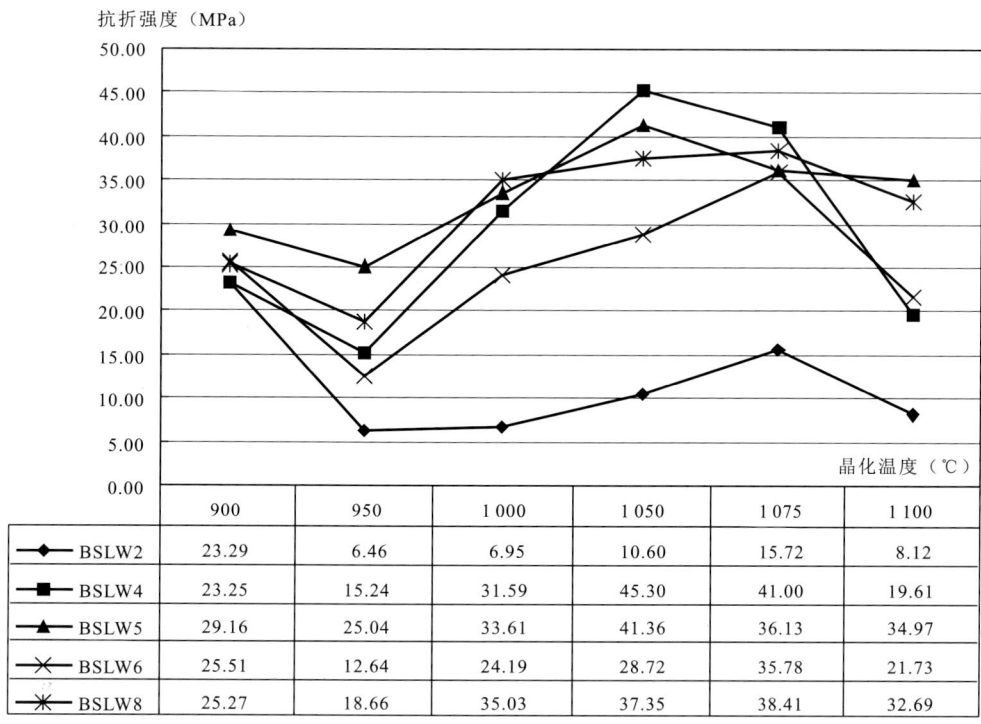

图 6-1　抗折强度随晶化温度的变化曲线

Fig. 6-1　Relationship between bending strengths and crystallization temperatures

形成退火玻璃,其抗折强度较高。

由图 6-1 的抗折强度与晶化温度间的关系曲线可以看出,低温 900℃热处理的样品的抗折强度要高于 950℃的样品。结合附图 5 给出抗折强度测试样品的折断面照片进行分析发现,900℃的热处理温度是很低的,晶体析出量很少,仅在晶核丰富的、能量占优势的原始裂纹处析出了少量的晶体。因此,晶化处理的样品或仍呈纯玻璃态(如 BSLW4-900℃),或呈晶体网络包裹玻璃状态,且晶体网线很细,主体仍为玻璃态(如 BSLW8-900℃)。两种结构形态均以宏观透明玻璃相为主,晶体相很少,加之样品热处理后经过严格的退火处理,因此,900℃处理的样品的抗折强度可认为是退火玻璃的抗折强度,故较高;而析出的少量细网状晶体可认为是退火玻璃的杂质相,但量少,对退火玻璃的抗折强度影响不大,总体表现出较高的抗折强度。

6.1.3.2　偏低晶化温度下的样品抗折强度

在晶体能大量析出,但还不能使裂纹玻璃完全晶化的温度下,将生成含宏观透明玻璃相的、晶化不透的微晶玻璃。宏观透明玻璃相的存在导致晶化不透的微晶玻璃整体的抗折强度很低。

当晶化温度提升至 950℃时,样品的晶化度提高,原始裂纹面析出的晶体向玻璃碎屑内部生长,晶化层变厚。在样品折断面上可以看到宏观透明玻璃颗粒变小,而晶相区变宽,严实地包裹着透明玻璃颗粒。但是,此时的晶化温度仍偏低,晶体析出总量有限,透明的残余玻璃颗粒多,而且粗大(见附图 5)。

通过测试母玻璃棒和完全晶化的微晶玻璃棒的热膨胀系数发现(见表6-2),后者的热膨胀系数低于前者。由此可推知,未晶化透的微晶玻璃中的宏观晶相区的热膨胀系数低于宏观透明玻璃区,在退火冷却过程中,在宏观晶相区产生压应力,而在宏观透明玻璃区产生张应力(见图6-2)。当测试抗折强度时,外加负荷施予的张力与宏观晶相区的压应力方向相反,将受到抵抗;而宏观透明玻璃区与外加张力方向一致,不利于抵抗外加张力。

表6-2 经不同热处理后的母玻璃及微晶玻璃的热膨胀系数　　(单位: $\times 10^{-6}$/K)

Table 6-2 Coefficient of thermal expansion of glass or glass-ceramic disposed at different temperatures (unit: 10^{-6} K)

玻璃棒制备方式	状态	BSLW2	BSLW4	BSLW5	BSLW6	BSLW8	可代表的微晶玻璃区域
母玻璃棒	透明玻璃	7.623 9	7.808 0	7.816 7	7.199 8	7.642 2	宏观透明玻璃区
烧结温度下热处理的玻璃棒	乳浊玻璃	7.532 0	7.717 7	7.416 7	7.088 3	7.309 1	宏观乳浊玻璃区
晶化温度下热处理的玻璃棒	微晶玻璃	7.230 5	6.928 8	6.790 1	6.659 6	6.677 5	宏观晶相区

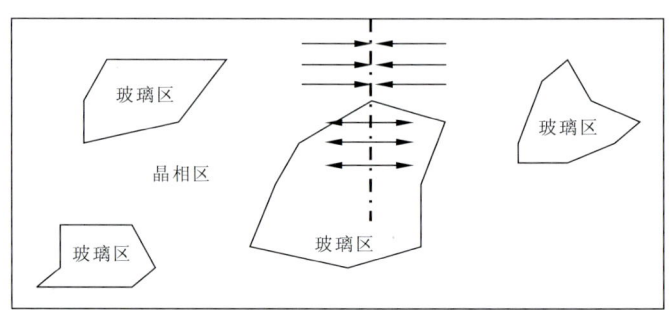

图6-2 宏观晶相区和宏观透明玻璃区在退火过程中产生的内应力示意图
(底图为BSLW4在950℃下晶化的样品)

Fig. 6-2 Schematic on the stress induced between macroscopically transparent glass and macroscopical crystal phase in the glass-ceramic partially crystallized during annealing(the upper plot is a picture of BSLW4 crystallized at 950℃)

此外,宏观透明玻璃相在宏观晶相区给予的张应力作用下,还可能产生径向裂纹。图6-3给出了BSLW4在950℃晶化的样品的折断面放大图。图中显示,在宏观透明玻璃区与宏观晶相区相接部位产生了大量的径向微裂纹,在宏观玻璃区中部也可见到几条长裂纹。

图6-3 宏观透明玻璃区中的径向裂纹

Fig. 6-3 Radial cracks in the macroscopically transparent glass region

箭头指示该方向存在裂纹。其中,→表示微裂纹;——→表示长裂纹

因受张应力和裂纹所累,宏观透明玻璃区本身的机械强度很低,对微晶玻璃整体的抗折强度贡献很小。可见,在晶化不透的微晶玻璃中,由于不利于抗折的宏观透明玻璃过多地存在,导致微晶玻璃整体的抗折强度严重偏低(图6-1)。

这也可从抗折强度公式(3-8)加以推论:既然折断面由宏观晶相区和宏观透明玻璃区构成,则可认为微晶玻璃整体抵抗外加负荷是由宏观晶相区和宏观透明玻璃区分别贡献的,即 $P_{整体} = P_{晶相区} + P_{玻璃区}$。根据抗折强度公式(3-8)可推出下式:

$$\delta = 3P_{整体} \cdot L/(2b \cdot h^2) = 3(P_{晶相区} + P_{玻璃区}) \cdot L/(2b \cdot h^2) \tag{6-1}$$

式中,$P_{晶相区}$为宏观晶相区抵抗的外加负荷,$P_{玻璃区}$为宏观透明玻璃区抵抗的外加负荷,其它同公式(3-8)。式中显示,在样品高度和宽度一定时,由于宏观透明玻璃区的抗折能力很弱,宏观透明玻璃区越多、越大,$P_{玻璃区}$越小,导致$P_{整体}$越小,将使微晶玻璃整体的抗折强度降低。

此外,也可认为对抗折强度贡献很低的宏观透明玻璃区"稀释"了宏观晶相区对微晶玻璃整体抗折强度的贡献。如果将样品的折断面微分为无数的小区,每一个小区内又分别由晶相区和玻璃相区构成,则由抗折强度公式(3-8)可以推出下式:

$$\delta = 3P_{整体} \cdot L / \left\{ 2 \left[\sum_{i=1}^{n} (b_{晶} + b_{玻})_i \cdot \left(\sum_{i=1}^{n} (h_{晶} + h_{玻})_i \right)^2 \right] \right\} \tag{6-2}$$

式中,$b_{晶}$为微分后的晶相宽度,$b_{玻}$为微分后的玻璃相宽度,$h_{晶}$为微分后的晶相高度,$h_{玻}$为微分后的玻璃高度,其它同式(3-8)。显然,如果将对抗折强度贡献很小的宏观玻璃区的$b_{玻}$和

$h_{玻}$ 排除在外,只计宏观晶体区的 $b_{晶}$ 和 $h_{玻}$,则得下式:

$$\delta = 3P_{整体} \cdot L / \{2[\sum_{i=1}^{n}(b_{晶})_i \cdot (\sum_{i=1}^{n}(h_{晶})_i)^2]\} \quad (6-3)$$

显然,式(6-3)计算的微晶玻璃整体抗折强度将很大。但是,在实际测试、计算中,$b_{玻}$ 和 $h_{玻}$ 项必不可少[式(6-2)],必然导致微晶玻璃整体的抗折强度偏低。因此,宏观透明玻璃越多,则 $b_{玻}$ 和 $h_{玻}$ 项越大,微晶玻璃的抗折强度将越小。

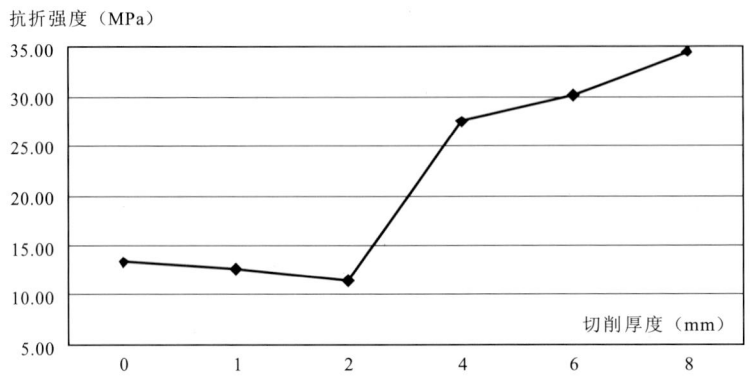

图 6-4　BSLW6 在 1 050℃下未晶化透的微晶玻璃的切削厚度与抗折强度间的关系曲线

Fig. 6-4　Effect of cut thickness on bending strength of partially crystallized glass-ceramics of the batch BSLW6

为进一步研究宏观未晶化的透明玻璃颗粒对抗折强度的影响,将 BSLW6 的一组晶化不透的微晶玻璃切削一定厚度后进行抗折强度测试,结果发现随着切削厚度的增加,抗折强度先是略微下降,再明显回升增大(图 6-4)。另从附图 9 的切削后样品的表面照片和折断面照片可以看出,未切削和切削厚度较薄(即0mm、1mm、2mm)的样品在微晶玻璃中部夹杂着未晶化透的宏观透明玻璃,相应的抗折强度较低;而切削厚度较厚(4mm、6mm、8mm)的样品,大部分的宏观透明玻璃颗粒已被切除,剩余部分的玻璃颗粒很少,相应的抗折强度较高。可见,宏观透明玻璃颗粒的大量存在直接导致了微晶玻璃整体的抗折强度降低。

6.1.3.3　最佳晶化温度下的样品抗折强度

在裂纹玻璃能晶化透的最佳温度区间,将生成完全晶化的微晶玻璃,抗折强度升至最大。

随着晶化温度进一步升高,未晶化的宏观透明玻璃相逐渐减少,最终在适当高的晶化温度下消失,制得完全晶化的微晶玻璃,总晶化度也达到最高。析晶能力强的配方 BSLW4、8 的裂纹玻璃在 1 000℃下已能完全晶化,而析晶能力弱的 BSLW2、6,仅在 1 075℃的高温下才能晶化完全(见附图 5)。结合图 6-1 发现,晶化完全的微晶玻璃的抗折强度很高,且随晶化程度的提高而呈上升趋势,并在最佳晶化温度下达到最大值。

完全晶化的微晶玻璃的抗折强度升高的原因主要有两方面:一方面,不存在上述的晶化不透而残留的宏观透明玻璃区,免除了它对微晶玻璃整体抗折强度的影响;另一方面,微晶玻璃表层的晶化度高于中部,有利于在表层形成压应力,以抵抗外加负荷,可提高微晶玻璃整体的抗折强度。其中,第二方面原因的形成及分析如下。

横截面垂直方向上的晶化度差异的根本原因在于裂纹玻璃的表层和中部在裂纹数量和玻

璃碎屑大小方面差异。高温玻璃板在水淬时,表层直接暴露在水中,巨大的温差将使玻璃板表层产生大量的裂纹,并形成细小的玻璃碎屑;而中部受表层的阻隔,仅受到从表层裂纹处浸入的冷淬水和骤冷的表层玻璃的间接淬冷,形成的裂纹必然较表层少,而玻璃碎屑粒径较表层大。上一章已述,裂纹越多,玻璃碎屑越小,晶化度就越高。因此,裂纹玻璃表层的晶化度高于中部。另外,尽管底层的淬冷情况与中部相当,但模具上预涂的隔离层对母玻璃析晶有促进作用,故晶化度也较高。

横截面垂直方向上的晶化度不同将有利于抗折强度提高。其原因在于不同晶化度的微晶玻璃的热膨胀系数存在细微差异。表层晶化度高,表明微观晶体含量高,微观残余玻璃相含量低。反之,中部晶化度低,则表明微观的晶体含量偏低,微观残余玻璃相升高。通过测试在烧结温度下热处理过的玻璃棒(乳浊玻璃)和在晶化温度下热处理过的玻璃棒(微晶玻璃)的热膨胀系数(表6-2)可推知,晶化度越高,热膨胀系数越小。因此,晶化度高的微晶玻璃区域的热膨胀系数低。反之,晶化度低的区域的热膨胀系数高。当晶化热处理后的样品在退火冷却过程中,在横截面垂直方向上,晶化度高的表层区的收缩率将略低于中部区,从而在表层形成压应力(图6-5),有利于微晶玻璃整体的抗折强度的提高。

除了在垂直方向上的不同层面存在的晶化度差异外,在同一层面也存在晶化度的差异。因为在同一层面上既包括了玻璃碎屑,也包含了原始裂纹。在裂纹即玻璃碎屑表面将优先析晶,晶化度高;而玻璃碎屑内部滞后析晶,晶化度低。也只有如此,当微晶玻璃原板被打磨抛光后,显露出的光面才可能既有晶化度高的宏观晶相区(晶体纹脉),也有晶化度低的宏观乳浊玻璃区,两者融为一体,才会形成仿生物碎屑纹理(见图5-13、附图7)。显然,微晶玻璃的这种由宏观晶相区包围宏观乳浊玻璃区的非均匀结构也必然导致内应力的产生,在晶体纹脉上产生压应力,而在乳浊玻璃区产生张应力,并可能在乳浊玻璃区形成径向微裂纹(图6-6)。在抗折强度测试中,要使微晶玻璃整体断裂,就必须首先抵消宏观晶相区的压应力,接着破坏晶相区结构,最终才能破坏微晶玻璃体。因此,裂纹玻璃晶化法制备的这种不均匀微晶玻璃体的宏观晶相区有增强抗折强度的作用。另一方面,受到张应力的并可能产生径向微裂纹的宏观乳浊玻璃区则成了力学脆弱区。一旦外加负荷破坏了宏观晶相区后,被其包围的宏观乳浊玻璃区将紧接着很容易被破坏。可见,宏观乳浊玻璃区对微晶玻璃整体抗折强度的贡献很小。正是由于宏观乳浊玻璃区不能像宏观晶相区那样抵抗外加负荷,致使裂纹玻璃晶化法微晶玻璃的整体抗折强度与现役烧结法产品一样,不能达到现役浇铸法、压延法所制备的组织结构均匀的微晶玻璃那样的高抗折强度,后两种工艺的产品机械强度可高达几百MPa。庆幸的是,由于宏观晶相区能有效地阻断宏观乳浊玻璃区裂纹向宏观晶相区的发展,致使宏观乳浊玻璃区的微裂纹在微晶玻璃整体中并不会形成贯通状态,即不会给微晶玻璃整体的机械强度带来灾难性后果。因此,在最佳工艺参数下制得的组织结构不均匀的裂纹玻璃晶化法微晶玻璃的抗折强度,在机械强度很高的宏观晶相区的支撑下,仍能达到40MPa以上(图6-1)。这一强度已远高于大理石和花岗岩强度(表1-4),完全能满足建材的强度要求。

通过测试完全晶化的微晶玻璃切削不同厚度后的抗折强度也可发现,随着切削厚度的增加,抗折强度先呈下降趋势(图6-7),后略有回升。这就充分印证了微晶玻璃横截面垂直方向上的内应力分布状态和晶化度变化趋势。将样品表层切削后,一方面去除了本身受压应力的层面(图6-5);另一方面,随着切削厚度的增加,宏观晶相区相对减少,而宏观乳浊玻璃区增大(附图8)。在这两方面的共同作用,导致切削厚度越厚,抗折强度越小。但是,在切削至

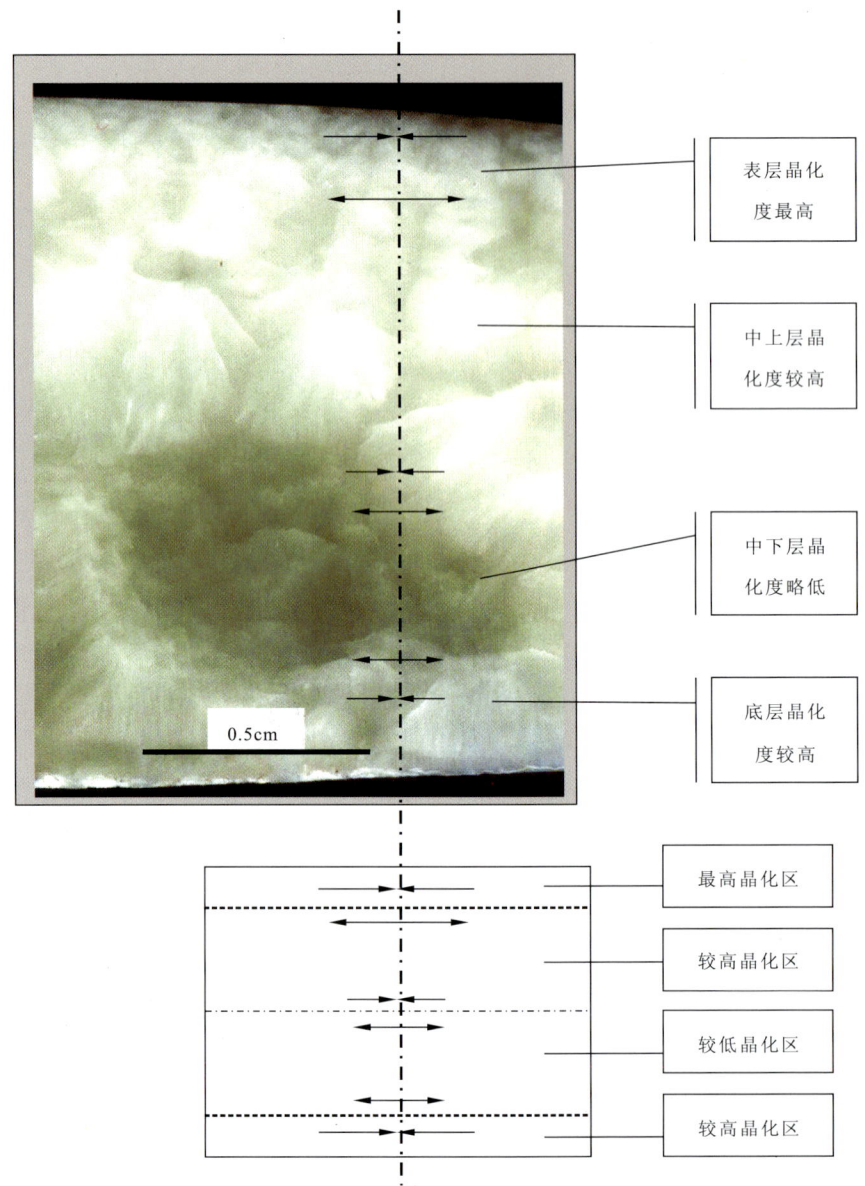

图 6-5 裂纹玻璃晶化法微晶玻璃横截面晶化度变化状况及内应力方向示意图
(底图为配方 BSLW4 在 1 050℃下晶化的微晶玻璃样品)
Fig. 6-5 Schematic of the stresses induced because of different crystallization in the transverse section of glass-ceramic (BSLW4 at 1 050℃ as a negative picture)

一定厚度后,晶化度最高的表层完全被去除,继续切削所显露的新表面的宏观晶相区和宏观乳浊区的组成比例基本不变,而且表层施加在中上层上的张应力也得到了释放,致使中上层、中下层、底层(图 6-5)又构成了一个新的受力平衡体。因此,切削一定厚度后,继续切削反而导致抗折强度再次回升至一稳定水平。

此外,在微晶玻璃加工时的常规打磨厚度约为 1mm。由图 6-7 可知,切削 1mm 厚度的微晶玻璃仍有很高的抗折强度,表明常规的微晶玻璃打磨厚度对裂纹玻璃晶化法产品的整体

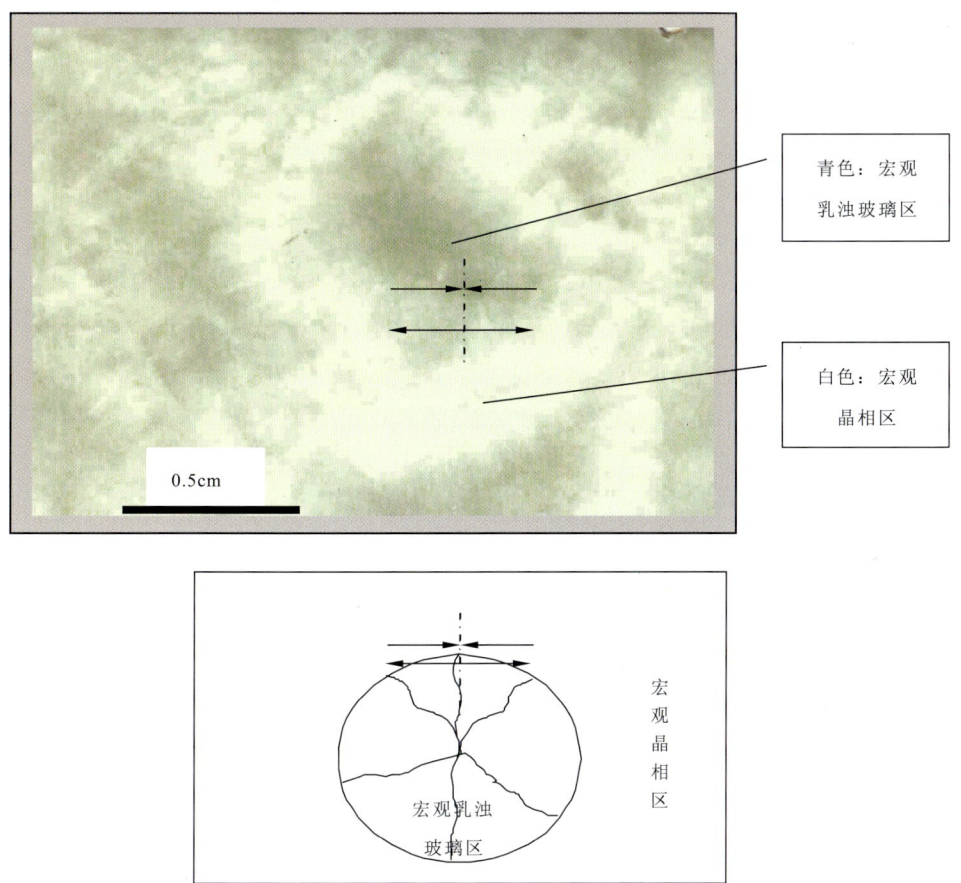

图 6-6 裂纹玻璃晶化法微晶玻璃表面的宏观晶相区和宏观乳浊玻璃相区
及可能产生的内应力和径向裂纹示意图(以 BSLW5 在 1 075℃下晶化的微晶玻璃样品为例).

Fig. 6-6 Macroscopical crystal and macroscopically opalescent glass zones of the glass-ceramic prepared by QICGC process, and the orientation of stresses and radial micro-cracks formed possibly on the horizontal face of the sample (BSLW5 at 1 075℃ as a negative picture)

箭头表示内应力方向;曲线表示可能产生的径向微裂纹

抗折强度影响不大。

另需补充的是,完全晶化的微晶玻璃的内应力分布及对外力的抵抗似乎与前述的含有宏观透明玻璃颗粒的晶化不透的微晶玻璃相似。但两者存在本质上的差别:①后者的宏观透明玻璃是完全没有晶化的纯玻璃体,与宏观晶相区相比,热膨胀系数相差很大(表 6-2),在退火冷却过程中产生的内应力大,可能生成的微裂纹更多、更长(图 6-3);而前者的宏观乳浊玻璃区并不是纯玻璃体,而是晶化度低的微晶玻璃体,只因晶化度低而呈乳浊状态,因此与宏观晶相区的热膨胀系数之差较小(表 6-2),形成的内应力更小,微裂纹更少、更短。②后者的宏观透明玻璃区与宏观晶相区界线分明,两者的咬合程度低(图 6-2),外加应力在分界面上很难顺利过渡,容易形成应力集中和力学脆弱面;而前者的宏观乳浊玻璃区与宏观晶相区界线模糊,过渡自然,咬合紧密,融为一体(图 6-5、图 6-6 的样品照片),显然有利于外加应力的分散。③后者的宏观透明玻璃为纯玻璃体,本身的机械强度较低,一旦外力突破宏观晶相区后,

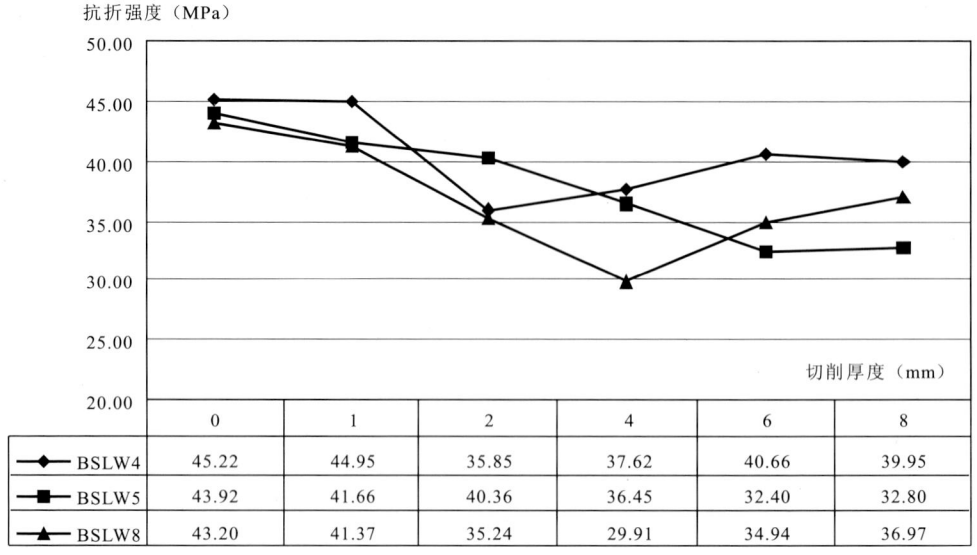

图 6-7　完全晶化的微晶玻璃的切削厚度与抗折强度间的关系曲线

Fig. 6-7　Relation between of cutting thickness and bending strength of glass-ceramics fully crystallized

很容易将宏观透明玻璃区破坏；而前者的宏观乳浊玻璃区为晶化玻璃体，尽管晶化度低，但在晶体的参与下，已具有了较好的机械强度（后续将详述）。因此，完全晶化的微晶玻璃的抗折强度远大于晶化不透的微晶玻璃（图 6-1）。

显然，上面的应力分析是针对宏观形貌中的乳浊玻璃区和晶相区进行的。实际上，微观结构对微晶玻璃整体及不同形貌区的机械强度的影响才是最本质的。

从微观结构分析，宏观晶相区是由众多的硅酸钙微晶体组成的，而这些微晶体又不是直接结合在一起，而是受到残余玻璃相的分隔，玻璃相才是贯通相。同样，宏观乳浊玻璃区也并不是完全由玻璃相构成，而在其中也有晶体分布，只是晶体稀少。这可从 SEM 的图片上观察到（图 5-9、图 5-12）。

关于微晶玻璃的力学强度，Utsumi 和 Sakka 建议其机械强度 σ 和晶体的平均直径 d 具有下列关系：

$$\sigma = Kd^{-1/2} \tag{6-4}$$

式中，K 为常数。这个关系式的含义来源于著名的 Griffith 玻璃机械强度方程式：

$$\sigma = \sqrt{\frac{2E\gamma}{\pi c}} \tag{6-5}$$

式中，E 为强性模量，γ 为断裂表面能，c 为微裂纹的临界长度。在该式中，裂纹玻璃长度 c 与晶粒直径 d 成正比。其理论基础在于，微晶玻璃的晶体-玻璃复合体中，裂纹的开始将出现在玻璃基体中，当扩展至晶体-玻璃界面时将受到晶体的阻碍而终止，故认为裂纹长度与晶体粒径成正比。因此，Hing 和 McMillan 又引入平均自由程 λ，公式如下：

$$\lambda = d(1-V_f)/V_f \tag{6-6}$$

式中，d 为晶体的平均尺寸，V_f 为晶体的体积分数。如果起始于玻璃基体的微裂纹的最大长度受限于 λ，则机械强度方程式则可以写成：

$$\sigma = K'\lambda^{-1/2} \tag{6-7}$$

式中，K' 由 $\left(\dfrac{2E\gamma}{\pi}\right)^{1/2}$ 得出。

上述关于微晶玻璃的机械强度的公式仅适合压延法和浇铸法微晶玻璃，因为这两种工艺的微晶玻璃产品是通过整体晶化获得的，晶体均匀地分布在残余玻璃相中。只有这样，裂纹的长度才能分布在一定的区间，并与晶粒尺度成比例，式(6-4)中的平均晶粒直径或式(6-6)中的平均自由程 λ 也才有意义。而对于需要生成仿生物碎屑纹理的裂纹玻璃晶体法，同颗粒烧结法一样，产品组织结构是不均匀的。因此，裂纹玻璃晶化法微晶玻璃从整体上不能符合上述机械强度理论的推导条件。但是，若将完全晶化的微晶玻璃的宏观晶相区和宏观乳浊区分开讨论，则各自分别符合上述机械强度公式。显然，晶化度高的宏观晶相区，平均自由程 λ 小，机械强度高。反之，晶化度低的宏观乳浊玻璃区，晶体颗粒稀疏，平均自由程 λ 大，机械强度低。由此可知，对于完全晶化的微晶玻璃，宏观晶相区比例越高，就越有利于微晶玻璃整体的抗折强度提高；而宏观乳浊玻璃区比例越高，则越不利于抗折强度的提高。

由上述分析，可对各工艺的微晶玻璃产品的抗折强度进行排序：现役浇铸法、压延法产品的抗折强度最高，现役烧结法次之，而裂纹玻璃晶化法产品与现役烧结法接近。

6.1.3.4 过烧温度下的样品抗折强度

在过高的晶化温度下，裂纹玻璃生成过烧的微晶玻璃，发生脆化效应，抗折强度再次降低。

当晶化温度过高时，因母玻璃的过冷度减小，二次及多次枝晶析出困难，而晶体的再次熔解趋势增大，多种因素决定的析晶总量将偏低，晶化度下降，发生过烧（参见§5.2的相关论述和图5-8的XRD图谱）。图6-1显示，过烧的微晶玻璃相对于最佳温度下完全晶化的微晶玻璃而言，抗折强度陡然下降。图6-8给出了BSLW4的裂纹玻璃在1050℃和1100℃下晶化的微晶玻璃折断面的放大照片。图中显示，在1100℃下过烧的微晶玻璃尽管宏观上仍呈完

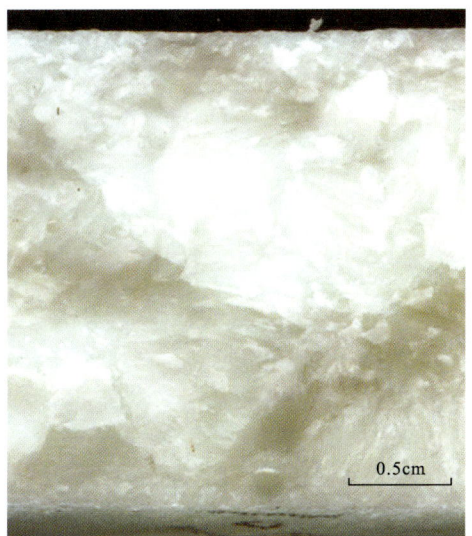

(a) BSLW4在1100℃下过烧样品　　　　(b) BSLW4在1050℃下未过烧（最佳晶化）样品

图 6-8　过烧微晶玻璃的折断面表观形貌及未过烧微晶玻璃之比较

Fig. 6-8　Comparison of the appearances between the over-fired and optimally fired glass-ceramics

全晶化状态,但同 1 050℃最佳晶化的样品相比,颜色泛青,表明微观残余玻璃相增加,而微观晶相含量降低,使宏观形貌过多地呈现出母玻璃的青色。从图中还可发现,过烧的微晶玻璃的折断面较平整,而最佳晶化样品的折断面凹凸不平。由此可见,过烧的微晶玻璃由于玻璃相含量过高,在抗折测试中,玻璃的裂纹扩展及脆性断裂机制将在微晶玻璃整体的断裂中占支配地位,微晶玻璃整体的机械强度不高,远低于最佳晶化温度下的微晶玻璃。然而,晶体颗粒分布于玻璃相中,可起阻碍玻璃相裂纹扩展的作用,尽管由于晶化度低,这种贡献很小,但仍可使过烧的微晶玻璃的抗折强度高于普通窗玻璃(6~8MPa)。

§6.2 密度和气孔率

微晶玻璃的致密度指标与最终产品的气孔缺陷直接相关,对产品的表观形貌和装饰效果以至产品档次影响很大。抛光板的表面气孔缺陷实质上是由原板的闭口气孔转化而来的,因此,测试和分析微晶玻璃原板的闭口气孔率和体积密度是必要的。

图 6-9 给出了各配方的裂纹玻璃在不同晶化温度下形成的闭口气孔率测试值及随温度变化曲线。图中显示,晶化温度越高,被封闭的气孔含量也越高,这可能是由于烧结过程中封存下来的闭口气孔体积发生了膨胀所致。因为,一方面,随着晶化温度的升高,玻璃粘度下降,玻璃对闭口气孔的压力降低;另一方面,气孔随温度升高而发生膨胀,施加给玻璃的压力增加。

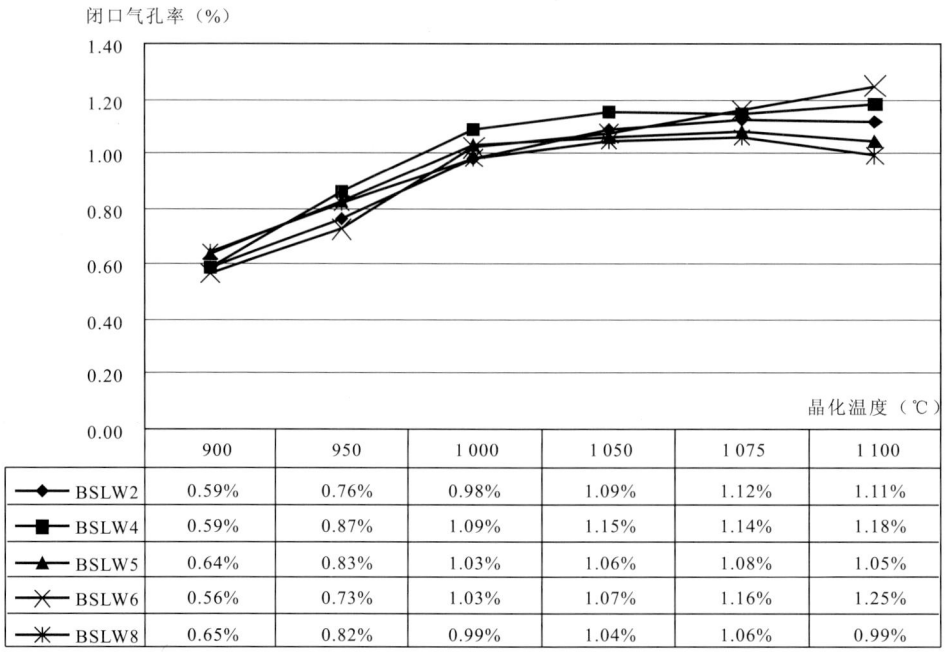

图 6-9 裂纹玻璃晶化法微晶玻璃的闭口气孔率与晶化温度间的关系曲线

Fig. 6-9 Relationship between closed porosity and crystallization temperature for the glass-ceramics prepared by QICGC process

二者协同作用,导致闭口气孔率升高。

图 6-10 是裂纹玻璃晶化法微晶玻璃的体积密度测试值及其随晶化温度的变化曲线。图中显示,晶化温度越高,体积密度越小,表明在烧结过程中封闭的气体发生了体积膨胀。这与闭口气孔率测定结果是一致的。

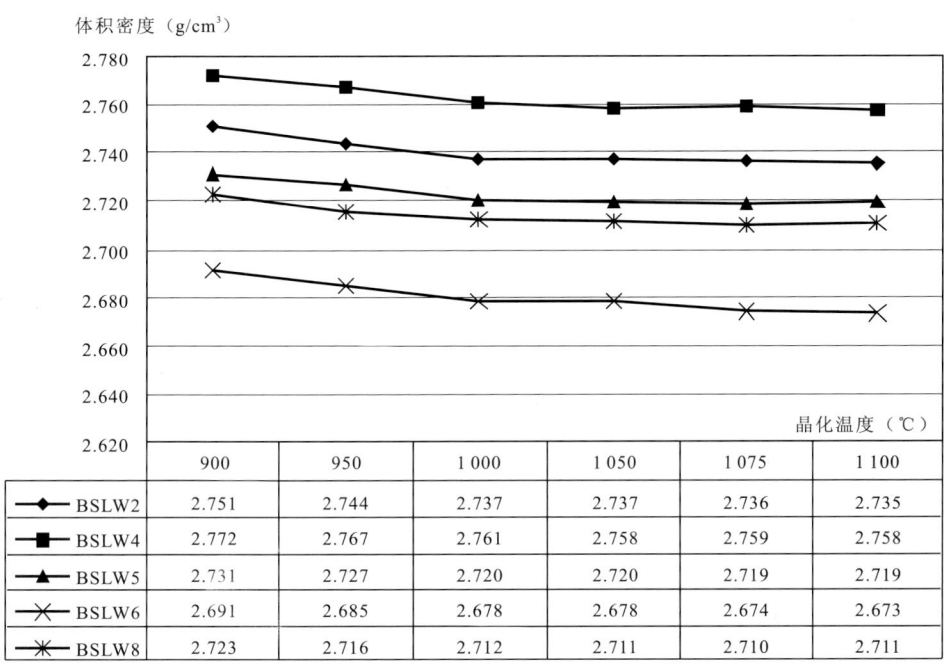

图 6-10 裂纹玻璃晶化法微晶玻璃的体积密度与晶化温度间的关系曲线

Fig. 6-10 Relationship between bulk density and crystallization temperature for the glass-ceramics prepared by QICGC process

值得注意的是,从附图 8、9 的切削样品,图 5-15 和附图 7 的抛光板表面未见 1mm 以上大气孔(建筑装饰用微晶玻璃的质量标准对产品表面气孔缺陷的要求是:距板材 2m 远目视观察,优等品气孔直径为小于 1mm,且每平方米不超过 5 个),表明裂纹玻璃晶化法制备的微晶玻璃的致密度很高,没有影响产品质量的大气孔缺陷,符合建筑装饰用微晶玻璃优等品的质量标准。但对图 5-15 相应的样品实物观察,可见少量的针孔缺陷,但不会影响产品的表观质量。这也表明,高温下发生体积膨胀的是体积较小的闭口气孔,分布较散,因此,即使发生了体积膨胀,对最终抛光板的气孔缺陷影响仍很小。

§6.3 耐化学腐蚀性

一般说来,复合材料的耐化学腐蚀性受物相组成、复合方式及各物相本身的耐化学腐蚀性等因素共同决定。微晶玻璃是由晶体相和玻璃相构成的,因此,晶相与玻璃相间的含量、密度以及晶相和玻璃相各自的耐化学腐蚀能力将共同决定微晶玻璃整体的耐化学腐蚀性。文献显示,烧结法建筑装饰用微晶玻璃的晶体相含量一般在 $35w_B\%\sim40w_B\%$,且晶体相为孤立相,玻璃相为连通相。本书采用裂纹玻璃晶化法制备的微晶玻璃物相组成与烧结法产品相近,从上一章的 SEM 微观结构、XRD 晶相分析也都显示,硅灰石晶相被连通的残余玻璃相包裹,且晶相含量低于玻璃相。裂纹玻璃晶化法产品这种物相构成以及组织结构的不均性将对耐化学腐蚀性产生较大的影响。

图 6-11 给出了各样品的耐化学腐蚀性测试结果。图 6-12 是各测试样品在相应的浸泡溶液中被侵蚀 360h 后的表面照片。从这两图中均可看出,裂纹玻璃晶化法微晶玻璃的耐水性、耐碱性很好,但耐酸性较差。这与 Toya T 等的研究结果及普通玻璃的耐腐蚀性正好相反。详细分析如下。

6.3.1 耐水性

由于玻璃中的阳离子是可动的,可与水中的 H^+ 发生离子交换作用,接着硅氧网络可能被一个水合过程所侵蚀。此外,水对玻璃的侵蚀还可通过水与玻璃的硅氧骨架直接起反应[参见化学反应式(5-3)、式(5-4)、式(5-5)、式(5-6)]。但由于反应能生成硅酸凝胶[$Si(OH)_4 \cdot nH_2O$]而被吸附在玻璃表面,形成一层薄膜,具有较强的抵抗水对玻璃表面进一步侵蚀的作用。图 6-11(a)中显示,与本书实验所用裂纹玻璃相应的母玻璃块的蒸馏水侵蚀量很小。这表明,水对玻璃的侵蚀能力很弱。

当母玻璃以裂纹玻璃形态被晶化处理为微晶玻璃后,抵抗水的侵蚀能力略有减弱,但仍表现出极好的耐水性。导致耐水性减弱的因素主要有:①析晶后残余玻璃相中的[SiO_4]网络连接程度减弱,且残余玻璃相中的碱金属离子(R^+)含量相应提高,从而有利于反应式(5-4)的进行,提高了 —Si—OH 和 ROH 的生成速度,使残余玻璃相的抗水侵蚀能力减弱;②硅灰石晶体(β-$CaSiO_3$)析出后,残余玻璃相中的 R^{2+} 含量降低所致。由于 R^{2+} 对 R^+ 与水进行的离子交换反应具有压制作用,当母玻璃析晶后,R^{2+} 含量降低,这种压制作用减弱,R^+ 与水的离子交换更容易进行,从而导致样品的耐水性变差;③硅灰石晶体本身在水中有一定的溶解度。矿物硅灰石在 25℃ 的中性水中溶解度为 0.009 5g/100ml,故完全有理由认为微晶玻璃中的硅灰石晶体可被水微溶(即侵蚀)。这 3 种因素孰轻孰重,或哪一种因素起主要作用还需进一步研究。

6.3.2 耐酸性

从图 6-11(b)中明显看出,裂纹玻璃晶化法微晶玻璃的耐酸性更差,远低于相应的母玻璃块。

从水对母玻璃的侵蚀可知,侵蚀产物之一是生成金属氢氧化物,而酸正好可中和水对玻璃的侵蚀产物,从而促进了水对玻璃的离子交换作用;另一方面,酸又降低了溶液的 pH 值,使水化反应生成的 $Si(OH)_4$ 的溶解度降低,有利于形成硅酸凝胶[$Si(OH)_4 \cdot nH_2O$]保护层,从而阻碍了酸对母玻璃的进一步侵蚀。可见,酸对母玻璃的侵蚀并不是直接与玻璃起反应,而是通过影响水对玻璃的侵蚀而起作用的。在本书实验中,母玻璃中的易与水发生交换的碱金属含量很低,因此,酸更有利于促使硅酸凝胶保护层的形成,对母玻璃的侵蚀性很小。从图 6-

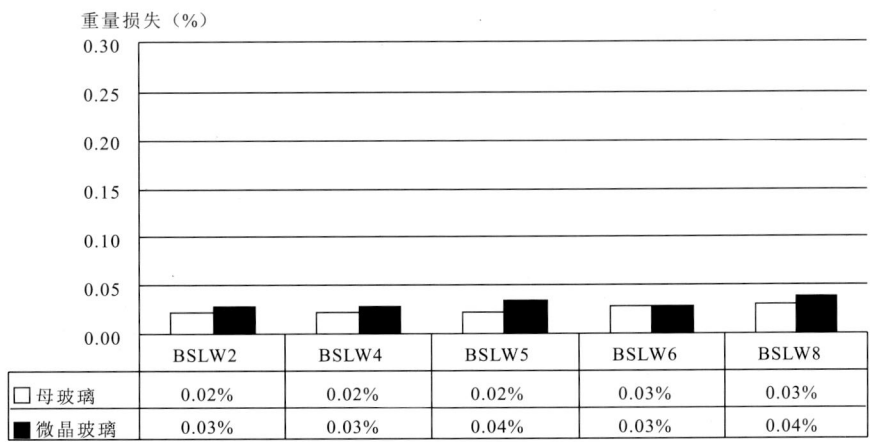

(a) 耐水性（蒸馏水）

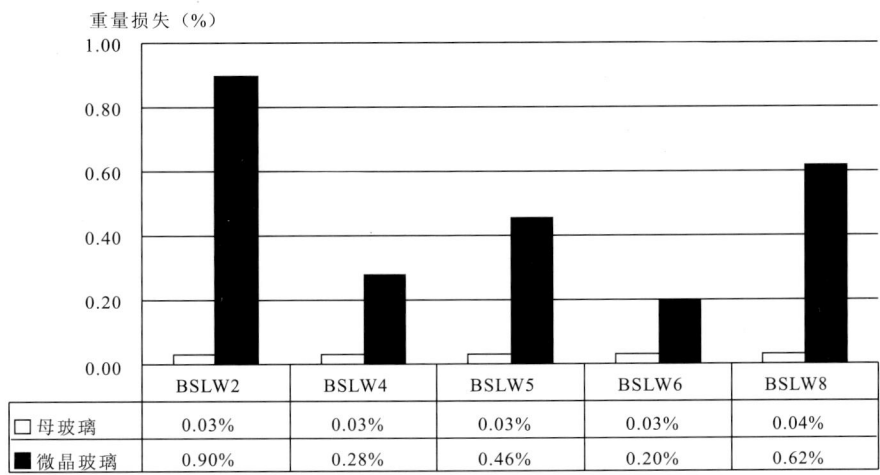

(b) 耐酸性（1%H_2SO_4）

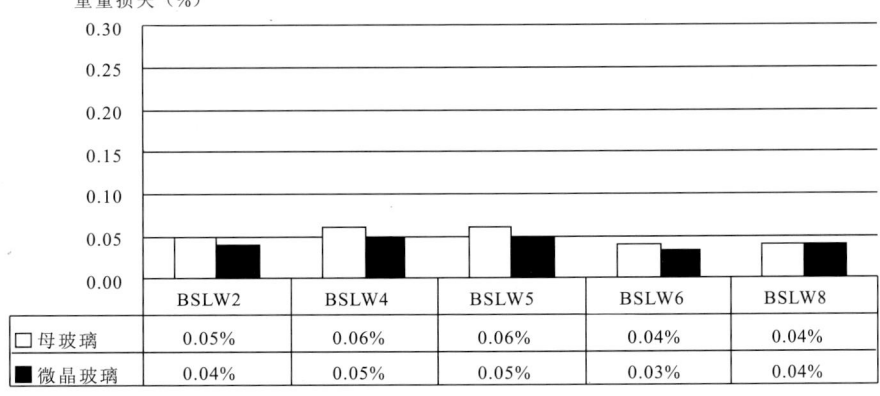

(c) 耐碱性（1%NaOH）

图 6-11　裂纹玻璃晶化法微晶玻璃在不同的浸泡溶液中的侵蚀性

Fig. 6-11　The chemical resistance in different solutions for the glass-ceramics prepared by QICGC process

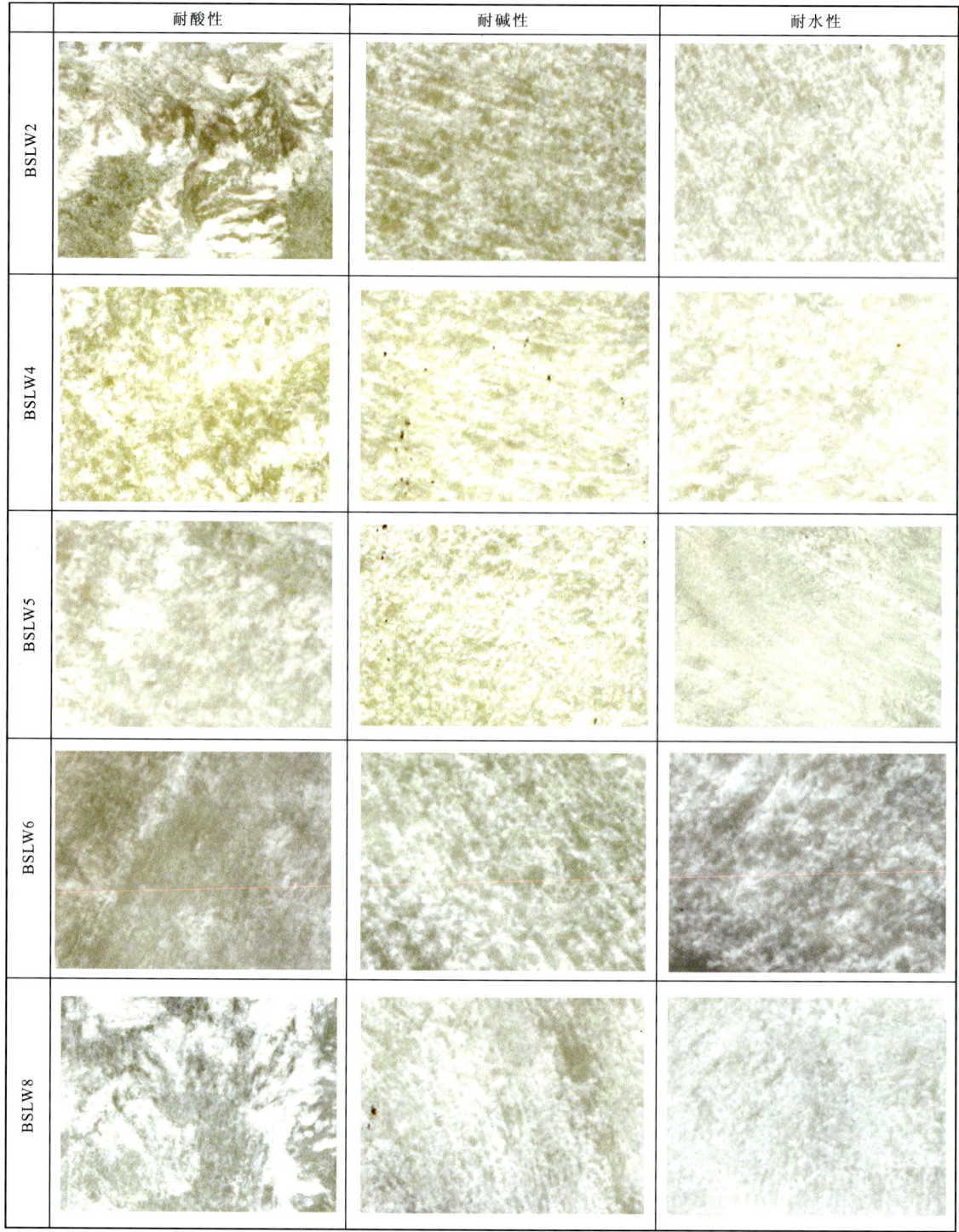

图 6-12 酸、碱溶液和蒸馏水浸泡后样品的表观形貌(×4倍)

Fig. 6-12 Appearances of the samples after soaking in acid, alkali solution and distilled-water

11(b)和(a)的对比观察可知,酸与蒸馏水对母玻璃的侵蚀性相当。

当裂纹玻璃晶化为微晶玻璃析出硅灰石晶体(β-$CaSiO_3$)后,残余玻璃相中的碱金属含量相对于 Si 而言将增高,从而提高了水与玻璃间的离子交换作用,而酸更会促进该交换作用的进行,因此,析晶后的残余玻璃相的耐酸性将降低。然而,导致微晶玻璃耐酸性变差的主要原因并不在于酸对残余玻璃相的侵蚀,而在于酸对硅灰石晶体的溶蚀作用。有资料表明,矿物硅灰石的耐酸性较差,在浓盐酸中发生分解,形成絮状物;微晶玻璃中的硅灰石晶体的耐酸性同样也较差,低于残余玻璃相的耐酸性。在本书浸泡实验中也发现,微晶玻璃在 1% H_2SO_4 溶液中浸泡 360h 后,出现了絮状沉淀物。图 6-12 清晰地显示出,被酸侵蚀后的样品表面粘附着白色粉末,特别是侵蚀严重的 BSLW2 和 BWLW8 的宏观晶相区出现了脱落现象。同时也可看到,蒸馏水侵蚀后的样品仍保持着样品切割形貌,而酸浸样品因脱落的粉末粘附之故,表面白度增大,且有轻微的蚀坑出现。

与表 1-4 给出的现役烧结法微晶玻璃产品的 0.08% 的酸侵蚀率相比,本书的裂纹玻璃晶化法产品的耐酸性较差。其原因可能有以下两方面:①尽管裂纹玻璃晶化法产品与现役烧结法产品一样,均为组织结构不均匀体,但前者的宏观晶相和宏观乳浊玻璃的分区更明显,宏观晶相区的晶化度高、晶体密集、残余玻璃相少[图 6-13(a)],耐酸性好的残余玻璃相对宏观晶相集中区的掩护作用小。当受到酸侵蚀时,耐酸性差的宏观晶相集中区容易出现整体脱落现象,导致微晶玻璃整体的耐酸性变差;而后者的颗粒纹理细小,宏观晶相区和宏观乳浊玻璃分布相对均匀,没有过大的晶相集中区[图 6-13(b)],因此,在耐酸性好的残余玻璃相的掩护下,微晶玻璃的整体耐酸性较好。②被测试样品的表观形态可能存在差异。现役烧结法的市场产品表观光滑,切割面平整;而本书实验样品的切割质量差,表面沟槽明显。因此,后者的比表面积远大于前者,被侵蚀量必然增高。徐景春等也曾报道,利用钾长石尾矿采用烧结法制备的硅灰石质微晶玻璃的耐酸性指标为 0.8%(25℃、1% H_2SO_4),这一结果与本实验结果相近。可见,未经表面精细化处理的粗糙实验样品的耐酸性并不理想。

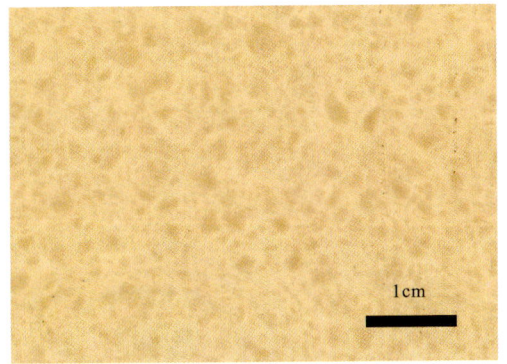

(a) 裂纹玻璃晶化法微晶玻璃样品(BSLW2)　　　　(b) 现役烧结法微晶玻璃市场产品

图 6-13　BSLW2 微晶玻璃样品与现役烧结法产品的纹理粗细度对比

Fig. 6-13　Comparison of the appearances between a BSLW2 glass-ceramic and a sintering product

图 6-14 是裂纹玻璃晶化法微晶玻璃样品的抛光面在 1% H_2SO_4 溶液中浸泡 1d 后的扫描电子显微镜(SEM)图片。耐酸性差的 BSLW2 表面被溶蚀出了大量凹坑,而耐酸性稍好的

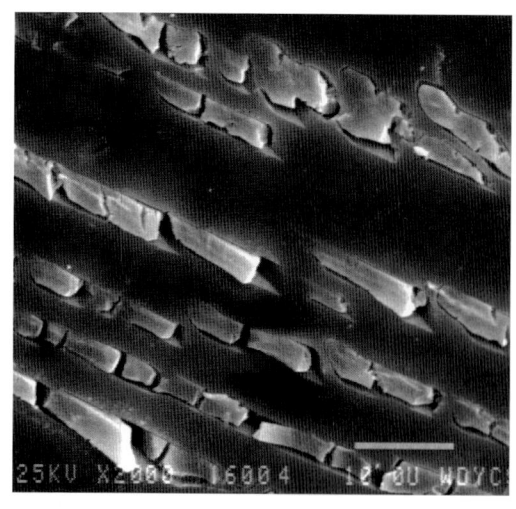 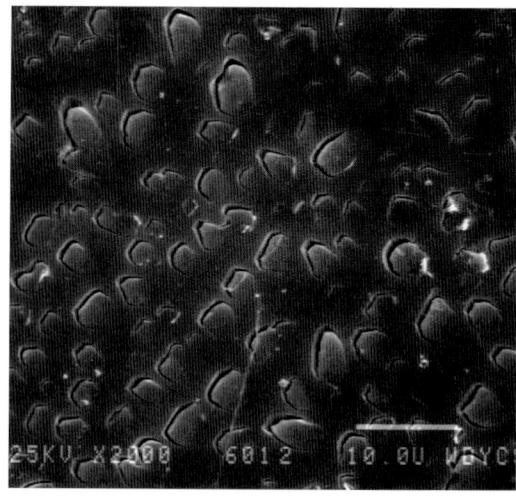

(a) BSLW2　　　　　　　　　　　　(b) BSLW4

图 6-14　微晶玻璃在 1‰ H_2SO_4 溶液中浸泡 1d 后的表面形貌

Fig. 6-14　Appearance of the polished surface of the glass-ceramic prepared by QICGC process after 1d being corroded in 1‰ H_2SO_4 solution

BSLW4 的凹坑相对较浅。另外，这两个配方的微晶玻璃被侵蚀后的 SEM 微观形貌完全不同，其原因还需进一步研究。

从图 6-11 中还可看出，不同配方的裂纹玻璃晶化法微晶玻璃样品的耐酸性并不一样，BSLW2、8 较差，而另外 3 个配方相对较好。可见，配方对样品的耐酸性影响巨大，尤其是配方 BSLW6 的耐酸性低至 0.20 w_B%。因此，完全有理由相信，如果对更多的配方进行耐酸性系统试验，定能找出耐酸性更好的适合裂纹玻璃晶化法的配方。

6.3.3　耐碱性

碱对玻璃的侵蚀是通过 OH^- 离子直接破坏硅氧骨架，生成的 $Si(OH)_4$［方程(6-8)］，而 $Si(OH)_4$ 与碱又可进一步作用，生成 $Na[Si(OH)_3O]$［方程(6-9)］而溶于水，故不可能生成 $[Si(OH)_4·nH_2O]$ 保护层，使 OH^- 对玻璃的硅氧骨架的破坏可持续进行。从图 6-11(c) 与 (a) 对比发现，母玻璃在 1‰ Na(OH) 溶液中的侵蚀损失量明显大于蒸馏水。

$$-Si-O-Si- + OH^- + H_2O \rightarrow 2OH-Si-OH \qquad (6-8)$$

$$OH-Si-OH + NaOH \rightarrow OH-Si-O\,Na + H_2O \qquad (6-9)$$

既然碱对母玻璃有一定的侵蚀，必然对由相应母玻璃制备的微晶玻璃中的残余玻璃相也具有一定的侵蚀性。图 6-11(c) 显示了碱对裂纹玻璃晶化法微晶玻璃仅有较弱的侵蚀性，且与母玻璃相比,侵蚀性更低。其原因在于硅灰石晶体具有较强的耐碱性,碱对微晶玻璃的侵蚀主要表现在对残余玻璃相的侵蚀,因此,相对于纯母玻璃而言,微晶玻璃中的残余玻璃暴露在碱溶液中的表面积相对降低,其耐碱性必然有所提高。图 6-15 是被碱侵蚀过的微晶玻璃抛光面的 SEM 图像。图中未见明显的蚀坑。

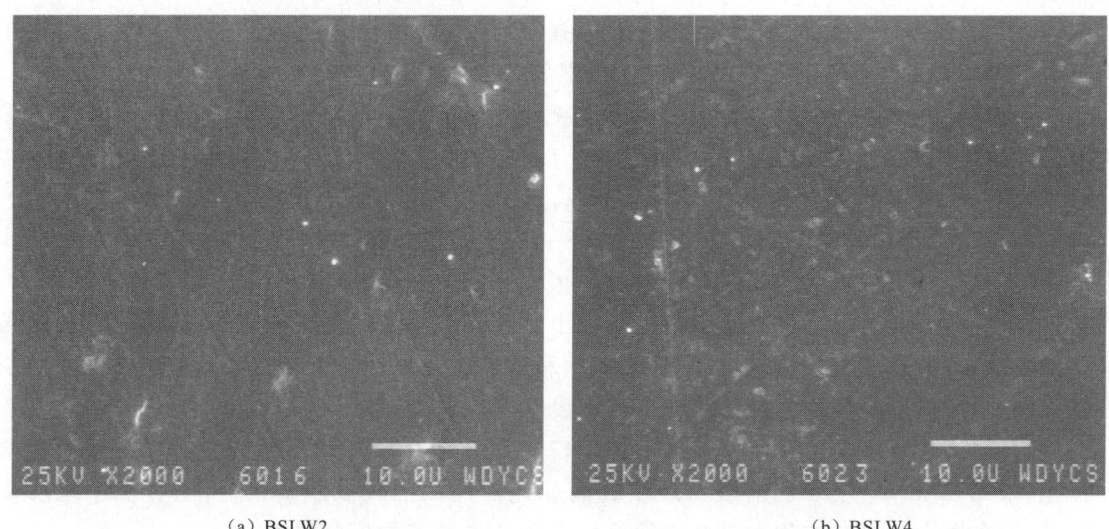

(a) BSLW2　　　　　　　　　　　　(b) BSLW4

图 6-15　微晶玻璃在 1‰NaOH 溶液中浸泡 1d 后的表面形貌

Fig. 6-15　Appearance of the polished surface of the glass-ceramic prepared by QICGC process after 1d soaking in the 1‰NaOH solution

§6.4　本章小结

(1) 裂纹玻璃在由低至高的晶化温度下将依次生成组织结构不同的微晶玻璃:退火玻璃、晶化不透的微晶玻璃、完全晶化的微晶玻璃、过烧的微晶玻璃。其中完全晶化的微晶玻璃是裂纹玻璃晶化法所追求的最佳工艺条件下的产品形态。

(2) 晶化不透的微晶玻璃存在宏观透明玻璃颗粒。通过热膨胀系数测试证实,透明玻璃区的热膨胀系数大于宏观晶相区,容易形成张应力,产生裂纹。计算机扫描放大照片显示,宏观晶相区与宏观透明玻璃区之间的界线分明,咬合程度低,易形成应力集中和力学脆弱区。因此,宏观透明玻璃区的存在给微晶玻璃整体的机械强度造成严重影响,抗折强度很低。

(3) 完全晶化的微晶玻璃不存在宏观透明玻璃区,免除了它对微晶玻璃整体抗折强度的影响。但完全晶化的微晶玻璃仍由宏观晶相区和宏观乳浊玻璃区构成,为组织结构不均匀体,决定着其抗折强度不会太高,但在较佳热处理条件下的样品抗折强度测试值大于 35MPa,仍能满足建筑装饰材料的强度要求。

(4) 完全晶化的微晶玻璃在垂直方向上存在晶化度差异,表层晶化度高于中部。通过热膨胀系数测试证实,晶化度越高,热膨胀系数越低。晶化度高的表层易形成压应力,有利于抗折强度的提高。

（5）完全晶化的微晶玻璃在水平方向上也存在晶化度差异，其中原始裂纹处即玻璃碎屑表面将优先析晶，晶化度高；而玻璃碎屑内部滞后析晶，晶化度低。两者过渡自然，不易形成应力集中和力学脆弱面。晶化度高的宏观晶相区对晶化度低的宏观乳浊玻璃区呈包围态势，且前者在量上高于后者。因两者的热膨胀系数不同，前者形成压应力，为微晶玻璃整体机械强度的主要贡献者，有利于确保抗折强度达到较高值，最佳工艺参数下的样品抗折强度测试值在 40MPa 以上；而后者形成张应力，可能成为力学脆弱区，但影响不太大。

（6）完全晶化的微晶玻璃的分层抗折强度测试显示，1mm 的切削厚度对样品抗折强度影响很小，表明常规的打磨抛光工艺不会对产品的抗折强度造成较大的影响。当切削厚度达 2mm 及以上时，将导致抗折强度的大幅度下降，这进一步证明了微晶玻璃横截面垂直方向上的内应力分布状态和晶化度变化趋势。因为，一方面，切削去除了受压应力的表层；另一方面，新显露出的表面的总晶化度降低了，即宏观晶相区比例减少而宏观乳浊玻璃区增加了。

（7）过烧的微晶玻璃因二次及多次枝晶析出困难以及晶体的二次熔解趋势增大，导致析晶总量偏低，微观残余玻璃相含量过高，玻璃的微裂纹扩展及脆性断裂将在微晶玻璃整体断裂中占支配地位，使微晶玻璃的整体抗折强度大幅度下降。

（8）较佳条件下完全晶化的微晶玻璃的闭口气孔率小于 1%；切削抛光板表面仅显示出微小针孔，未见 1mm 以上大气孔，表明裂纹玻璃晶化法产品的气孔缺陷很低，明显优于现役烧结产品，符合国家建筑装饰用微晶玻璃优等品有关气孔缺陷指标的要求。

（9）裂纹玻璃晶化法微晶玻璃的耐水性和耐碱性均较好。其中，耐水性略差于相应的母玻璃，而耐碱性则略优于相应的母玻璃。然而，裂纹玻璃晶化法微晶玻璃的耐酸性较差，较佳工艺条件下的耐酸性仅能低至 $0.2w_B$%。耐酸性差的原因主要在于：①硅灰石晶体本身的耐酸性不强；②样品的组织结构不均匀，宏观晶相区的晶化度过高、晶体密集、残余玻璃相少，耐酸性好的残余玻璃相对晶体集中区的掩护作用小，当受酸侵蚀时易造成宏观晶相区表面的整体粉化脱落。

第七章 裂纹玻璃晶化法在固体废物资源化研究中的应用实例
——以污泥微晶玻璃制备为例

在前面几章中,已对裂纹玻璃晶化法制备建筑装饰用微晶玻璃这一新工艺进行了全面的介绍,并详尽论述了该工艺的配方范围宽、原料质量要求低的技术优势,有利于拓展至固体废物的资源化领域。因此,本章将基于前文的研究成果,改用污泥作为主要原料,引用裂纹玻璃晶化法进行污泥微晶玻璃的制备实验研究,其目的在于验证裂纹玻璃晶化法在固体废物资源化领域中应用的可行性,同时也为系统地研究污泥微晶玻璃奠定技术基础。

城市生活污水污泥(以下简称污泥)是城市生活污水处理厂必然产出的副产物,是一类固液混合态有害废弃物,产量大、污染质含量高,是必须进行减量化、稳定化、无害化、资源化处理的大宗固体废物。本章首先将对其产生过程、物化性能、现行资源化处理措施尤其是污泥微晶玻璃的现役制备技术等进行介绍,随后将系统地介绍和论证利用裂纹玻璃晶化法制备污泥微晶玻璃的实验研究成果。

§7.1 污泥的生成、环境危害性及处理必要性

随着城市人口的增加和城市化速度的加快,作为城市生活污水处理后的有害副产物,污泥的产生量非常巨大,而且增长迅速。据 2004 年国家环境保护总局发布的《2003 年中国环境状况公告》显示,2003 年,我国的城镇生活污水排放量为 247.6 亿 t,占废水排放总量的 53.8%,比 2002 年增加了 6.6%。若污水处理率达到 50%,按 0.4% 的污泥产量估算[通常污泥产量为处理水量的 0.3%~0.5%(以含水率为 97% 计)],那么 2003 年的污泥产生量为 2 万 t,其数量非常巨大。另据资料介绍,日本 1996 年产生的干污泥总量为 170 万 t,1998 年美国产生的污泥 690 万 t。可见,污泥的产出及处理处置是世界性的课题。

污泥的成分非常复杂,除含有大量的水分外,还含有泥沙、动植物残体、纤维、有机质、难降解的有机物、病原微生物和寄生虫卵、重金属等成分。污水处理的实质是将水中的污染质转移至污泥中,从而使污水变清。因此,污泥可被认为是污水污染物的接纳体,包括有机污染质、病菌和重金属等三大类污染质。污泥中含有 Cd、Cr、Cu、Hg、Ni、Pb、Zn、As 等重金属,含量约占污泥干重的 0.5%~2%。城市污水在处理过程中,大部分病原体被颗粒物吸附而富集到污泥中。主要的病原体有细菌类、病毒和蠕虫卵,其中以沙门氏菌、蛔虫等最常见。污泥中还含有多种有毒的有机化合物,在德国城市污泥中就发现了 332 种可能危害人体和环境的有机污染物,其中有 42 种常检测到,很多属于优控污染物。广州市大坦沙污水处理厂污泥的检测结果显示,毒性有机污染物多达 54 种,这些有机污染物通过颗粒物吸附会大量地富集在污泥中。

由此可见，污染质大量富集的污泥必须采取适当的措施，消除其对环境的二次污染。通常采用的措施包括4个方面：①减量化：减少污泥最终处置前的体积，以降低污泥处理及最终处置的费用；②稳定化：通过处理使污泥稳定甚至固化，最终处置后不再发生降解，从而避免产生二次污染；③无害化：消除污泥中有害污染质对环境的二次污染；④资源化：将污泥作为能源或物资而被回收利用。尽管污泥的产生量仅为污水量的0.3%～0.5%，但据实际经验，污泥处理处置成本一般要占污水处理成本的40%以上。

在我国，污泥的处理处置已受到政府的高度重视。在2004年国家发展与改革委员会规划的"环境保护关键技术国家重大产业技术开发专项"中，城市污水处理厂污泥处理被列为重点开发内容，提出解决城市污水处理厂污泥利用过程中的二次污染问题，提高污泥资源化利用水平。

§7.2 污泥的资源化现状及发展

7.2.1 传统处理处置技术

污泥的传统处理处置技术主要包括卫生填埋、焚烧、土地利用和填海。其中填海方式已被许多国家所禁止。

7.2.1.1 卫生填埋

污泥的卫生填埋是最经济的一种剩余污泥最终处置途径。该方式投资少、容量大、见效快，且对污泥的适应性强。在欧洲，剩余污泥与城市垃圾混合填埋比较多，而在美国多数采用单独填埋。在国内，填埋仍然是最主要的污泥最终处置方式，而且多数采用混合填埋。然而，卫生填埋也存在许多问题，其中最主要的是填埋场周围环境的恶化。由于污泥中的污染质很容易被淋滤析出，在雨水的作用下会造成附近水源特别是地下水环境的污染。同时，污泥中逸出的臭气也危害着周边环境。此外，卫生填埋同样要占用大量的土地，而适宜污泥填埋的场地因城市的扩展和污泥的大量产出而显得越来越有限。

7.2.1.2 焚烧

通过焚烧可利用污泥中丰富的有机热能来发电并使污泥达到最大程度的减量化。污泥焚烧在日本和欧美较为普遍，日本有61%的污泥采用焚烧处理。近年来，焚烧法由于采用了合适的预处理工艺和焚烧手段，达到了污泥热能的自持，并能满足越来越严格的环境要求。在焚烧过程中，所有的病菌、病原体均被彻底杀灭、有毒有害的有机残余物被氧化分解。焚烧灰渣可用于建筑材料生产，使重金属得到固定而避免其重新进入环境。不足之处在于焚烧所需的费用很高，其成本是其他工艺的2～4倍，而且还存在烟气污染问题。目前应用最广的焚烧设备是流化床焚烧炉，当污泥的含水率达到38%以下时就可不需要辅助燃料直接燃烧。

7.2.1.3 土地利用

土地利用是目前发达国家使用最广泛的剩余污泥处置方法之一，越来越被认为是一种积极、有效、有前途的污泥处置方式。由于剩余污泥中含有丰富的有机物和氮、磷、钾等营养元素及植物所必需的各种微量元素如 Ca、Mg、Cu、Zn、Fe 等,所以将剩余污泥回用于土地作为植物的肥料,可以对剩余污泥进行充分的资源化利用。但由于污泥中含有大量的重金属,很容易通过食物链进入人体而影响人们健康。因此,土地利用时必须注意对重金属的迁移进行监测,尤其是对于农田使用更是要注意污泥中的重金属限量。当然,明智的做法是通过应用场所的精选而避免重金属进入人类食物链。例如将污泥施用于荒地、山地的修复及改良、园林绿化建设、森林土地等。在国外,污泥的土地利用已有多年的历史,城市污泥土地利用比例最高的是荷兰,占 55%;其次是丹麦、法国和英国,占 45%;美国占 25%。相比之下,我国对污泥土地利用的理论研究与实践还很欠缺。

7.2.2 资源化先进技术及发展

近年来污泥资源化研究最多的有 3 个方向,一是传统的直接土地利用方式的升级,即对污泥进行堆肥后再加以土地利用;二是热处理,将污泥油化或/和气化;三是材料化利用。

7.2.2.1 堆肥

堆肥是指将污泥在一定的条件下(如 PH、C/N、通气、水分、温度)进行好氧堆沤,使其中的有机成分转化成腐殖质的过程。污泥经堆肥后,病原菌、寄生虫卵等几乎全部被杀死,重金属污染态的含量也会降低,营养成分有所增加,污泥的稳定性和可利用性大大增加。赵丽君等对比堆肥前后污泥中有毒有机物含量发现,污泥中有毒有机物的降解率平均在 60% 以上。一般污泥经过堆肥化处理后,水浸提取的重金属量会降低。

当前,堆肥技术的发展趋势是向混合堆肥方式发展。其中采用最多的是将污泥与城市生活垃圾、秸秆、树叶、粉煤灰等进行混合堆沤。混合堆肥通过堆肥过程中的生化反应,使污泥稳定化、无害化,这种处理方法我国已有相关的研究,它既可杀死污泥中的有害细菌,还可以增加和稳定其中的腐殖质,提高肥效。另外,还有人研究开发了污泥与化肥进行复合堆肥,该方法充分利用了污泥中的营养元素,实现了氮、磷、钾的平衡、有机无机平衡,较单纯施用化肥或有机肥都更具优越性。

目前世界各国采用的方法有静态和动态堆肥两种,如自然堆肥法、圆柱形分格封闭堆肥法、滚筒堆肥法、竖式多层反应堆肥法、以及条形静态通风等堆肥工艺。我国近几年在北京、天津、唐山、太原、深圳、大连、石家庄、淄博、秦皇岛及徐州等城市进行了污泥高温堆肥、干燥制肥等方面的研究,取得了工艺技术方面的初步成果。

7.2.2.2 热处理

污泥的热处理是将污泥在热环境下进行分解,从而制得一些有用物质,如气、油等。

1. 热解制油技术

热解制油技术是在 300～500℃、常压(或高压)和缺氧条件下,借助污泥中所含的硅酸铝和重金属(尤其是铜)的催化作用将污泥中的脂类和蛋白质转变成碳氢化合物,最终产物为油、气、碳和水等。英、美、日等国家主要研究的是热化学液化法,即在 300℃、10MPa 左右的条件下对脱水污泥进行热化学液化,使污泥热解反应为油状物;而德国和加拿大以热分解油化法为主,即把干燥的污泥在无氧条件下加热到 300～500℃,使之干馏气化,再将气体冷却转换成油状物。国内对这两种热化学法均有研究。第一座工业规模的污泥炼油厂诞生在澳大利亚的柏斯,处理干污泥量可达 25t/d。我国学者何品晶等的试验结果表明:污泥低温热解的适宜反应温度为 270℃,停留时间为 30min;脱水泥饼含水率是低温热解能量平衡的主要影响因素,过程能量平衡转折点的含水率是 78%;污泥低温热解处理的总成本低于直接焚烧法。

2. 湿式氧化技术

湿式空气氧化法(Wet Air Oxidation,简称 WAO)是在高温(125~320℃)和高压(0.5~20MPa)条件下,以空气中的氧气为氧化剂(或臭氧、过氧化氢)在液相中将有机污染物氧化为 CO_2 和水等无机物或小分子有机物的化学过程。Quitain 等以下水道污泥、鱼内脏等含高蛋白质的污泥及纤维素含量高的造纸厂污泥作为研究对象,在 623K、16.5MPa、反应时间为 30min 的条件下,主要产物为乙酸、甲酸、丙酸、丁二酸和乳酸等小分子有机酸。杨晓奕等在温度为 200℃、氧分压为 0.8MPa、反应时间为 60min 的条件下,对化工废水、炼油废水、城市污水剩余污泥进行了研究,其降解率分别为 67.4%、70.4%、72.3%;湿式氧化上清液 BOD/COD 值分别为 0.51、0.51、0.52,可生化性较好。

3. 超临界水氧化技术

超临界水氧化(Supercritical Water Oxidation,简称 SCWO)技术是在水的温度和压力均高于其临界温度 T_C(374.3℃)和临界压力 P_C(22.05MPa)时,以超临界水作为反应介质与溶解于其中的有机物发生强烈的氧化反应,使有机物最后被氧化成无毒小分子化合物的过程。该技术在美国得克萨斯哈灵根水厂得到了实际应用。

7.2.2.3 材料化

污泥的材料化应用技术主要针对污泥中的无机成分开展。利用方式主要有两种,一是直接以干污泥作为原料;另一是利用污泥焚烧或热处理后的灰渣作为原料。

1. 制备陶粒

轻质陶粒可作路基材料、混泥土骨料或花卉覆盖材料使用。近年来,广州华穗轻质陶粒制品厂利用污水污泥成功烧制成轻质陶粒,处理污泥量可达 300t/d;日本将制成的陶粒作为污水处理厂快速滤池的滤料,由于其空隙率大,不易堵塞,反冲次数少且冲洗流失量少。污泥制陶技术应该注意和需改善的主要问题是,当污泥中含有大量的重金属时要注意窑炉的烟气治理与控制以及产品重金属浸出性能的监控。

2. 制备活性炭

污泥中含有较多的有机碳,具备了制备活性炭的客观条件。制备活性炭的路径是先对污泥炭化,然后活化。所以污泥制活性炭的主要研究问题是最佳炭化、活化条件以及提高质量、降低成本等。由于污泥的含炭量比其他制活性炭的原料含炭量低,所以污泥活性炭的质量不及商品活性炭,其碘值为 177~700mg/g。但在处理有机废水时,COD 吸附容量和吸附平衡时间优于商品活性炭。由于污泥活性炭中的重金属可能溶失,所以这些活性炭仅限于简单的废水处理和气体净化,其应用场合有限,但在一些消耗炭的气体净化场合,其应用比传统的活性炭更经济。而且,污泥活性炭如果不再生,可以考虑烧掉,同时可固化其中的重金属,因此有一定的应用前景。

任爱玲等以天津某污水处理厂污泥作为基本原料,在最佳工艺条件 40%氯化锌溶液为活化剂、活化时间 20min、活化温度 600℃、固液比为 1∶2~1∶3 的条件下,制备的污泥活性炭碘吸附值达到了 514~542mg/g,比表面积为 193~256m²/g。将污泥活性炭处理 COD 为 2 400mg/l、色度 250 的制药废水,COD 去除率大于 87%、色度去除率大于 80%。

3. 制砖

污泥制砖有两种工艺,一种是用干化污泥加入水泥或粘土等直接制砖,一般可掺入煤渣、石粉、粉煤灰、粘土或水泥等作为材料;另一种是使用污泥焚烧灰加粘土调配制砖。任伯帜等利用含水率为 80% 的城市污泥与粉煤灰、粘土等混合,调和均匀后压制成型,再置于电炉中烧成。最佳条件下的产品质量能达到国家《烧制普通砖标准》(GB5101293)的要求。值得注意的是,直接利用干污泥制砖,污泥中的有机质、有机物和油类物质等将对砖块造成不利影响,必须设法解决。

4. 制水泥

将脱水污泥干燥粉碎后与石灰石、粘土混合,磨碎"生态水泥"获得成功。虽然污泥掺量较低(5%),但水泥的生产量大,同时污泥中的有机和无机成分都得到了充分利用,资源化效率高。

5. 制玻璃、铸石、微晶玻璃

污泥中既含有大量的可燃物质,也含有 SiO_2、Al_2O_3 等无机成分。采用玻璃熔炼技术,既可将可燃性物质在极高温度下彻底氧化分解成 H_2O、CO_2、NO_x、SO_x、P_2O_5 等小分子物质,又可充分利用燃烧放出的热量,还可直接将无机残余物转化为玻璃体,在玻璃、铸石、微晶玻璃中得到应用。当污泥熔融后,重金属固化在产品中,而有毒有害有机物被氧化彻底,故可彻底消除污泥的二次污染。该应用途径的最大不足在于能耗大、成本高,因此,产品的回收利润是决定技术路线可行性的关键。对于利用污泥熔炼玻璃,由于产品色泽深暗、透光度低,容易出现析晶、节点、气泡等质量缺陷,作为装饰用玻璃基本没有市场前景。因此,在发达国家,将污泥熔融为玻璃,仅是为了固化重金属,而熔体玻璃则作为惰性物料,如同砂、石等建筑材料一样使用,产品的附加值不高。同样,利用污泥熔融生产成铸石也存在高能耗、高成本但附加值低的问题。通常来说,微晶玻璃的附加值要比普通玻璃、铸石高。可见,制备微晶玻璃是污泥熔融处理技术中最经济的技术路线。

综上所述,将污泥材料化处理,所涉及的工艺、设备相对简单(与污泥热解制油、气相比),重金属固化牢固,病菌和有机物可在热作用下得到无害化处理,产品应用面广,能大量消耗污泥,这些优势的存在使污泥材料化处理技术具有良好的前景。只是目前建材化利用方式制备的产品(如砖、水泥、陶粒、石料等)均属低附加值产品,与传统原料制备的产品相比又无质量和成本优势,市场开拓困难。如何提升污泥材料化的技术含量、产品档次、附加值及市场竞争力,是污泥材料化研发方向的关键。

§7.3 污泥微晶玻璃的研究现状

利用污泥制备微晶玻璃,不仅可利用污泥熔融时的高温(通常为 1 300~1 550℃)将细菌、有机质、有机物等完全氧化成小分子无机物,也可将污泥中的重金属完全固定,而且微晶玻璃的高附加值能很好地回收能耗成本。此外,污泥制备微晶玻璃,可对污泥前期处理的投放物放宽。尤其是石灰,它是污泥很好的稳定剂,可使污泥 pH>12 并保持一段时间,利用强碱性和石灰放出的大量热能杀灭病原体、降低恶臭和钝化重金属。但是现役的许多污泥资源化途径不能适应石灰的掺入,导致石灰作稳定剂的应用受到一定的限制。而微晶玻璃的制造中本身就需要掺加石灰石,将石灰大量的应用到污泥的前期处理,并不影响后续的污泥微晶玻璃的制备,从而使污泥的前期处理和最终处理遥相呼应。

日本 Tsukishima Kikai 公司在1991—1995年与东京市政府合作,由 Endo H 等进行了熔融法工艺制备污泥微晶玻璃的基础研究和中试试验,并成功地使该技术商业化。在1996年,建成了150t泥饼/d 的商业化生产线,开始生产微晶玻璃产品。该技术利用污泥焚烧灰作为原料,掺加适量的添加剂,经过成分调整后进炉于1 400～1 500℃熔化成玻璃,再加热到1 000～1 100℃,晶化处理制成微晶玻璃产品。该技术所用的晶核剂为污泥自含的 Fe 和 S 所形成的 FeS,形成的晶相为钙长石。该项目的经济评估结果显示,产品的销售收入完全可以回收生产成本。另外,日本 Suzuki S 等(1997)将50%的石灰石掺加到100%污泥焚烧灰中,制成配合料后在1 450℃下熔融成黑色的母玻璃,再在800℃核化1h、1 100℃下晶化2h,制备成微晶玻璃。他们认为,污泥中含有 Fe_2O_3、S、C 等,经熔融后转化为 FeS,可起晶核剂的作用,促使污泥玻璃析出钙长石晶体。

在意大利,Bernsteina A G 等对利用威尼斯泻湖淤泥制备微晶玻璃进行了研究。由于该淤泥含有重金属离子和有机污染质而被归入有害废弃物类。经过 Bernsteina A G 等的实验发现,该淤泥可在1 200～1 350℃下熔化;掺加20%的废玻璃至900℃预处理过的污泥中,混合料可在1 350℃/2h 下熔融为玻璃。再将玻璃研磨成玻璃粉,采用粉末烧结法工艺,成功制备成微晶玻璃。在他们的经济评估中认为,该工艺的规模化生产经济效益比传统处理工艺(如卫生填埋)更高。

韩国 Samsung 工程公司 Parka Y J 等也报道了利用污泥焚烧灰经熔融法制备微晶玻璃技术。他们重点研究了由污泥制得的母玻璃在不同晶化温度下的晶相变化。结果发现,污泥母玻璃经1 050℃/2h 晶化处理后的主晶相为透辉石,仅含有少量的钙长石;而在1 200℃/2h 下晶化样品的主晶相转变为钙长石。经过性能测试还发现,以透辉石为主晶相的微晶玻璃的物化性能更好。他们的工作为污泥微晶玻璃的晶相控制奠定了基础。

尽管在利用污泥制备微晶玻璃技术在国外早已开始了探索性研究,但国内至今未见报道。目前,国外的污泥微晶玻璃制备技术路线主要是利用污泥焚烧灰通过熔融法或粉末烧结法工艺进行,至今没有直接利用污泥制备微晶玻璃的报道,也未见颗粒烧结法在污泥微晶玻璃制备中的应用报道。正基于此,本书将采用前述的裂纹玻璃晶化法新工艺,直接以干污泥作为原料制备污泥微晶玻璃,以期在微晶玻璃制备的原料、制备工艺上取得突破。

§7.4 污泥的物化性质

本书实验所用污泥来自武汉市沙湖污水处理厂。该厂污水处理规模为10万 t/d,采用二级污水处理工艺,其中,污泥被榨滤脱水。

经取样测试,脱水污泥的含水率为79%。将110℃烘干污泥在1 000℃下煅烧2h后,烧失量(LOI)为55%。对煅烧后污泥进行化学成分分析结果见表7-1。结果显示,污泥中的 Fe、P 含量较高,这是污泥的典型特征,也对污泥微晶玻璃的制备有显著的影响。

表 7-1 煅烧污泥的化学成分（$w_B\%$）

Table 7-1 Chemical composition of the calcined sewage sludge ($w_B\%$）

化学成分	SiO_2	Al_2O_3	CaO	MgO	K_2O	Na_2O	TFe_2O_3	TiO_2	MnO	P_2O_5	H_2O^-	Others
含量	58.91	14.86	7.55	1.86	2.16	0.96	6.96	0.94	0.11	3.86	0.06	1.77

图 7-1 是干污泥的 XRD 图谱，图中显示，该污泥的主要矿物为石英砂；另含有一定量的高岭石、伊利石等粘土矿物及方解石；还含有少量的长石、滑石等矿物。

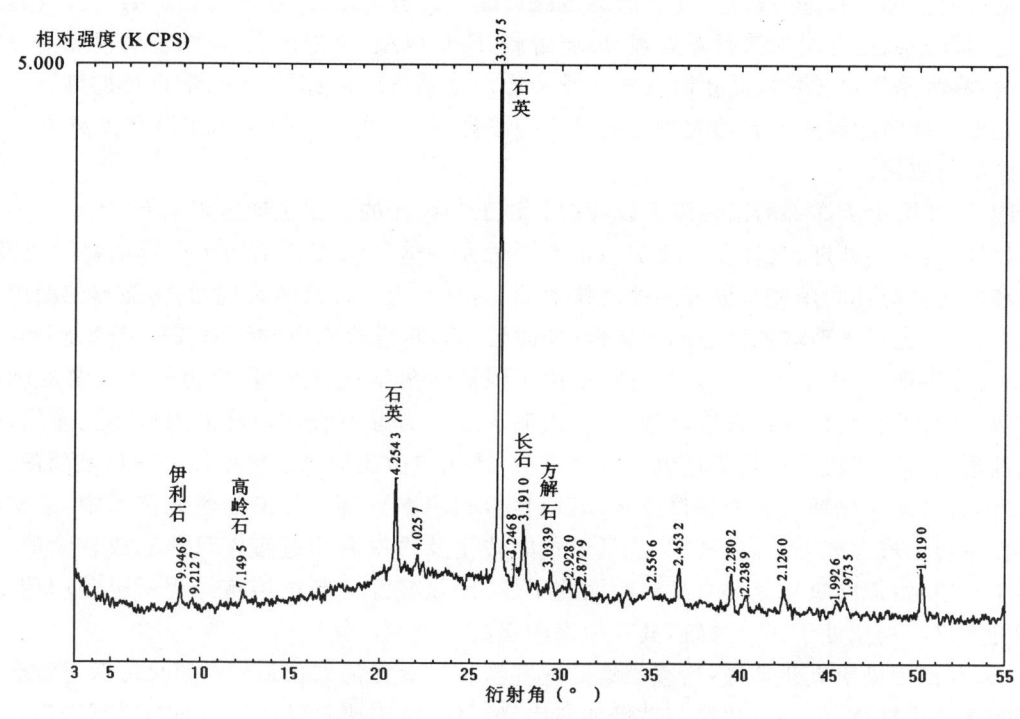

图 7-1 干污泥的 XRD 图谱

Fig. 7-1 XRD pattern of the dried sewage sludge

§7.5 裂纹玻璃晶化法制备污泥微晶玻璃的工艺流程设计和制备实验

7.5.1 工艺流程设计

当前，关于污泥制微晶玻璃的方式均是间接利用污泥焚烧或热处理后的飞灰（fly ash）和/或底灰（bottom ash），而不是直接利用污泥。就整个污泥资源化系统而言，这种资源化途径的系统性较差。因为污泥的有机质和有机物的潜在热能的利用与无机残渣的材料化利用被分隔开了,先是通过焚烧、热处理等直接或间接回收热能,随后再将无机残渣进行材料化利用。

利用污泥制备微晶玻璃的工艺也主要采用熔融法或粉末烧结法,产品的品位受到限制,主要用于铸石、石料的替代品,必然影响产品的附加值和成本的回收。

本书通过对现行污泥资源化技术的调研,提出将污泥的热能回收和无机成分资源化利用融为一体,直接利用干污泥的燃烧放热辅助加热、熔解配合料,使热能经过配合料的内部吸收而得到充分应用,以减少热能转化和再次利用过程中的热量损失。同时,污泥的无机成分融入玻璃体,作为微晶玻璃的前驱体成分。其工艺路线是:首先将污泥进行干化预处理,制成干涸的泥饼;再对泥饼的水分含量、烧失量、化学成分、矿物组成进行系统测试;以测试结果为基础,掺加适量的辅助原料进行改性,使之满足微晶玻璃的成分要求;采用本书提出的裂纹玻璃晶化法工艺,即配料、配合料加热氧化处理、玻璃熔制、压延成型、水淬惊裂、裂纹玻璃板烧结、晶化、磨抛等,将污泥氧化、熔融、晶化制备成建筑装饰用微晶玻璃板材。其中,配合料加热氧化处理工艺是专门针对污泥中含有的大量有机成分而设计,目的在于回收利用热能和提高进入玻璃池窑的物料质量。

图 7-2 给出了详细的工艺流程设计图。该工艺设计的主要设计思路如下:

(1)将污泥热处理、焚烧和灰渣资源化利用融为一体。该工艺不同于现行的将污泥焚烧、热解和灰渣资源化利用完全分开的处理技术,而是合二为一。具体表现为:污泥与辅助原料配成的配合料,先投入玻璃池窑前的氧化窑(如回转窑),将混合料中的污泥有机成分充分氧化分解,释放出热量,可供给污泥干燥、预热,或用于预热池窑空气及燃料,也可作为池窑的辅助加热热源;随后配合料自动转入玻璃池窑内,污泥灰渣在高温下直接与辅助原料相互作用,经过硅酸盐形成、玻璃澄清、均化等玻璃熔炼阶段后,转化成微晶玻璃的前驱体——母玻璃液。

(2)将污泥氧化释放出的热量直接加以利用,利用率更高。目前的焚烧技术中,通常将放出的热量转化成电能,再加以利用,能量形式的转化及再次利用过程中可能造成较大的损耗;而本工艺中,污泥的氧化放热直接被污泥的干燥、预热或配合料的熔炼过程所吸收利用,由于热能的产出与利用处于同一系统,其利用率应更高。

(3)有机污染质氧化彻底,后续收集处理容易。尽管污泥氧化窑中的氧化分解过程会产生有毒有害有机气体,但将氧化窑与玻璃池窑串联,氧化窑中废气经过池窑时将受到玻璃熔融所需的 1 400℃以上高温的再次氧化分解,同时也会释放出部分热能供池窑所用。因此,污泥中本身含有的或受热分解出的有毒有害有机污染质均能被进一步彻底氧化、分解,生成 CO_x、SO_x、NO_x 等低分子气体。基于目前的废气收集处理技术,这些气体是很容易被收集和无害化处理的。

(4)重金属的固化牢固。污泥中的重金属污染也是一个重要方面。目前的物理、化学固化或稳定化成本较高,且再次溶出趋势较大。在本工艺中,重金属作为固溶质,被固化在玻璃网络或晶体晶格中,稳定程度高,难以再次溶出。

(5)裂纹玻璃晶化法具有原料要求低、配方范围宽的技术特点,既能适应污泥成分多变的特征,也能适应污泥中的杂质成分及重金属对裂纹玻璃析晶行为的影响。污泥中的无机成分全部被微晶玻璃产品而被利用,没有残渣排出。

另需补充的是,为降低污泥恶臭、杀灭病原体、钝化重金属,以改善污泥前期处理的工作条件,本工艺设计中建议用石灰作为污水处理厂剩余污泥的稳定剂。由于石灰中有效成分 CaO

是微晶玻璃配料所必须的，在污泥前期处理中大量使用石灰并不会对裂纹玻璃晶化法制备污泥微晶玻璃的工艺过程产生影响。

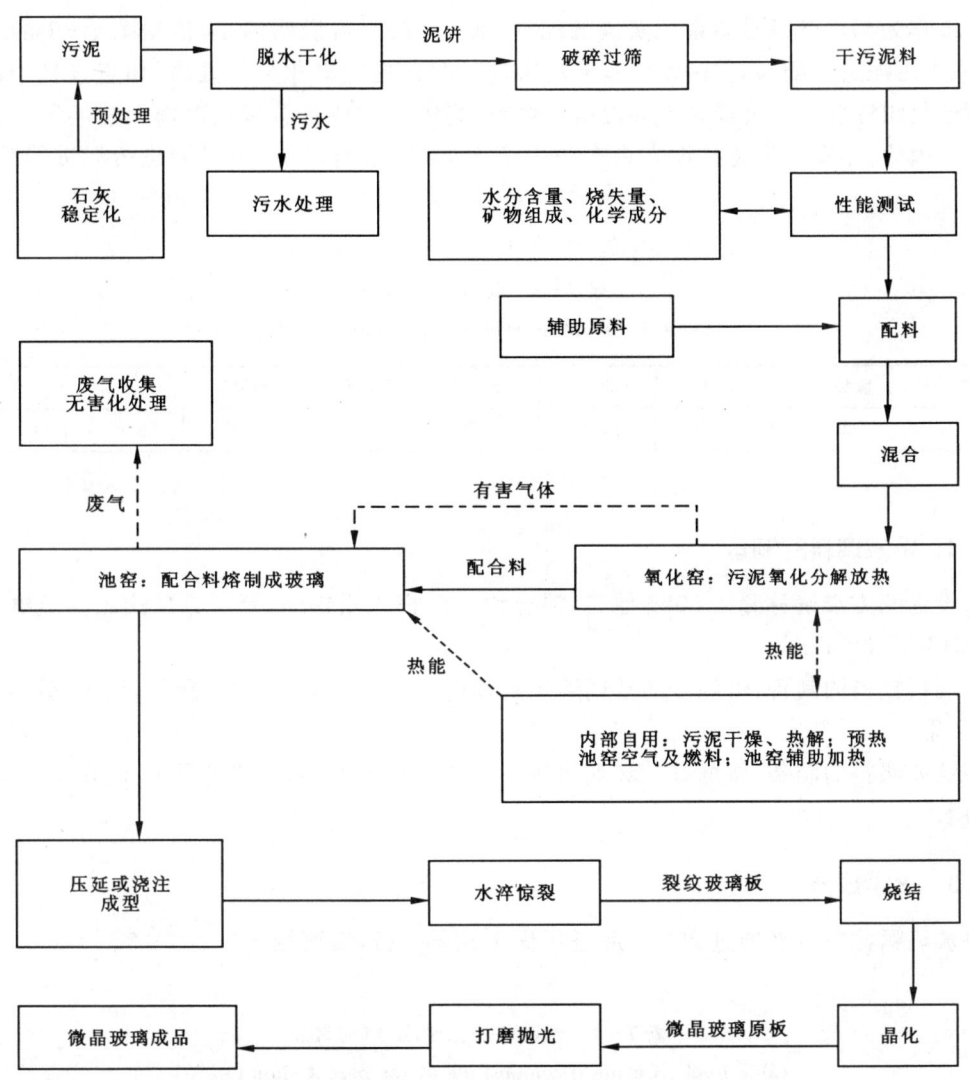

图 7-2 裂纹玻璃晶化法制备污泥微晶玻璃的工艺流程

Fig. 7-2 Flowchart of preparing glass-ceramic from the sewage sludge by QICGC process

——▶表示物料流通线；---▶表示有害废气流通线；····▶表示热能流通线

7.5.2 制备实验

裂纹玻璃晶化法制备污泥微晶玻璃的实验设计和过程与第三章所述的裂纹玻璃晶化法基础研究实验一致，除污泥外的其它原料及设备器材与第三章完全相同。

7.5.2.1 配方设计

基于前面的裂纹玻璃晶化法基础研究结果,并经先期的配方试探性实验,最终设计出配方BSLW15作为污泥微晶玻璃系统实验的配方(表7-2)。需说明的是,依据图7-1的工艺流程,应以干污泥进行配料,但由于没有回转窑进行配合料的氧化分解处理,如直接将干污泥配合料置于封闭性较好的升降式超高温电炉熔料,将因炭质成分含量过高而无法熔制出合格的母玻璃。因此,本实验先将污泥在台车炉中于1 000℃进行煅烧,再以煅烧污泥进行配料、熔炼。

表7-2 配方表(w_B%)

Table 7-2 Mix-designs of the batch (w_B%)

配方编号	煅烧污泥	SiO_2	$CaCO_3$	Na_2CO_3	H_3BO_3	Sb_2O_3	ZnO	合计
BSLW15	40.00	18.90	23.30	9.40	5.40	0.55	2.45	100.00

7.5.2.2 母玻璃料的制备

按设定配方准确称量4 000g原料,混合均匀后投入坩锅中,置于升降式超高温电炉中于1 500℃熔炼160min。

玻璃颗粒料的制备:熔炼好的玻璃熔体直接倒入水中,水淬成玻璃颗粒,烘干、破碎、过筛、分级,备用。

裂纹玻璃料的制备:熔炼好的玻璃熔体浇铸在预热至1 000℃的模具中,趁热及时水淬,烘干,备用。

7.5.2.3 化学成分

将玻璃颗粒料研磨通过200目后进行化学成分分析,实测结果见表7-3。

表7-3 母玻璃的化学成分(w_B%)

Table 7-3 Chemical composition of the parent glass (w_B%)

化学成分	SiO_2	Al_2O_3	CaO	MgO	K_2O	Na_2O	TFe_2O_3	TiO_2	ZnO	B_2O_3	MnO	P_2O_5
BSLW15	51.30	11.79	19.25	1.12	0.98	5.69	3.13	0.54	2.21	2.30	0.04	1.59

7.5.2.4 差热分析(DTA)

DTA测试结果(图7-3)显示,配方BSLW15的母玻璃的析晶温度很低,主析晶放热峰位于885.1℃,远低于前述基础研究的DTA放热峰(附图1)。这可能是由于污泥中含有铁、磷、硫和重金属等具有促进析晶的成分,导致析晶温度降低。

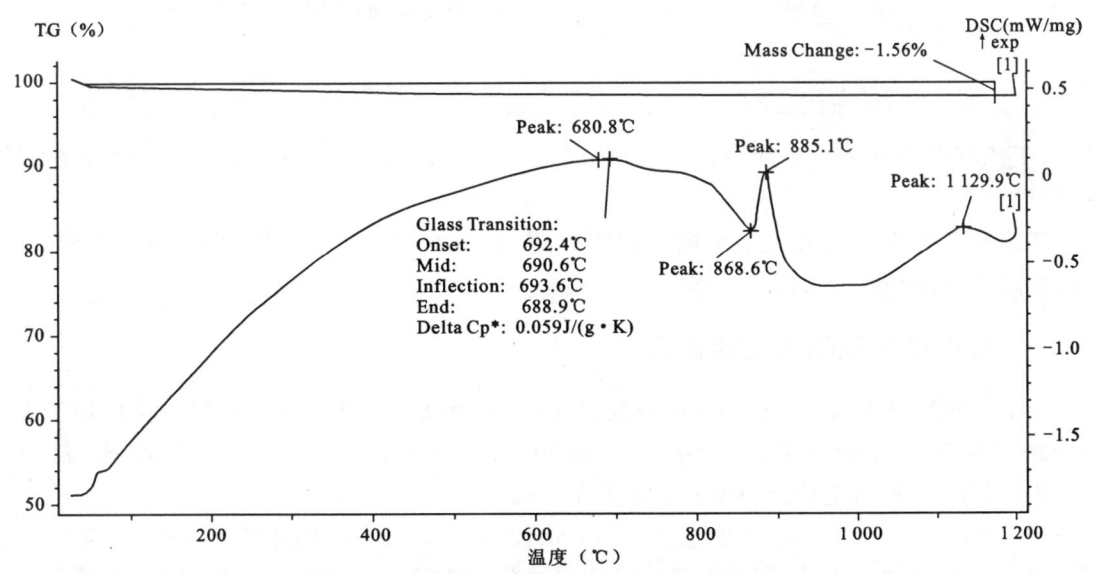

图 7-3 配方 BSLW15 的母玻璃的 DTA 曲线
Table 7-3 DTA trace of the parent glass of the batch BSLW15

7.5.2.5 烧结实验

实验目的：①试验污泥裂纹玻璃在不同烧结温度下的烧结状况，寻找最佳的烧结温度；②污泥母玻璃料以裂纹玻璃和玻璃颗粒两种形态进行烧结时的烧结性对比，证明污泥裂纹玻璃同玻璃颗粒相比可在更低的温度下实现烧结，且烧结致密度更高。

实验过程：以配方 BSLW15 裂纹玻璃为研究对象，将其放入台车式电阻炉，以下列温度制度进行对比烧结：

$T_\text{烧}$℃−100℃进炉 →(10℃/min)→ $T_\text{烧}$℃−60℃ →(4℃/min)→ $T_\text{烧}$℃保60min → 加盖、取出，空气中自冷

其中，$T_\text{烧}$℃（烧结温度）设为变量，分别为 800℃、820℃、840℃、860℃、880℃、900℃。同时，对 BSLW15 玻璃颗粒进行对比烧结。玻璃颗粒料采用分层装模方式，先称细玻璃颗粒(＜1.68mm)40g 置于模底，再称粗玻璃颗粒(≥1.68mm)20g 铺在上面。

烧结效果的表征：①密度、气孔率的测定；②烧结体的实物照片。

7.5.2.6 晶化实验

实验目的：用不同的晶化温度对污泥裂纹玻璃进行晶化处理，通过测试样品的晶相组成、显微结构、表观形貌等来研究温度对污泥裂纹玻璃晶化行为的影响，并优选出最佳晶化温度。

实验过程：固定晶化时间为 90min，将晶化温度设为变量，对配方 BSLW15 的裂纹玻璃按下列温度制度进行晶化热处理：

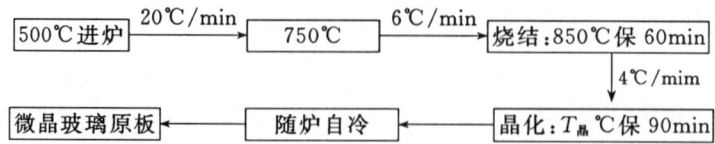

其中，$T_{晶}℃$（晶化温度）分别为：900℃、950℃、975℃、1 000℃、1 025℃、1 050℃、1 075℃、1 100℃。

晶化效果的表征：①微晶玻璃的实物照片；②X-射线粉晶衍射分析（XRD）；③密度、气孔率的测定；④抗折强度测试。

7.5.3 污泥微晶玻璃的性能测试

与前面的裂纹玻璃晶化法的基础研究相比，污泥微晶玻璃的性能测试项目仅增加了毒性特征浸出实验（Toxicity Characteristic Leaching Procedure，简称 TCLP）。在此，仅给出 TCLP 的试验程序，其它性能测试项目详见§3.6。

TCLP 试验程序为：样品研磨至小于 $50\mu m$，浸泡在 $0.5mol/l$ 的醋酸溶液中，温度为 $22\pm3℃$，时间 24h；提取浸出液，利用 ICP-AES 测试 Cu、Pb、Zn、Cr、Cd、Mn、Fe、Ni 等重金属元素含量（$\mu g/g$）。

所用 ICP-AES 设备为美国 Thermo Electron Corporation 所产，型号 IRIS Intrepid Ⅱ xsp。

§7.6 污泥裂纹玻璃的烧结

7.6.1 烧结体的表观形貌

附图 10 给出了污泥裂纹玻璃和玻璃颗粒烧结体的实物照片。裂纹玻璃在 800℃时已能烧成表面平整烧结体；随着温度的升高，烧结体的平整性有所提高，在 840℃时表面已很平整；继续提高烧成温度，烧结体表面平整性均较好，但样品色泽变淡，特别是原始裂纹处颜色明显淡于原始玻璃碎屑，其原因可能是有晶体析出之故，因为该配方的 DTA 曲线（图 7-3）上的晶化峰温度（885.1℃）较低，在较高的烧结温度下必然有晶体的析出。

从裂纹玻璃和玻璃颗粒的并行烧结体照片可以看出，裂纹玻璃在较低的 800℃时已能烧成表面平整的烧结体；而玻璃颗粒在 820℃时烧结体表面仍呈圆滑的玻璃颗粒态，仅当温度升到 840℃以上，表面才能烧结平整，但仍有或多或少的凹坑存在。可见，污泥裂纹玻璃的烧结性优于玻璃颗粒，烧结温度更低，这与第四章的裂纹玻璃具有烧结优势的论证结果一致。

7.6.2 密度与气孔率

密度和气孔率指标能很好地反映烧结体的烧结质量。图 7-4、图 7-5 和表 7-4 给出了污泥配方 BSLW15 的裂纹玻璃和玻璃颗粒烧结体的有关致密度指标的图表。由图 7-4、图 7-5 可知，污泥裂纹玻璃烧结体的致密度远高于玻璃颗粒，表明裂纹玻璃可以克服污泥中杂质对烧结的影响，且可在更低的烧结温度下达到较高的烧结致密度。

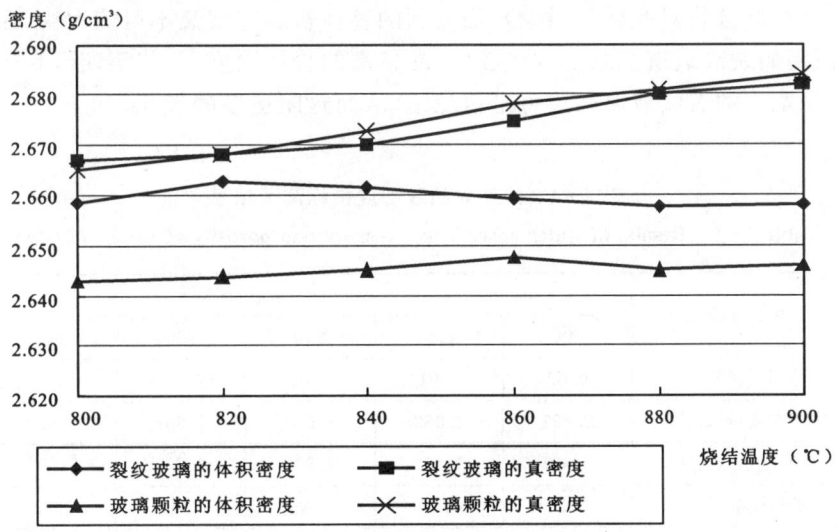

图 7-4 烧结体密度与烧结温度的关系

Fig. 7-4 Density of sintered bodies as a function of temperatures

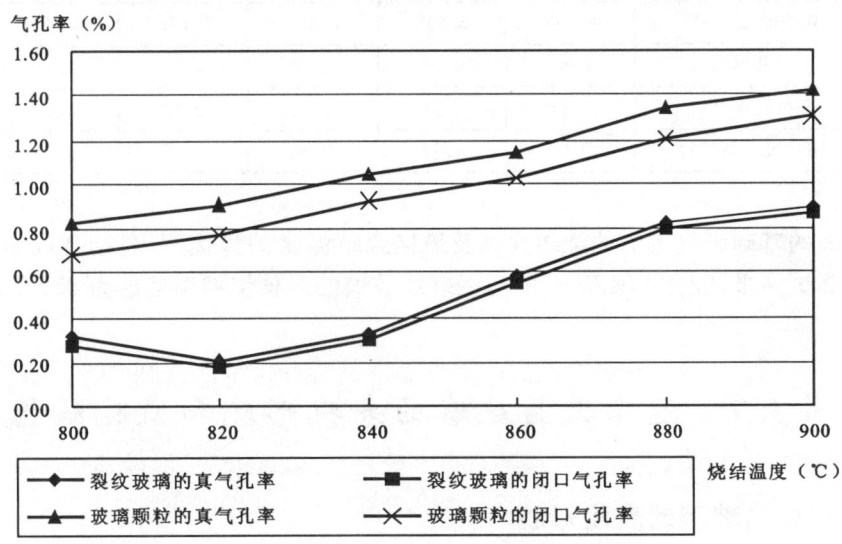

图 7-5 烧结体气孔率与烧结温度的关系

Fig. 7-5 Porosity of sintered bodies as a function of temperatures

从图 7-4、图 7-5 还可看出,裂纹玻璃在 840℃ 以上的温度下烧结时,被封闭形成的气孔量随温度的增高而显著增大。增大趋势与第四章利用传统原料制备的裂纹玻璃烧结体的气孔率变化趋势一致,但气孔率增幅却明显高于第四章的传统原料的优越配方。这可能与配方 BSLW15 易烧结性有关。附图 10 显示,该配方的玻璃颗粒在 800℃ 烧结时,表面已熔圆,表明该配方的软化温度和烧结温度偏低,过高的烧结温度(860℃ 及以上)必然有利于裂纹玻璃表层迅速烧结,导致中下层间隙裂纹中的气体排出不完全,形成气孔。此外,该污泥配方不利于表面析晶(本章后续部分将对此展开讨论),而有利的整体析晶速度又不可能太快,因析晶而增加玻璃粘度进而阻碍裂纹玻璃烧结的效应较弱,在较高的烧结温度下,与第四章易表面析晶的配方相比,该污泥配方的裂纹玻璃表层可迅速烧结,从而封闭更多的气孔。

表 7-4 烧结体的致密度指标测试结果
Table 7-4 Results of water absorbance, density and porosity of sintered bodies

玻璃形态	性能指标	烧结温度(℃)					
		800	820	840	860	880	900
裂纹玻璃	吸水率(%)	0.02	0.01	0.01	0.01	0.01	0.02
	体积密度(g/cm³)	2.659	2.663	2.661	2.659	2.658	2.658
	真密度(g/cm³)	2.667	2.668	2.670	2.675	2.680	2.682
	真气孔率(%)	0.32	0.21	0.33	0.59	0.82	0.89
	显气孔率(%)	0.05	0.03	0.04	0.03	0.03	0.02
	闭口气孔率(%)	0.27	0.18	0.29	0.56	0.80	0.88
玻璃颗粒	吸水率(%)	0.05	0.05	0.04	0.05	0.05	0.04
	体积密度(g/cm³)	2.643	2.644	2.645	2.647	2.645	2.646
	真密度(g/cm³)	2.665	2.668	2.673	2.678	2.681	2.684
	真气孔率(%)	0.83	0.90	1.04	1.14	1.34	1.42
	显气孔率(%)	0.14	0.13	0.11	0.12	0.14	0.11
	闭口气孔率(%)	0.68	0.77	0.93	1.02	1.20	1.30

基于前面的基础研究得出的烧结规律及最佳烧结温度的择优原则,结合烧结体形貌及致密度指标的测试结果,配方 BSLW15 的污泥裂纹玻璃的最佳烧结温度约为 850℃。

§7.7 污泥微晶玻璃的表观形貌和微观结构

7.7.1 污泥微晶玻璃的表观形貌

附图 11 给出了污泥裂纹玻璃经烧结和晶化处理后的样品表观形貌照片。图中显示,污泥裂纹玻璃晶化样品形貌与前面的基础研究中的晶化样品形貌有较大的差别(附图 5)。后者在较高温度下晶化后,表面显示出完全晶化的形貌;而前者仅在 1 000℃、1 025℃时能完全晶化,当晶化温度低于或高于该温度时,原始裂纹处晶化度很高,玻璃碎屑内部晶化度相对较低,其形貌与 BSLW4 在 900℃下晶化样品相似。可见,污泥裂纹玻璃的表面析晶能力仍然很强,但在裂纹处先期析出的晶体向原始玻璃碎屑内部生长的能力很弱,从而形成裂纹易晶化而玻璃碎屑内部难晶化的表观形貌。

通过抛光 1 025℃下的晶化样品[附图 11(h)]发现,该污泥微晶玻璃仍有丰富的纹理形貌,具有一定的装饰效果,体现了裂纹玻璃晶化法可生产具有纹理形貌的固体废物微晶玻璃板

7.7.2 污泥微晶玻璃的晶相组成(XRD)

附图 12 给出了污泥配方 BSLW15 的裂纹玻璃在不同晶化温度下的微晶玻璃的 X-射线粉晶衍射分析(XRD)图谱。由图可知,BSLW15 在 900～1 075℃下晶化的微晶玻璃的晶相纯度高,均为透辉石晶体,未见其它晶相析出。

在本书第五章中已提及,硅灰石晶体极易表面析晶,一旦从裂纹玻璃的原始裂纹面析出后,就能以一定的速度向玻璃碎屑内部生长,促进玻璃碎屑内部也析出晶体。从 BSLW15 的微晶玻璃样品形貌(附图 11)确实可以看出,原始裂纹处优先析出晶体,致使裂纹处显现为淡黄色;然而,也可明显看出,原始玻璃碎屑内部色泽与裂纹处截然不同,两者的晶相组成必然不一样;由于裂纹处通过表面析晶而析出的是硅灰石晶体,那么,非裂纹处的主晶相就不应是硅灰石。由此可以认为,附图 12 的 XRD 图谱应映出的主晶相透辉石是与样品宏观形貌相一致的,即占主导地位的裂纹玻璃碎屑析出的晶体并不是原始裂纹处析出的硅灰石晶体向玻璃碎屑内部生长而成的,而是通过玻璃碎屑含有的由污泥引入的杂质成分的非均匀成核作用下发生了整体晶化。显然,玻璃碎屑表面(裂纹处)和内部的晶体相的差异,可使微晶玻璃样品在原始裂纹处留下纹理形貌,有利于提高微晶玻璃样品的装饰效果。

7.7.3 污泥微晶玻璃的显微结构(SEM)

图 7-6 是 BSLW15 污泥裂纹玻璃在 1 025℃下晶化而成的微晶玻璃的 SEM 显微照片。图中晶体呈粒状,粒径小于 $0.5\mu m$。晶体分布均匀,呈典型的整体晶化形态;未见到因表面析晶、枝晶生长而形成的枝状晶簇。进一步表明,该配方的裂纹玻璃在裂纹愈合后,主要以整体析晶而非表面析晶的方式析出晶体。

结合 XRD 和 SEM 可知,污泥配方 BSLW15 的裂纹玻璃的裂纹处通过表面析晶而析出的晶体几乎不能向玻璃碎屑内部生长;XRD 显示的主晶相为透辉石而不是硅灰石;而 SEM 图像又显示出整体析晶的微观结构。产生这些结果的根本原因可能在于,母玻璃的化学组成不利于硅灰石晶体的析出。由 BSLW15 的化学组成(表 7-3)可知,Al_2O_3 含量很高,根据现役烧结法配方理论,过高的 Al_2O_3 含量会抑制硅灰石晶体($\beta-CaSiO_3$)的析出;另一方面,Fe_2O_3、TiO_2、P_2O_5、MgO 等成分的存在,有利于辉石族(透辉石、普通辉石)晶体通过整体析晶方式析出。由此可以推知,原始裂纹面的非均成核可以促使易表面析晶的硅灰石晶体的析出,但限于母玻璃的化学成分不利于硅灰石晶体向玻璃碎屑内部生长,裂纹表面析出的硅灰石晶体只能局限于原始裂纹面处,生成与原始裂纹形貌相一致的线状纹理;相反,母玻璃的化学成分含有的 Fe、S、Ti、P 及其它重金属等具有晶核剂作用的成分却可以通过自发的、几乎不受裂纹表面析晶影响的非均匀成核过程,最终促使辉石类晶体从裂纹玻璃中的大量的玻璃碎屑内部通过整体析晶方式析出。

综合污泥裂纹玻璃的晶化样品形貌、XRD 图谱和 SEM 图像可知,含有大量的具有晶核剂作用的杂质成分的污泥掺入配合料后,一方面,对裂纹玻璃的表面析晶产生了很大的制约,甚至完全抑制表面先期析出的晶体向玻璃碎屑内部方向的生长;另一方面,又促进了裂纹玻璃烧结后在原始玻璃碎屑内部整体晶化。可见,通过裂纹玻璃晶化法制备的污泥微晶玻璃的纹理形貌必然受到析晶机理的限制,只可获得细线条形纹理,但仍具有较好的装饰效果。

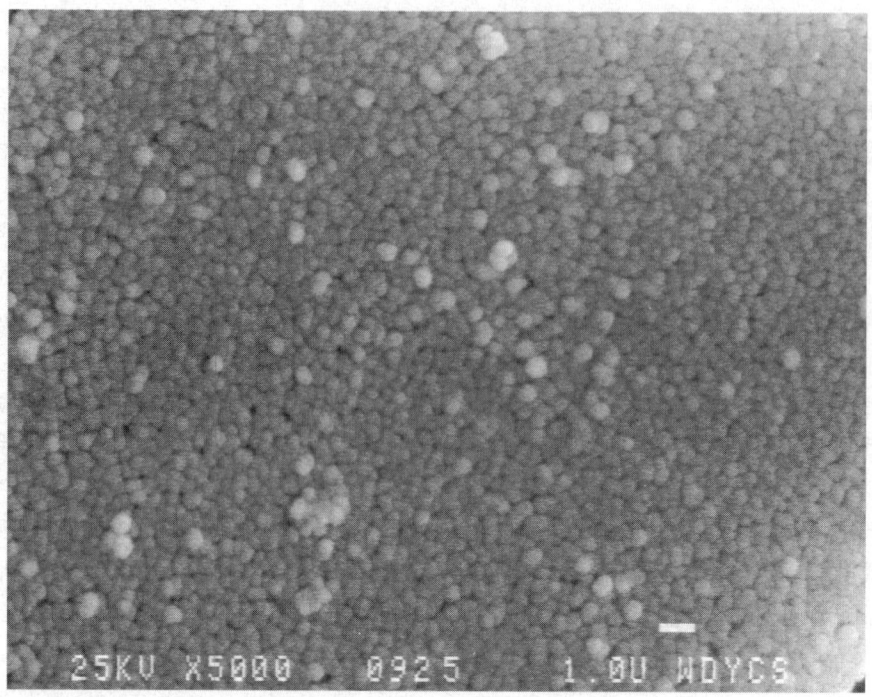

(a) ×1 000倍

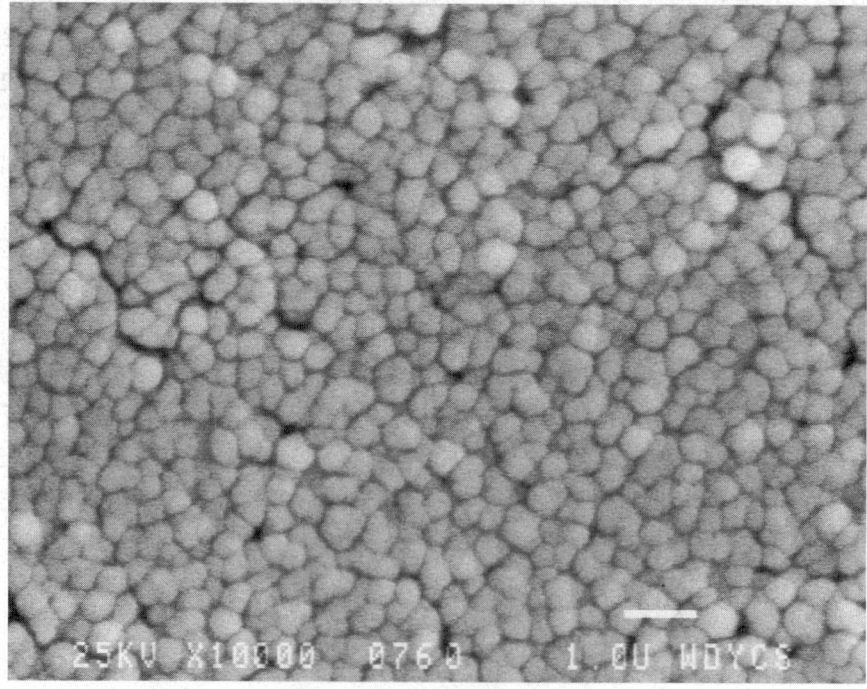

(b) ×10 000倍

图 7-6 BALW15 的裂纹玻璃在 1 025℃下晶化成的微晶玻璃的 SEM 图像

Fig. 7-6 SEM micrographs of the BSLW15 glass-ceramic crystallized at 1 025℃

§7.8 污泥微晶玻璃的性能表征

7.8.1 致密度指标

裂纹玻璃在最佳烧结温度下烧结后再进行晶化处理,因此,烧结体中封存的闭口气孔必然带入晶化阶段。对比图 7-8 和图 7-5 可知,裂纹玻璃在 850℃烧结后再在 900℃晶化样品的

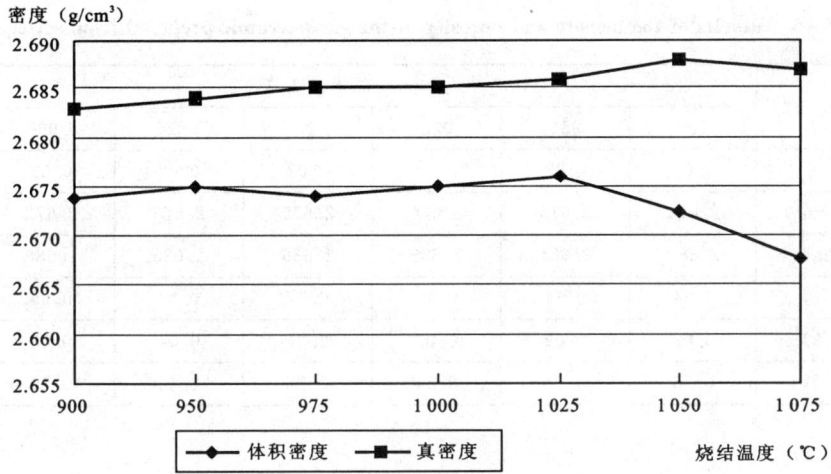

图 7-7 微晶玻璃密度与烧结温度的关系

Fig. 7-7 Density of glass-ceramic prepared from sewage sludge as a function of temperature

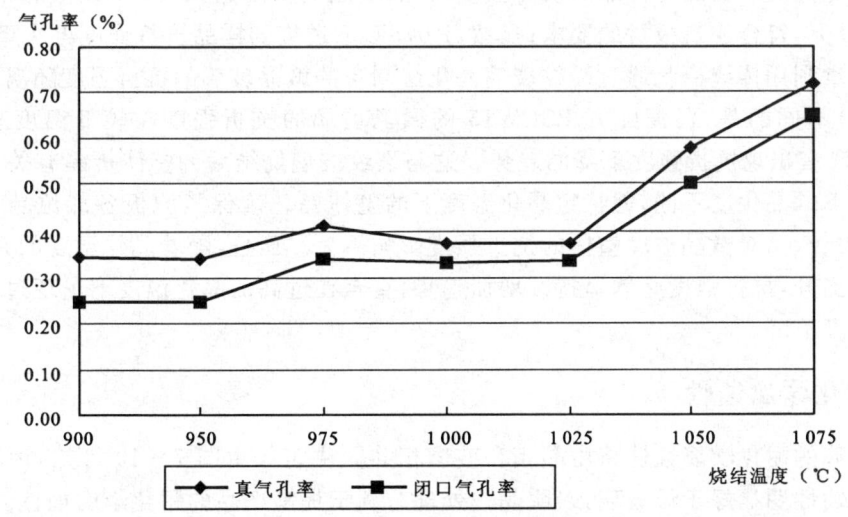

图 7-8 微晶玻璃气孔率与烧结温度的关系

Fig. 7-8 Porosity of glass-ceramic prepared from sewage sludge as a function of temperature

闭口气孔率与840℃的烧结体的气孔率相当;但晶化温度增高后,气孔率先呈较小幅度的增加;当晶化温度达到1 050℃后,气孔率陡然增加,表明玻璃粘度急剧降低,闭口气体发生了膨胀。另从图7-7也可看出,裂纹玻璃晶化样品的体积密度在1 050℃后下降明显。所有这些变化趋势与前面的传统原料通过裂纹玻璃晶化法制得的微晶玻璃一致。总的来说,污泥裂纹玻璃晶化而成的微晶玻璃的闭口气孔率很低(表7-5),合理晶化温度下的闭口气孔率稳定在0.35%附近,有利于得到没有表面气孔缺陷的污泥微晶玻璃抛光板。样品打磨抛光后[见附图11(h)1 025℃-抛光板]未见大于1mm的气孔,仅有少量的针孔缺陷,不会影响装饰效果。

表7-5 污泥微晶玻璃的致密度指标测试结果

Table 7-5 Results of the density and porosity of the glass-ceramic prepared from sewage sludge

性能指标	晶化温度(℃)						
	900	950	975	1 000	1 025	1 050	1 075
吸水率(%)	0.03	0.03	0.03	0.02	0.02	0.03	0.03
体积密度(g/cm³)	2.674	2.675	2.674	2.675	2.676	2.672	2.668
真密度(g/cm³)	2.683	2.684	2.685	2.685	2.686	2.688	2.687
真气孔率(%)	0.34	0.34	0.41	0.37	0.37	0.58	0.72
显气孔率(%)	0.09	0.09	0.07	0.04	0.04	0.08	0.07
闭口气孔率(%)	0.25	0.24	0.34	0.33	0.33	0.50	0.65

7.8.2 抗折强度

不同晶化温度下的微晶玻璃因晶化度不同,其抗折强度也不相同。图7-9显示,污泥裂纹玻璃在较低温度下的晶化样品的抗折强度很低;当晶化温度达到975℃以上时,抗折强度达到35MPa以上,符合建筑板材的要求;显然,1 075℃下过烧的样品抗折强度再次降低。

同第六章利用传统原料通过裂纹玻璃晶化法制备的微晶玻璃的抗折强度随温度的变化曲线(图6-1)不同的是,污泥配方BSLW15的微晶玻璃的抗折强度在较低温度阶段(900～1 000℃)并没有出现抗折强度下降的趋势。这与裂纹玻璃烧结后的整体析晶有关。尽管不同的晶化温度下的晶化度不同,但特定晶化温度下的整体晶化确保了原板各部位晶化度趋于一致,故内应力较小,对微晶玻璃整体的抗折强度影响不大。而且,随着晶化温度的升高,整体晶化度的不断提升,抗折强度必然呈持续增加趋势,直至在过高的晶化温度下出现过烧现象而导致的抗折强度下降。

7.8.3 耐化学腐蚀性

微晶玻璃的耐化学腐蚀性将由晶相和玻璃相共同决定。由图7-10可知,污泥微晶玻璃的耐化学腐蚀性明显好于母玻璃,表明晶化处理有利于提高产品的耐化学腐蚀性。

同图6-11比较可知,污泥配方BSLW15的母玻璃受H_2SO_4的侵蚀量远高于传统原料制得的母玻璃,其原因可能在于母玻璃中含有较高的碱金属和碱土金属离子(表7-3)。尤其是碱金属离子R^+(Na^+、K^+)在玻璃中的迁移性很强,由第六章的分析已知,酸将对碱金属离子

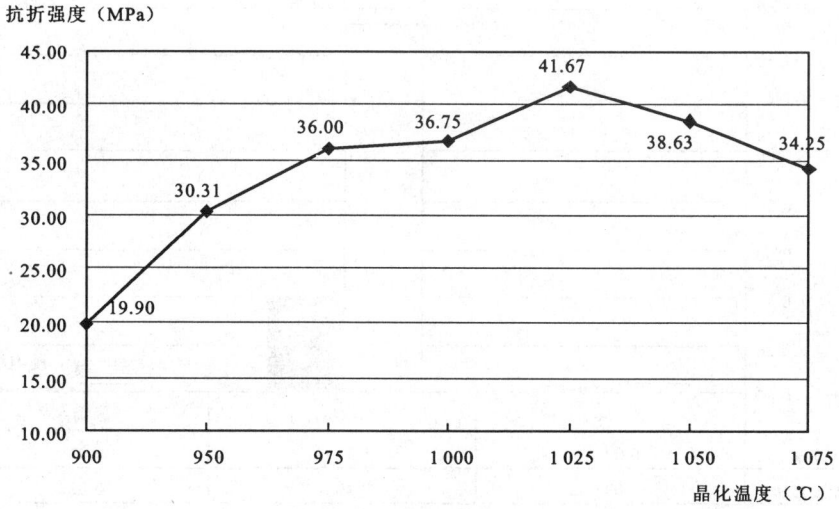

图 7-9 BALW15 的裂纹玻璃在不同晶化温度下制得的微晶玻璃的抗折强度

Fig. 7-9 Bending strength of the BSLW15 glass-ceramics as a function of crystallization temperature

含量高的母玻璃的侵蚀性很强。另一个原因可能是母玻璃中的网络中间体(Al_2O_3、B_2O_3)含量较高所致(表 7-3)。特别是 Al_2O_3 的含量过高,网络空隙尺寸变化大,R^+ 的迁移速度加快,耐酸性恶化。可见,在较高的碱金属离子和网络中间体的协同作用下,BSLW15 的母玻璃的耐酸性极差。

尽管 BSLW15 污泥微晶玻璃的耐酸性与第六章的传统原料制备的微晶玻璃的耐酸性一样,均较差,但两者的耐酸性机理却相反。后者的耐酸性差主要在于晶体相的耐酸性不好,而前者的耐酸性差则与晶体相无关,因为该微晶玻璃的 SEM 图像(图 7-6)、XRD 图(附图 12)均已证明它的主晶相是透辉石。众所周知,透辉石的耐酸性比硅灰石好。因此,有理由相信,BSLW15 的微晶玻璃的耐酸性差应归因于 H_2SO_4 对残余玻璃相的侵蚀。这不但缘于 BSLW15 的母玻璃耐酸性差,而且母玻璃析晶后,碱金属和 Al_2O_3 的富集更不利于残余玻璃相的耐酸性,致使晶化后的残余玻璃的耐酸性更弱于母玻璃,导致污泥微晶玻璃的整体耐酸性更差。

图 7-10 也显示,BSLW15 污泥微晶玻璃和母玻璃的耐水性和耐碱性均很好,其机理与第六章的论述一致(参见§6.3),故不再赘述。

7.8.4 微晶玻璃对重金属的固化效应

重金属是污泥中的主要污染质之一,且可通过食物链进入人体,危及人类健康。对于重金属的最终处置、处理,主要采取稳定化(stability)、固化(solidification)等措施。众多的实验研究已表明,微晶玻璃可以很好地固化重金属。本实验制备污泥微晶玻璃的目的之一就是要完全固化污泥中的重金属,消除其对环境的污染。

表 7-6 给出了干污泥、煅烧污泥、污泥母玻璃及污泥微晶玻璃的 TCLP 试验结果。表中显示,污泥中含有较高的可浸出重金属,即使通过 1 000℃煅烧后,仍不能有效消除重金属的可浸出危害性。仅当污泥与辅助原料相混合,在高温下完全熔融成玻璃态后,重金属才能完全固

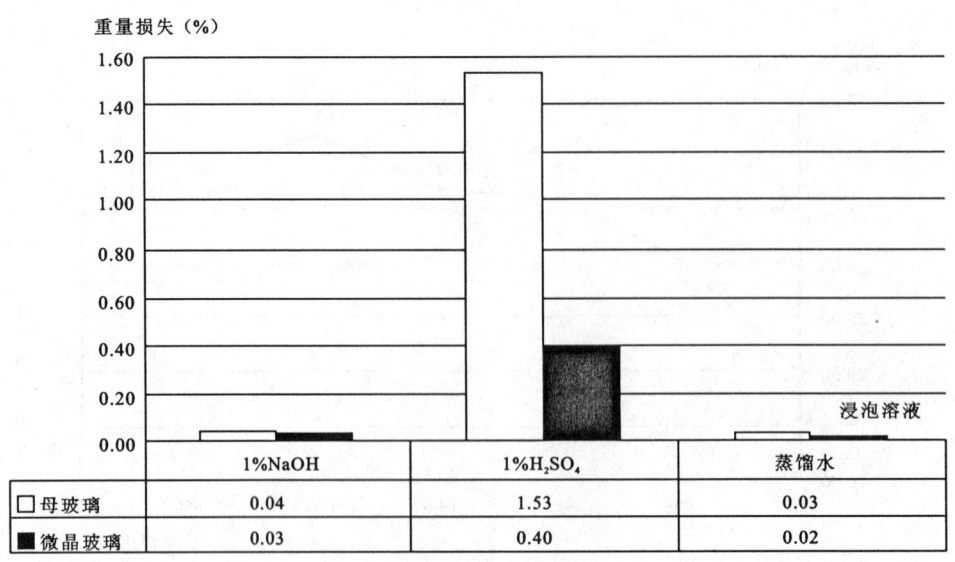

图 7 - 10　BSLW15 污泥微晶玻璃的耐化学腐蚀性
Fig. 7 - 10　Chemical resistance of the BSLW15 glass-ceramics

化下来。当母玻璃转化成微晶玻璃后,仍对重金属保持了很好的固化效果。可见,以污泥作为主要原料制备的微晶玻璃是环境友好材料。

表 7 - 6　毒性特征浸出实验的测试结果　　　　　　　　　　（单位:μg/g）
Table 7 - 6　Results of the heavy metals leached by TCLP test　（unit: μg/g）

重金属名称	Pb	Cu	Zn	Cr	Cd	Mn
干污泥	9.860	9.300	23.000	2.000	20.230	14.100
煅烧污泥	2.520	3.210	7.930	1.000	5.120	2.400
污泥母玻璃	0.700	0.007	2.600	<0.005	0.010	0.140
污泥微晶玻璃	0.432	0.042	1.200	<0.005	0.040	0.080

通常情况下,玻璃和微晶玻璃均能很好地固化重金属,从表 7 - 6 也可看出两者的固化效果不分伯仲。但两者的固化机理不完全相同,母玻璃主要通过无规则网络将重金属离子固定在硅氧四面体的孔隙中;而微晶玻璃中的残余玻璃相与母玻璃对重金属的固化机理相同,但晶体相则以另一种方式固定重金属,即重金属替代晶体中的其它离子(主要为 Ca^{2+}、Al^{3+})而进入晶格。

§7.9　本章小结

(1)以污泥作为主要原料制备的裂纹玻璃的烧结性优于相应的玻璃颗粒,烧结温度更低,在 800℃ 就能实现烧结;致密度更高,较佳条件下的闭口气孔率小于 0.4%,表明以裂纹玻璃作为微晶玻璃的前驱体进行热处理,可以克服污泥杂质对烧结性的影响,且可在更低的烧结温度下达到较高的烧结致密度。

(2) XRD 测试显示,污泥微晶玻璃的主晶相为透辉石;SEM 图像显示,微观晶体呈颗粒状均匀分布。这表明,该配方的污泥裂纹玻璃的主导析晶方式是整体析晶,而不是表面析晶;这也说明,裂纹玻璃中的玻璃碎屑内部析出的晶体并不是原始裂纹处析出的硅灰石晶体向玻璃碎屑内部生长而成,而是通过玻璃碎屑自身含有的由污泥引入的杂质成分的非均匀成核作用而发生的整体析晶。其原因在于:①该配方的化学组成中 Al_2O_3 含量很高,抑制了硅灰石晶体的析出;②Fe_2O_3、TiO_2、P_2O_5、MgO 等成分的存在,有利于辉石族(透辉石、普通辉石)晶体通过整体析晶方式析出。

(3) 原始裂纹面含有的大量成核位及具有的成核能量优势,可以促使易表面析晶的硅灰石晶体的析出,但限于母玻璃的化学成分不利于硅灰石晶体的生长,裂纹处先期析出的晶体向原始玻璃碎屑内部生长的能力很弱,表面析出的硅灰石晶体只能局限于原始裂纹处,原板表面和抛光面呈现出线状晶脉形貌,具有一定的装饰作用。

(4) 前面的基础研究所得出的有关裂纹玻璃烧结和晶化规律及结论基本适用于污泥裂纹玻璃,但晶化后期主导析晶方式及最终产品纹理形貌却有较大差异。建议后续研究工作应在前面的研究成果基础上针对污泥成分的特殊性而进行系统的配方试验,通过母玻璃成分调整来抑制裂纹玻璃的整体析晶、促进表面析晶,以获得装饰效果更佳的纹理形貌。

(5) 在较佳晶化温度下制备的污泥微晶玻璃的致密度高,闭口气孔率稳定在 0.35% 附近,磨抛样品表面也未见大于 1mm 的气孔,表观质量好,符合建筑装饰用微晶玻璃的质量标准。

(6) 在较佳晶化温度下制备的污泥微晶玻璃的抗折强度大于 35MPa,符合建筑装饰板材的强度要求。

(7) 污泥微晶玻璃的耐水性和耐碱性好,但耐酸性很差。耐酸性差的原因并不在于晶相,而在于残余玻璃相,可能是由于母玻璃中的碱金属离子(Na^+)和网络中间体(Al_2O_3、B_2O_3)的含量过高所致。

(8) 毒性特征浸出实验(TCLP)测试结果显示,污泥微晶玻璃的重金属浸出量极低,表明污泥经微晶玻璃方式资源化后可以有效的固化重金属离子,消除其对环境的污染。

结 论

本书针对现役的玻璃颗粒烧结法易出现气孔缺陷、压延法产品又无明显纹理的不足,提出了一项制备建筑装饰用微晶玻璃的新工艺——裂纹玻璃晶化法,并先后以传统原料和污泥为研究对象,对该工艺进行了系统的烧结和晶化试验及样品性能测试分析。结果表明,裂纹玻璃晶化法能制备出具有仿生物碎屑纹理、闭口气孔率低、表面气孔缺陷少、各项性能指标均能满足建材质量要求的建筑装饰用微晶玻璃;该工艺还能适应污泥成分多变且含有杂质的物料特征,利用该工艺可将污泥制备成微晶玻璃而得到资源化利用,并消除其环境污染。有关裂纹玻璃晶化法实验研究及结果分析的详细结论如下。

一、裂纹玻璃的烧结

裂纹玻璃的烧结性受母配方的烧结难易程度和初始析晶的影响很小,烧结温度范围宽,烧结体致密度高。烧结难易程度不同的配方的裂纹玻璃均能实现很好的烧结,尤其是难烧结配方也能烧成表面平整光滑的烧结体,且烧结下限温度低;裂纹玻璃受初始析晶的影响小,烧结上限温度可以很高。因此,裂纹玻璃的烧结温度范围较玻璃颗粒宽。较佳烧结温度范围内烧成的裂纹玻璃烧结体的致密度很高,闭口气孔率小于0.5%。相反,玻璃颗粒的烧结性受配方的烧结难易程度和初始析晶的影响很大,烧结温度范围窄,烧结体的致密度低,即使在最佳的烧结温度下,烧结体的闭口气孔率也在1.0%以上。

裂纹玻璃的烧结受配方的烧结性和初始析晶的影响很小,表明裂纹玻璃晶化法对配方的适应性强,对原料质量要求低,配方范围宽,原料成分的波动或杂质成分的引入对裂纹玻璃的烧结性影响不大。

裂纹玻璃烧结体的闭口气孔率比玻璃颗粒烧结体低。其原因主要在于:①母玻璃料的原始孔隙度不同。前者是由无数的、大小不等的、以裂纹面相接触的、紧密连接在一起的、"裂而不散"的玻璃碎屑紧密结合而成,玻璃碎屑间除了狭窄的裂缝外,没有大的孔隙;而后者是由玻璃颗粒堆积在模具中进行烧结,无论如何优化颗粒级配和装模方式,都不可避免地在玻璃颗粒间存在大量的孔隙,部分孔隙最终被封闭形成孤立的气孔。②孔隙的存在形态不同,裂纹玻璃的裂纹间隙呈楔形,表层先行烧结而堵塞气体通道的概率低;而玻璃颗粒间的空隙呈堆积形,上层玻璃颗粒的软化坍塌和相互烧结容易封闭下层玻璃颗粒空隙的气体通道,形成闭口气孔。

裂纹玻璃和玻璃颗粒烧结体的闭口气孔率均随烧成温度的升高而增大,但裂纹玻璃烧结体的增幅很小,基本稳定在0.5%附近;而玻璃颗粒烧结体的增幅很大,最大闭口气孔率升至2.0%以上。

裂纹玻璃的烧结速度快,烧结进程受配方烧结性的影响较小。烧结性不同的配方均在较短的时间内实现烧结;在同样的可烧结温度下,裂纹玻璃的烧结速度比玻璃颗粒快10~30min,且烧结体致密度更高;裂纹玻璃在烧结温度下转化为牛顿型流体,通过粘滞流动机理实现烧结，用 Frenkel 烧结公式可以解释裂纹玻璃比玻璃颗粒更易烧结的原因，即前者的烧结对象玻璃碎屑的半径可被看作无穷大，远大于玻璃颗粒的半径。

CaO 含量变化对裂纹玻璃和玻璃颗粒的烧结有不同的影响，对前者影响小，对后者影响很大。CaO 含量较高时，玻璃颗粒的烧结性很好、烧结速度快，烧结体的闭口气孔率增加；CaO 含量低时，玻璃颗粒的烧结性较差，烧结速度放慢，有利于气体的排出、闭口气孔率的降低，但样品表面很难烧平。与玻璃颗粒相反，CaO 含量对裂纹玻璃的烧结速率、烧结体形貌和致密度等的影响均不大。CaO 含量低时，裂纹玻璃的烧结速率略慢，烧结体致密度高，只是需要稍高的温度和/或稍长的时间实现烧结；CaO 含量较高时，裂纹玻璃很易烧成表面平整的烧结体，被封闭下来的气孔率略高，但绝对值仍很低。

裂纹玻璃烧结的实质是裂纹在表面张力作用下愈合。本书将裂纹分为 3 类：无间隙裂纹、中下层间隙裂纹、表层间隙裂纹。3 类裂纹的烧结均是在表面张力的作用下实现的，但具体作用形式不同，同时也受到了其它辅助作用力：无间隙裂纹可在玻璃受热膨胀和表面张力作用下实现烧结；中下层间隙裂纹受到的作用力主要有玻璃膨胀软化作用、上层玻璃的软化挤压作用、以及表面张力作用；表层间隙裂纹则借助间隙中的细小玻璃碎屑的桥接作用、先行愈合面的扩展来实现烧结。不同裂纹形态对闭口气孔的形成贡献不同：无间隙裂纹和表层间隙裂纹均不会生成气孔；而中下层间隙裂纹是裂纹玻璃烧结体中闭口气孔生成的根源，但表层间隙裂纹先行愈合而堵塞中下层间隙裂纹中的气体通道则是闭口气孔生成的前提。裂纹玻璃烧结体的气孔生成受到烧结时板材上下层温差和落入表层间隙裂纹中的细小玻璃碎屑的桥接作用的严重影响，因为这二者是导致表层间隙裂纹先行愈合的环境条件。

二、裂纹玻璃的晶化

裂纹玻璃的原始裂纹处易于优先非均匀成核。在裂纹玻璃生成过程中，水-热玻璃相互作用（水-玻热作用）有利于在裂纹面（玻璃碎屑表面）生成不同于母玻璃主体成分和结构的活性基团和异相物质。同时，裂纹面也可富集和吸附冷淬水和空气中的杂质。这些物质使裂纹处具有丰富的成核位和成核能量优势。另外，属于 $CaO-Al_2O_3-SiO_2$ 系统的玻璃碎屑本身也具有表面成核趋势。

裂纹玻璃析晶遵从枝晶生长机理。优先非均匀成核的玻璃碎屑表面有利于晶体的快速析出，但由于析晶释放的凝固潜热、CaO 的消耗、CaO 含量低于母玻璃全部晶化所需化学计量等因素的影响，致使先期析出的晶体向玻璃碎屑内部生长时仅能以枝晶生长模式完成。

原始玻璃碎屑晶化后的形貌为中心辐射状。先期析出的表面晶体沿着玻璃碎屑的径向朝玻璃碎屑内部析出主干枝晶时，受到的凝固潜热的影响小、CaO 供应充沛，生长较快、析晶量大；而沿着原始玻璃碎屑的周向而析出二次及多次枝晶时将受到主干枝晶析出时释放的凝固潜热和消耗 CaO 而导致 CaO 供应不足的影响，生长较慢、析晶量较低。主干枝晶和二次及多次枝晶的生长速率和析出量的差别，在宏观上表现为中心辐射状形态。

晶化温度对裂纹玻璃整体的晶化状态影响很大。当晶化温度偏低时，玻璃粘度高，主干枝晶的生长速率缓慢，裂纹玻璃中的大玻璃碎屑难以晶化透，将留下宏观透明玻璃颗粒，生成晶化不透的微晶玻璃，但二次及多次枝晶的析出受主干枝晶释放的凝固潜热的影响小，析出速率接近主干枝晶，故玻璃碎屑已析晶部位的析晶量甚高，辐射状纹理不明显，XRD 衍射峰很强。反之，当晶化温度过高时，主干枝晶的生长速率快，能使整块裂纹玻璃晶化透，但二次及多次枝晶受凝固潜热影响大，析出速率和析晶量远低于主干枝晶，辐射状纹理明显，但整体析晶量不足，XRD 峰值很弱，生成过烧的微晶玻璃；仅当晶化温度适当时，主干枝晶生长速度快，能使裂纹玻璃在较短的时间内晶化透，而二次枝晶析出也较快，使裂纹玻璃的总析晶量达到适宜水平，生成完全晶化的微晶玻璃。

综合裂纹玻璃晶化样品的原板、横截面、折断面形貌照片、SEM 微观结构、DTA 曲线、XRD 图谱等实验结果，可以认为，裂纹玻璃的最佳晶化温度范围(T_{OC})约在 DTA 曲线的晶化放热峰温度(T_c)以上 70~110℃处。

母玻璃中的 CaO 含量对裂纹玻璃晶化法微晶玻璃的宏观形貌、总析晶量及显微结构影响很大。CaO 作为生成硅灰石晶体(β-$CaSiO_3$)的反应物而对枝晶的析出速率和析出量有着根本性影响。当 CaO 含量较高时，沿着玻璃碎屑径向析出主干枝晶的趋势非常大；尽管主干枝晶的析出消耗了部分 CaO，但因原始母玻璃含有的充沛的 CaO，残余母玻璃体中仍有足量的 CaO 可满足二次及多次枝晶的析出所需，析出趋势仍较高。结果导致裂纹玻璃可在较短的时间内晶化透，XRD 显示的析晶总量高，SEM 观测到的微观晶粒密集。反之，当 CaO 含量低时，主干枝晶析出趋势较小、析晶速率较慢；二次及多次枝晶的析出受主干枝晶生长时消耗的母玻璃中本来就不充沛的 CaO 的影响较大，析出趋势很小。结果导致裂纹玻璃难以晶化透，析晶总量偏低，微观晶粒稀疏。

裂纹玻璃晶化法微晶玻璃磨抛后呈仿生物碎屑纹理。纹理形成的机理在于裂纹玻璃的非均匀成核和析晶：①裂纹玻璃的玻璃碎屑表面易于核化，先期析晶；而玻璃碎屑内部不能自行成核、析晶，仅能借助表面晶体向其内部的生长而逐渐晶化。该晶化过程因受到晶化时间、凝固潜热和 CaO 消耗的影响，越靠近玻璃碎屑表面，三者的影响越小，晶化度越高。反之，越靠近玻璃碎屑中心，晶化度越低。②玻璃碎屑表面先期析出的晶体沿径向朝玻璃碎屑内部析出主干枝晶时，受到的凝固潜热的影响小、CaO 供应充沛，生长快、析晶量大；而沿周向析出二次及多次枝晶生长将受到主干枝晶释放的凝固潜热和消耗 CaO 的影响，生长较慢、析晶量少。正是由于裂纹玻璃的原始裂纹与玻璃碎屑、玻璃碎屑表层与中部、玻璃碎屑径向和周向等部位的晶化度存在明显的差异，构成了宏观仿生物碎屑纹理形貌的微观结构基础。影响裂纹玻璃晶化法微晶玻璃的仿生物碎屑纹理的外部因素主要是水淬温度和化学成分。前者影响着裂纹玻璃的原始裂纹量和玻璃碎屑形态及大小，后者通过影响母玻璃的析晶能力而影响纹理风格。

三、裂纹玻璃晶化法微晶玻璃的性能

裂纹玻璃在由低至高的晶化温度下将依次生成不同组织结构的微晶玻璃：晶化不透的微晶玻璃、完全晶化的微晶玻璃、过烧的微晶玻璃。其中完全晶化的微晶玻璃是裂纹玻璃晶化法所探求的最佳工艺条件下的产品形态。各类微晶玻璃的抗折强度及其变化规律如下：

(1) 晶化不透的微晶玻璃中存在宏观透明玻璃区。热膨胀系数测试显示，宏观透明玻璃区为纯玻璃体，热膨胀系数远大于宏观晶相区，易形成张应力，产生微裂纹；另由于两者界线分明，咬合程度低，易形成应力集中和力学脆弱区，导致微晶玻璃整体的机械强度降低。分层抗折强度测试也证实了此点。

(2) 完全晶化的微晶玻璃不存在宏观透明玻璃颗粒，由宏观晶相区和宏观乳浊玻璃区构成，仍为组织结构不均匀体，这决定着其抗折强度不会非常高，但在较佳热处理条件下的产品抗折强度测试值大于 35MPa，完全能满足建筑装饰材料的强度要求。

完全晶化的微晶玻璃在不同方向上存在着晶化度差异。垂直方向上，微晶玻璃的表层晶化度高于中部；水平方向上，宏观晶相区的晶化度高，而宏观乳浊玻璃区的晶化度低，前者对后者呈包围态势，且前者的含量比率高于后者，但两者过渡自然。热膨胀系数证实，晶化度越高，热膨胀系数越低，故晶化度高的微晶玻璃表层和宏观晶相区可形成压应力，确保微晶玻璃整体的抗折强度达到较高值，最佳工艺参数下的样品抗折强度达 45.3MPa。

对完全晶化的微晶玻璃进行的分层抗折强度测试显示，1mm 的切削厚度对样品抗折强度影响很小，表明常规的打磨抛光工艺不会对产品的机械强度造成较大的影响。但当切削厚度达 2mm 及以上时，抗折强度大幅度下降，这进一步证明了微晶玻璃垂直方向和水平方向的晶化度差异及内应力分布的推断。因为，一者，切削去除了受压应力的表层；二者，新显露出的表面的总晶化度降低了，即对抗折强度不利的宏观乳浊玻璃区含量比率增加了。

（3）过烧的微晶玻璃因二次及多次枝晶析出困难以及晶体的二次熔解趋势增大，导致析晶总量偏低，微观残余玻璃相含量过高，其微裂纹扩展及脆性断裂将在微晶玻璃整体的断裂中占主导地位，使微晶玻璃的整体抗折强度大幅度下降。

完全晶化的微晶玻璃的闭口气孔率小于 1%，切削抛光板表面仅显示出微小针孔，未见 1mm 以上大气孔，表明裂纹玻璃晶化法产品的气孔缺陷低，优于现役烧结法产品，符合国家建筑装饰用微晶玻璃优等品关于气孔率的要求。

裂纹玻璃晶化法微晶玻璃的耐水性和耐碱性均很好，其中耐水性略差于相应的母玻璃。而耐碱性则略优于相应的母玻璃。但耐酸性较差，较佳工艺条件下的耐酸性仅能低至 0.2%，其原因主要在于：①硅灰石晶体本身的耐酸性不强；②样品组织结构不均匀，宏观晶相区的晶化度高、晶体密集、残余玻璃相少，缺乏耐酸性好的残余玻璃相的掩护作用，当受酸侵蚀时易造成宏观晶相区的整体粉化脱落。

四、裂纹玻璃晶化法制备污泥微晶玻璃

以污泥作为主要原料制备的裂纹玻璃的烧结性优于相应的玻璃颗粒，烧结温度更低，在 800℃就能实现烧结；致密度更高，较佳条件下的裂纹玻璃烧结体的闭口气孔率小于 0.4%，表明以裂纹玻璃作为微晶玻璃的前躯体进行热处理，可以克服污泥杂质对烧结性的影响，且在更低的烧结温度下就能达到很高的烧结致密度。

XRD 测试显示，污泥微晶玻璃的主晶相为透辉石，而不是硅灰石；SEM 观测显示，污泥微晶玻璃是由均匀分布的颗粒状晶体构成，未见树枝状晶簇。这表明，该配方的污泥裂纹玻璃的主导析晶机理是整体析晶，而不是表面析晶；也说明，裂纹玻璃碎屑内部析出的晶体并不是原始裂纹处先期析出的硅灰石晶体向玻璃碎屑内部生长而成的，而是通过玻璃碎屑自身含有的由污泥引入的杂质成分的非均匀成核作用而发生的整体析晶。其原因在于：①该配方的化学组成中 Al_2O_3 含量很高，抑制了硅灰石晶体的析出；②污泥引入的 Fe_2O_3、TiO_2、P_2O_5、MgO 等成分的存在，有利于辉石族（透辉石、普通辉石）晶体的析出。

在较佳晶化温度下制备的污泥微晶玻璃的致密度高，闭口气孔率稳定在 0.35%附近，磨抛样品表面未见大于 1mm 的气孔，产品表观质量好；抗折强度大于 35MPa，符合建筑装饰板材的强度要求；耐水性和耐碱性好；但耐酸性很差，其原因并不在于晶相，而在于残余玻璃相的耐酸性很差，可能是由于母玻璃中的碱金属离子（Na^+）和网络中间体（Al_2O_3、B_2O_3）含量过高所致；毒性特征浸出实验（TCLP）测试结果显示，污泥微晶玻璃的重金属浸出量极低，表明污

泥经微晶玻璃途径资源化后可有效地固化重金属离子,消除其对环境的污染。

通过以污泥作为主要原料,采用裂纹玻璃晶化法可以制备出质量合格、具有线状纹理形貌的微晶玻璃,表明裂纹玻璃晶化法对原料质量要求较宽,可有效应用于固体废物资源化研究和实践中。

参考文献

曹洪生,顾冠生. 污泥化肥复混肥加工工艺和肥效研究. 土壤通报,1997,28 (1):41~43.
曹文聪,杨树森. 普通硅酸盐工艺学. 武汉:武汉工业大学出版社,1996.
陈国华,康晓玲. 烧结微晶玻璃工业原料新资源的开发利用. 陶瓷工程,2001,(21):31~33.
陈国华,康晓玲. 微晶玻璃装饰板的生产及市场发展前景. 建材工业信息,2001,(7):8~9.
陈国华,刘春刚,卫民等. 微晶玻璃装饰板. 新型建筑材料,1998,(7):15~17.
陈国华,谭文莉,康晓玲等. 微晶玻璃装饰板的生产及其应注意的问题. 陶瓷,2001,150 (2):8~9,14.
陈文,徐庆,周辉. $CaO-Al_2O_3-SiO_2$ 系微晶玻璃大理石的研制. 山东建材,1995,(1):10~11.
程金树,何峰,袁坚等. 氧化钙对烧结法建筑装饰用微晶玻璃烧结过程的影响. 武汉工业大学学报,1997,19 (4):1~4.
程金树,李宏,汤李缨等. 微晶玻璃. 北京:化学工业出版社,2006.
程金树,汤李缨,王全等. 钢渣微晶玻璃的研究. 武汉工业大学学报,1995,17 (4):1~2.
程金树,王怀德,赵前等. Na_2O 对微晶玻璃装饰板烧结和析晶的影响. 武汉工业大学学报,1996,18 (1):30~32.
戴永康. 矿渣微晶玻璃技术的开发. 佛山陶瓷,2001,47 (2):10~14.
邓春明,肖汉宁,赵运才. 与环境协调的材料——尾矿废渣微晶玻璃. 中国陶瓷,2002,38 (1):46~47.
邓再德,曾惠丹,英廷照. 硅灰石型烧结微晶玻璃及其应用前景. 玻璃与搪瓷,2001,29 (1):42~45.
范权辉,冯翠兰,江枫. 低气孔率微晶玻璃的生产方法. 中国,发明专利,公开号CN1438192A,2003.
冯瑞,师昌绪,刘治国. 材料科学导论. 北京:化学工业出版社,2002.
郭文. 绿色环保建材——微晶玻璃. 河南科技,2002,(10):32.
国家环境保护总局. 2003 年中国环境状况公告:http://www.sepa.gov.cn.
何峰,程金树,刘志明等. 烧结法微晶玻璃中气孔的产生与消除. 玻璃,1998,25 (4):40~42.
何峰,邓志国. $CaO-Al_2O_3-SiO_2$ 系统玻璃颗粒的烧结过程研究. 硅酸盐通报,2003,1:26~29.
何峰,李钱陶,胡王凯等. 粉煤灰在微晶玻璃装饰板材中的应用研究. 武汉理工大学学报,2002,24 (12):18~20,40.

何峰,谢峻林,王怀德等. CaO-Al$_2$O$_3$-SiO$_2$ 系统微晶玻璃烧结过程研究. 中国建材科技,1997,6(6):25~27,24.

何峰,许超,袁坚等. CaO-Al$_2$O$_3$-SiO$_2$ 系统微晶玻璃的成分、结构与性能. 武汉工业大学学报,1998,20(2):20~23.

何峰,袁坚,许超等. 烧结法装饰微晶玻璃的 X 射线研究. 武汉工业大学学报,1997,19(4):50~53.

何峰,赵前,王全等. 氧化铝对微晶玻璃装饰板烧结及晶化影响. 武汉工业大学学报,1998,20(1):30~33.

何品晶,顾国维,邵立明等. 污水污泥低温热解处理技术研究. 中国环境科学,1996,16(4):254~257.

环境保护关键技术国家重大产业技术开发专项. 现代化工,2004,24(11):9.

黄雅曦,李季,李国学. 污泥处理与资源化利用现状分析. 农业环境科学学报,2003,22(6):765~768.

蒋成爱,黄国锋,吴启堂. 城市污水污泥处理利用研究进展. 农业环境与发展,1999,(1):13~17.

金儒霖. 中国城市污水厂污泥处理的综述. 武汉城市建设学院学报,1994,11(2):1~12.

雷远春. 硅酸盐材料理化性能检测. 武汉:武汉理工大学出版社,2002.

李军,陈邦林,胡建斌等. 高温突跃法处理城市污泥的研究. 环境科学学报,2000,20(6):751~754.

李湘洲. 新型装饰材料——微晶玻璃. 上海建材,2001,(6):23~24.

林宗寿. 无机非金属材料工学. 武汉:武汉工业大学出版社,2003.

刘军,陈晓蔓,徐长伟. TiO$_2$ 和 Cr$_2$O$_3$ 复合晶核剂对微晶玻璃晶化行为的影响. 沈阳建筑工程学院学报(自然科学版),2001,17(3):206~209.

刘军,宋守志. TiO$_2$ 和 Cr$_2$O$_3$ 作晶核剂对尾矿微晶玻璃析晶的影响. 东北大学学报(自然科学版),2000,21(3):294~297.

刘军,宋守志. 利用金属尾矿制取微晶玻璃的研究进展. 有色金属,1999,51(4):38~42.

刘军,邢军,童粤明等. 金属尾矿建筑微晶玻璃晶核剂的研究. 东北大学学报(自然科学版),1998,19(5):452~455.

刘军章. 仿花岗岩微晶玻璃的制造及技术关键的探讨——仿花岗岩微晶玻璃的制造工艺. 陶瓷,1999,140(4):22~24.

刘允超. 烧结法微晶玻璃的研究. 陶瓷研究,1996,11(3):146~148.

马娜,陈玲,何培松等. 城市污泥资源化利用研究. 生态学杂志,2004,23(1):86~89.

McMillan P W 著,王仞千 译. 微晶玻璃. 北京:中国建筑工业出版社,1988.

宁叔帆,何超,林宏飞等. 压延法矿渣微晶玻璃成分的研究. 玻璃与搪瓷,2000,28(4):9~14.

欧国荣,陈奇洲. 生活水污泥油化试验研究. 环境污染与防治,1996,18(4):20~21.

潘兆橹. 结晶学及矿物学(下册). 北京:地质出版社,2001.

曲颂华,陈绍伟. 城市垃圾与污水厂污泥的混合堆肥研究. 环境保护,1998,(10):15~16.

任伯帜,龙腾锐,陈秋南. 粉煤灰粘土砖烧制过程处理城市污水污泥的试验研究. 环境科学学报,2003,23(3):414~416.

任受玲,王启山,贺君. 城市污水处理厂污泥制活性炭的研究. 环境科学,2004,25(增刊):48~51.

邵国有. 硅酸盐岩相学. 武汉:武汉工业大学出版社,1991.

宋开新,俞建长. 微晶玻璃的制备与应用. 山东陶瓷,2002,25(1):17~20.

谭金华. 微晶玻璃的生产工艺、现状及发展前景. 石材,2004,(4):35~38.

汤李缨,程金树,全健. 高岭土尾矿微晶玻璃晶化温度与硬度关系的研究. 山东建材,1999,(1):15~16.

汤李缨,程金树,全健. 烧结粉煤灰微晶玻璃装饰板的研究. 粉煤灰综合利用,1999,(1):14~16.

汤李缨,程金树. 我国建筑装饰用微晶玻璃的现状和发展. 陶瓷,2002,155(1):13~15.

汤李缨,赵前,程金树. 高岭土尾矿微晶玻璃的烧结与晶化. 佛山陶瓷,1999,9(5):8~10.

田英良,杨丽敏,常新安等. 利用铁尾矿研制$CaO-MgO-Al_2O_3-SiO_2$系微晶玻璃. 北京工业大学学报,2002,28(3):369~373.

田英良,朱贺,杨丽敏等. 利用铁尾矿制备微晶玻璃的研究. 中国玻璃,2001,(5):6~10.

王敦球,解庆林. 城市污水污泥农用资源化研究. 重庆环境科学,1999,21(6):50~53.

王虹. 我国污泥制作肥料的试验与生产现状探讨. 城市给排水,2000,28(1):41~43.

王开泰,李汉良,陈幼新等. $CaO-Al_2O_3-SiO_2$系白色微晶玻璃中的晶相及其演变. 无机材料学报,1996,11(2):214~218.

王焰新,甘义群,周俊. 资源化是城市污泥处理的根本出路. 中国首届城市水环境质量改善高技术论坛,武汉,2004.

王永纯. 一次烧结法生产微晶玻璃饰面材料. 玻璃,1997,24(1):44~45,34.

魏先勋,翟云波,曾光明等. 城市污水处理厂污泥资源化利用技术进展. 环境污染治理技术与设备,2003,10(4):10~13.

吴健波,刘振鸿,陈季华. 剩余污泥处置的减量化发展方向. 中国给水排水,2001,17(11):24~26.

谢希文,过梅丽. 材料科学基础. 北京:北京航空航天大学出版社,2001.

邢军,吕荣,宋守志等. 铁尾矿微晶玻璃的组成设计与晶化研究. 矿产综合利用,2001,(2):39~42.

徐放. 以铁尾矿为原料制造微晶玻璃的实验研究. 中国非金属矿工业导刊,2000,13(1):15~16.

徐景春,马鸿文,杨静等. 利用钾长石尾矿制备β-硅灰石微晶玻璃的研究. 硅酸盐学报,2003,31(2):179~183.

徐叶玲. 绿色建材微晶石. 新材料新装饰,2003,(8):48~51.

许淑惠,林宏飞,彭国勋等. 矿渣微晶玻璃产品的研究与开发. 玻璃与搪瓷,1999,28(2):51~56.

薛澄泽,马芸. 污泥制作堆肥及复合有机肥料的研究. 农业环境保护,1997,16(1):11~15.

薛栋森. 美国污水污泥的研究和利用概况. 国外农业环境保护,1991,(1):31~33.

杨小文,杜英豪. 污泥处理与资源化利用方案选择. 中国给水排水,2002,18(4):31~33.

杨晓奕,蒋展鹏. 湿式氧化处理剩余污泥的研究. 中国给水排水, 2003, 19 (7): 50~54.
姚刚. 德国的污泥利用和处置. 城市环境与城市生态, 2000, 13 (1): 43~47.
姚远,杜夏芳. 微晶玻璃建筑装饰材料与前景. 佛山陶瓷, 2002, 63 (6): 35~37.
于向阳,李敬华,芦忠新等. 微晶玻璃建材的研究与应用. 玻璃与搪瓷, 2002, 30 (4): 56~59.
余海湖,汤李缨,殷李伟. 烧结微晶玻璃装饰板的研制. 适用技术市场, 1997, (9): 21~23.
余海湖. 火山凝灰岩微晶玻璃的研究. 武汉工业大学学报, 1997, 19 (4): 36~40.
昝元峰,王树众,沈林华等. 污泥处理技术的新进展. 中国给水排水, 2004, 20 (6): 25~28.
曾利群,陈国华. 绿色建材——微晶玻璃的制备工艺及应用前景. 中国建材, 2001, (9): 48~50.
张焕祥. 黑色尾砂微晶玻璃的熔制. 中国非金属矿工业导刊, 2001, 19 (1): 31~33.
张金青. 用粉煤灰生产建筑装饰用微晶玻璃板材. 粉煤灰综合利用, 2003, (3): 39~40.
张培新,林荣毅,闫加强. $CaO-Al_2O_3-SiO_2-Fe_2O_3$ 系微晶玻璃的晶化过程. 中国有色金属学报, 2000, 10 (5): 752~756.
张增强,唐新保. 污泥堆肥化处理对重金属形态的影响. 农业环境保护, 1996, 15 (4): 188~190.
张自杰,林荣忱,金儒霖. 排水工程. 北京: 中国建筑工业出版社, 1996.
赵丽君,杨意东. 城市污泥堆肥技术研究. 中国给水排水, 1999, 15 (9): 58~60.
赵丽君,张大群,陈宝柱. 污泥处理与处置技术的进展. 中国给水排水, 2001, 17 (6): 23~25.
赵前,程金树,王怀德等. 影响微晶玻璃装饰板生产的若干因素. 武汉工业大学学报, 1997, 19: 27~30.
赵前,王怀德,全键. 微晶玻璃板基础成分对烧结及析晶性能的影响. 现代技术陶瓷, 1997, 73(3): 24~28.
赵前,王怀德,汤李缨. 用高岭土尾矿研制 $CaO-Al_2O_3-SiO_2-K_2O-Na_2O$ 微晶玻璃装饰板. 中国建材科技, 1996, 6 (5): 23~26.
周俊,王焰新. 仿生物碎屑纹理微晶玻璃复合板的制备方法. 中国,发明专利,专利号 200610018312.0.
周俊,王焰新. 裂纹玻璃晶化法制备仿生物碎屑微晶玻璃的生产工艺. 中国,发明专利,专利号 200610019566.4.
周俊,王焰新. 裂纹玻璃晶化法制备建筑装饰用微晶玻璃. 材料科学与工艺, 2008, 16(1): 135~138.
周亚栋. 无机材料物理化学. 武汉: 武汉工业大学出版社, 2003.
邹慧宁,程金树,李宏. 谈池壁耐火材料侵蚀对微晶玻璃结构性能影响的研究. 云南建材, 2002, (2): 27~29.
Abdel-Hameed S A M, El-Kheshen A A. Thermal and chemical properties of diopside-wollastonite glass ceramics in the $SiO_2-CaO-MgO$ system from raw materials. Ceramics International, 2003, 29: 265~269.
Alizadeh P, Yekta B E, Gervei A. Effect of Fe_2O_3 addition on the sinterability and machin-

ability of lass-ceramics in the system $MgO-CaO-SiO_2-P_2O_5$. Journal of the European Ceramic Society, 2004, 24: 3 529~3 533.

Barbieri L, Bonamartini A C, Lancellotti I. Alkaline and alkaline-earth silicate glasses and glass-ceramics from municipal and industrial wastes. Journal of the European Ceramic Society, 2000, 20: 2 477~2 483.

Barbieri L, Corradi A, Lancellotti I. Bulk and sintered glass-ceramics by recycling municipal incinerator bottom ash. Journal of the European Ceramic Society, 2000, 20 : 1 637~1 643.

Barbieri L, Ferrari A M, Lancellotti I, et al. Crystallization of $(Na_2O-MgO)-CaO-Al_2O_3-SiO_2$ glassy systems formulated from waste products. Journal of the American Ceramic Society, 2000, 83: 2 515~2 520.

Beall G H, Rittler H L. Basalt glass ceramics. Ceramic Bulletin, 1976, 55:579~582.

Bernstein A G, Bonsembiante E, Brusatin G. Inertization of hazardous dredging spoils. Waste Management, 2002, 22: 865~869.

Boccaccini A R, Köpf M, Stumpfe W. Glass-ceramics from filter dusts from waste incinerators. Ceramic International, 1995, 21: 231~235.

Boccaccini A R, Schawohl J, Kern H. Sintered glass ceramics from municipal incinerator fly ash. Glass Technology, 2000, 41: 99~105.

Boccaccini A R, Stumpfe W, Taplin D M R, et al. Densification and crystallization of glass powder compacts during constant heating rate sintering. Materials Science and Engineering, 1996, A210: 26~31.

Chang C K, Mao D L, Wu J S. Characteristics of crystals precipitated in sintered apatite/wollastonite glass ceramics. Ceramics International, 2000, 26: 779~783.

Cheng T W, Chen Y S. Characterisation of glass ceramics made from incinerator fly ash. Ceramics International, 2004, 30: 343~349.

Cheng T W, Ueng T H, Chen Y S, et al. Production of glass-ceramic from incinerator fly ash. Ceramics International, 2002, 28: 779~783.

Cheng T W. Effect of additional materials on the properties of glass-ceramic produced from incinerator fly ashes. Chemosphere, 2004,56: 127~131.

Christensen N H, Cooper A R, Rawal B S. Kinetics of dendritic precipitantion of cristobalite from a potassium silicate melt. Journal of the American Ceramic Society. 1973, 56: 557~561.

Clark T J, Reed J S. Kinetic processes involved in the sintering and crystallization of glass powders. Journal of the American Ceramic Society, 1986, 69: 837~846.

Diane G, Carman G, Robert D. Sludge disposal trends around the globe. Water Engineering & Management ,1993 ,140: 17~ 20.

Endo H, Nagayoshi Y, Suzuki K. Production of glass ceramics from sewage sludge. Water Science and Technology,1997, 36: 235~241.

Francis A A, Rawlings R D, Sweeney R, et al. Crystallization kinetic of glass particles prepared from a mixture of coal ash and soda-lime cullet glass. Journal of Non-crystalline Solids, 2004, 333: 187~193.

Griffith J W, Raymond D H. The first commercial super critical water oxidation sludge processing plant. Waste Management, 2002, 22: 453~459.

Gutzow I, Pascova R, Karamanov A. The kinetics of surface induced sinter crystallization and the formation of glass-ceramic materials. Journal of Materials Sciences, 1998, 33: 5 265~5 273.

James P F. Glass ceramics: new compositions and uses. Journal of Non-crystalline Solids, 1995, 181: 1~15.

Karamanov A, Gutzow I, and Penkov I. Diopside marble-like glass-ceramic. Glastech. Ber. Glass Sci. Technol., 1994, 67: 202~208.

Karamanov A, Gutzow I, Chomacov I. Synthesis of wall-covering glass-ceramic from waste raw materials. Glastech. Ber. Glass Sci. Technol., 1994, 67: 227~231.

Karamanov A, Pelino M, Hreglich A. Sintered glass-ceramics from municipal solid waste-incinerator fly ashes. Part I. the influence of the heating rate on the sinter-crystallisation. Journal of the European Ceramic Society, 2003, 23: 827~832.

Karamanov A, Pelino M, Salvo M, et al. Sintered glass-ceramics from incinerator fly ashes. Part II. the influence of the particle size and heat-treatment on the properties. Journal of the European Ceramic Society, 2003, 23: 1 609~1 615.

Karamanov A, Pelino M. Crystallization phenomena in iron-rich glasses. Journal of Non-crystalline Solids, 2001, 281: 139~151.

Karamanov A, Pelino M. Evaluation of the degree of crystallisation in glass-ceramics by density measurements. Journal of the European Ceramic Society, 1999, 19: 649~654.

Karamanov A, Pisciella P, Pelino M. The Effect of Cr_2O_3 as a nucleating agent in Iron-rich glass-ceramics. Journal of the European Ceramic Society, 1999, 19: 2 641~2 645.

Karamanov A, Taglieri G, Pelino M. Iron-rich sintered glass-ceramics from industrial wastes. Journal of American Ceramic Society, 1999, 82: 3 012~3 016.

Khater G A. The use of saudi slag for the production of glass-ceramic materials. Ceramics International, 2002, 28: 59~67.

Kim H S, Rawlings R D, Rogers P S. Quantitative determination of crystalline and amorphous phases in glass-ceramics by X-ray diffraction analyses. Br. Ceram. Trans, J., 1989, 88: 21~25.

Kim J M, Kim H S. Processing and properties of a glass-ceramic from coal fly ash from a thermal power plant through an economic process. Journal of the European Ceramic Society, 2004, 24: 2 825~2 833.

Lara C, Pascual M J, Prado M O, et al. Sintering of glasses in the system $RO - Al_2O_3 - BaO - SiO_2$ (R=Ca, Mg, Zn) studied by hot-stage microscopy. Solid State Ionics, 2004, 170: 201~208.

Leroy C, Ferro M C, Monteiro R C C, et al. Production of glass-ceramics from coal ashes.

Journal of the European Ceramic Society, 2001, 21: 195~202.

Lo C L, Duh J G, Chiou B S. Microstructure characteristics for anorthite composite glass with nucleating agents of TiO_2 under non-isothermal crystallization. Materials Research Bulletin, 2002, 37: 1 949~1 960.

McMillan P W. Glass-ceramics (2nd edition). London: Academic Press, 1979.

Park Y J, Heo J. Corrosion behavior of glass and glass-ceramics made of municipal solid waste incinerator fly ash. Waste Management, 2004, 24: 825~830.

Park Y J, Moon S O, Heo J. Crystalline phase control of glass ceramics obtained from sewage sludge fly ash. Ceramics International, 2003, 29: 223~227.

Park Y Jun, Heo J. Conversion to glass-ceramics from glasses made by MSW incinerator fly ash for recycling. Ceramics International, 2002, 28: 689~694.

Partridge G. A review of surface crystallization in vitreous. Glass Technology, 1987, 28:9~18.

Partridge G. An overview of glass ceramics. Part1. development and principal bulk applications. Glass Technology, 1994, 35: 116~127.

Pelino M, Cantalini C. Preparation and properties of glass-ceramic materials obtained by recycling goethite. Journal of Materials Science, 1997, 32: 4 655~4 660.

Peng F, Liang K, Hu A, et al. Nano-crystal glass-ceramics obtained by crystallization of vitrified coal fly ash. Fuel, 2004, 83: 1 973~1 977.

Prakash C. Effect of the heating rate on the relative rates of sintering and crystallization in glass. Journal of the American Ceramic Society, 1989, 72: 2 361~2 364.

Quitain A T, Faisal M, Kang K. Low molecular weight carboxylic acids produced from hydrothermal treatment of organic wastes. Journal of Hazardous Materials, 2002, 93: 209~220.

Rabinovich E M. Review: preparation of glass by sintering. Journal of Materials Science, 1985, 20: 4 259~4 297.

Romero M, Rincón J M. Surface and bulk crystallization of glass-ceramic in the $Na_2O - CaO - ZnO - PbO - Fe_2O_3 - Al_2O_3 - SiO_2$ system derived from a goethite waste. Journal of the American Ceramic Society, 1999, 82: 1 313~1 317.

Roy R. Metastable liquid immiscibility and subsolidus nucleation. Journal of the American Ceramic Society, 1960, 43: 670~671.

Sujirote K, Rawlings R D, Rogers P S. Effect of fluoride on sinterability of a silicate glass powder. Journal of the European Ceramic Society, 1998, 18: 1 325~1 330.

Suzuki S, Tanaka M. Glass-ceramics from sewage sludge ash. Journal of Materials Science, 1997, 32:1 775~1 779.

Tashiro M. Crystallization of glasses: science and technology. Journal of Non-crystalline Solids, 1985, 73: 575~584.

Toya T, Kameshima Y, Yasumori A, et al. Preparation and properties of glass-ceramics from wastes (Kira) of silica sand and kaolin clay refining. Journal of the European Ceramic Society, 2004, 24: 2 367~2 372.

Toya T, Tamura Y, Kameshima Y. Preparation and properties of CaO – MgO – Al_2O_3 – SiO_2 glass-ceramics from kaolin clay refining waste (Kira) and dolomite. Ceramics International, 2004, 30: 983~989.

Zanotto E D. Isothermal and adiabatic nucleation in glass. Journal of Non-crystalline Solids, 1987, 89: 361~370.

Zhou J, Wang YX. A novel process of preparing glass-ceramics with pseudo-bioclastic texture. Ceramics International, 2008, 34:113~118.

附录 术语约定与说明

由于本书介绍的是一种制备微晶玻璃的新工艺,涉及到一些新的、不规范的或含义模糊可能引起异议的术语,为了便于本书的论述,特将一些术语汇总解释如下。

1. 建筑装饰用微晶玻璃(glass-ceramics used as decorative building materials):系指用于建筑物的地面、墙面、柱面、台面等外表装饰之用的微晶玻璃,市场上常称之为微晶石。需说明的是,现在市面上也将"微晶玻璃-陶瓷复合板"称为微晶石;而本书所指建筑装饰用微晶玻璃是"通体"微晶玻璃板,不含微晶玻璃-陶瓷复合板。

2. 裂纹玻璃(glass with cracks induced by water-quenching,简称 cracked glass):通过水淬,将完整的热玻璃板惊裂,生成具有大量裂纹缺陷、但"裂而不散"的玻璃板。

3. 玻璃碎屑(glass debris):裂纹玻璃本质上是由大量玻璃颗粒(glass grain)在裂纹处以面-面接触或相邻而构成的结合体,为与现役烧结法所用的松散玻璃颗粒相区别,在本书中将构成裂纹玻璃的玻璃颗粒称为"玻璃碎屑"。

4. 裂纹(crack):实质上是"裂而不散"的玻璃碎屑的交界面。本书所述的裂纹玻璃中的裂纹,有的实际上是有间隙的裂缝,有的是真正没有间隙的裂纹,但在本书中不对裂纹和裂缝加以区别,均统称为裂纹。若需要特别强调裂纹有无间隙时,将表述为"有间隙裂纹"和"无间隙裂纹"。

5. 裂纹处:裂纹玻璃中有裂纹的部位。

6. 裂纹面:以裂纹形式显示出来的相邻玻璃碎屑间的交界面,本质上等同于玻璃碎屑的表面。

7. 裂纹玻璃晶化法(a process of preparing glass-ceramics by crystallization of the glass with cracks induced by water-quenching,简称 QICGC process):以裂纹玻璃作为微晶玻璃的前躯体,经烧结、晶化处理而制备微晶玻璃的一种工艺。

8. 母玻璃(parent glass, or base glass):也称基础玻璃,即制备微晶玻璃以及前躯体裂纹玻璃所用的能析出晶体的玻璃基料。

9. 残余玻璃(residual glass phase):指母玻璃经过晶化处理后仍未析晶的残余部分。本书分为"宏观透明玻璃"和"微观残余玻璃"。

10. 宏观透明玻璃(macroscopically transparent glass):有时也表述为宏观透明玻璃颗粒或宏观透明玻璃区,系指裂纹玻璃在热处理过程中未晶化透而在原始玻璃碎屑中心部位残留的完全未析晶、宏观上仍呈透明态的玻璃。

11. 微观残余玻璃(microscopically residual glass):与"微观晶相"相对应,有时也表述为微观残余玻璃相,系指裂纹玻璃经过晶化热处理析出晶体后,在微观晶体颗粒或晶簇之间残留下的、宏观不可见的玻璃相。当样品被 HF 侵蚀后,可在电子显微镜下见到晶粒或晶簇,而未被HF 侵蚀之前充填在晶粒或晶簇之间的部位就是微观残余玻璃相。注,书中除特别强调外,残余玻璃均指微观残余玻璃。

12. 宏观晶相区（macroscopical crystal phase）：系指完全晶化的微晶玻璃在宏观上呈现为晶体形貌的区域。注，在晶化不透的微晶玻璃中，"宏观晶相区"与"宏观透明玻璃颗粒"和"宏观乳浊玻璃"相对应；在完全晶化的微晶玻璃中，"宏观晶相区"仅与"宏观乳浊玻璃"相对应。

13. 微观晶相（microscopical crystal）：与"微观残余玻璃"相对应，系指经 HF 溶蚀后可在电子显微镜下观察到的晶体物相，在本书样品中呈现为晶粒和晶簇形貌。

14. 宏观乳浊玻璃（区/颗粒）（macroscopically opalescent glass phase）：系指完全晶化的微晶玻璃在宏观上仍呈乳浊状玻璃形貌的区域。注，宏观晶相区和宏观乳浊玻璃均为晶化玻璃，只是前者的晶化度很高，而后者的晶化度很低。

15. 晶化不透（partial crystallization）：与"完全晶化"相对应，有时也表述为"未晶化透"，系指裂纹玻璃经过晶化处理后，因某种原因在玻璃碎屑内部仍存在着未晶化的宏观透明玻璃区。

16. 完全晶化（full crystallization）：或称晶化完全、晶化透，与"晶化不透"相对应，系指裂纹玻璃全部转化为微晶玻璃，未见宏观透明玻璃区。注，完全晶化并不是裂纹玻璃全部转化为晶体，而是转化为晶体相和微观残余玻璃相相复合的多相结构。

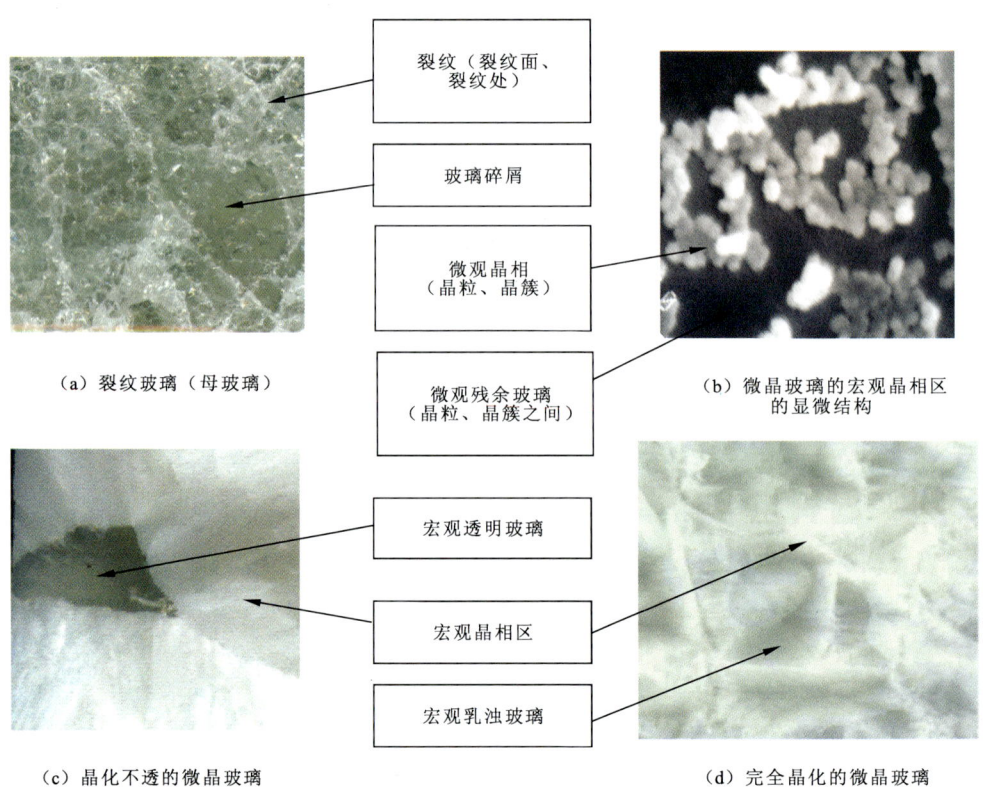

术语与实物照片的对照图

17. 关于微晶玻璃命名的约定：①以不同工艺生产的微晶玻璃，直接将工艺名加到微晶玻璃之前，以示采用该工艺生产的微晶玻璃，如烧结法微晶玻璃、压延法微晶玻璃、裂纹玻璃晶化法微晶玻璃；②为强调微晶玻璃的主晶相，则以主晶相相名命名，如硅灰石质微晶玻璃、透辉石质微晶玻璃；③当利用固体废弃物制备微晶玻璃时，采用固废原料名称冠在微晶玻璃前的方式称呼产品，如污泥微晶玻璃、矿渣微晶玻璃、粉煤灰微晶玻璃等。

18. 烧结体(sintered body)：裂纹玻璃或玻璃颗粒在适当的温度下经过一定时间烧结后生成的致密结构物质体。

19. 原板：未经打磨、抛光等处理的微晶玻璃毛坯板，此为制造建筑装饰用微晶玻璃抛光板的中间产品。

20. 抛光板：经过打磨、抛光等处理后的建筑装饰用微晶玻璃最终产品。

21. 关于配方的烧结性(或称母玻璃的烧结性)的说明：系指相应配方的玻璃颗粒的烧结能力。在本书中，配方烧结性的分类如下：玻璃颗粒在较低的温度下就能烧成平整光滑的烧结体的配方称易烧结配方；能够烧成表面平整光滑的烧结体，但所需的温度较高的配方称较易烧结配方；而玻璃颗粒在任何温度下均不能烧结成整体的配方称不能烧结配方；仅能烧结成整体，但表面始终凹凸不平的称为能烧结配方；若能够烧结，但烧结体表面不太平整的配方为难烧结配方。

附 图

附图 1 各配方母玻璃的 DTA 曲线
Appendix Fig. 1 DTA traces of the parent glass of all batches

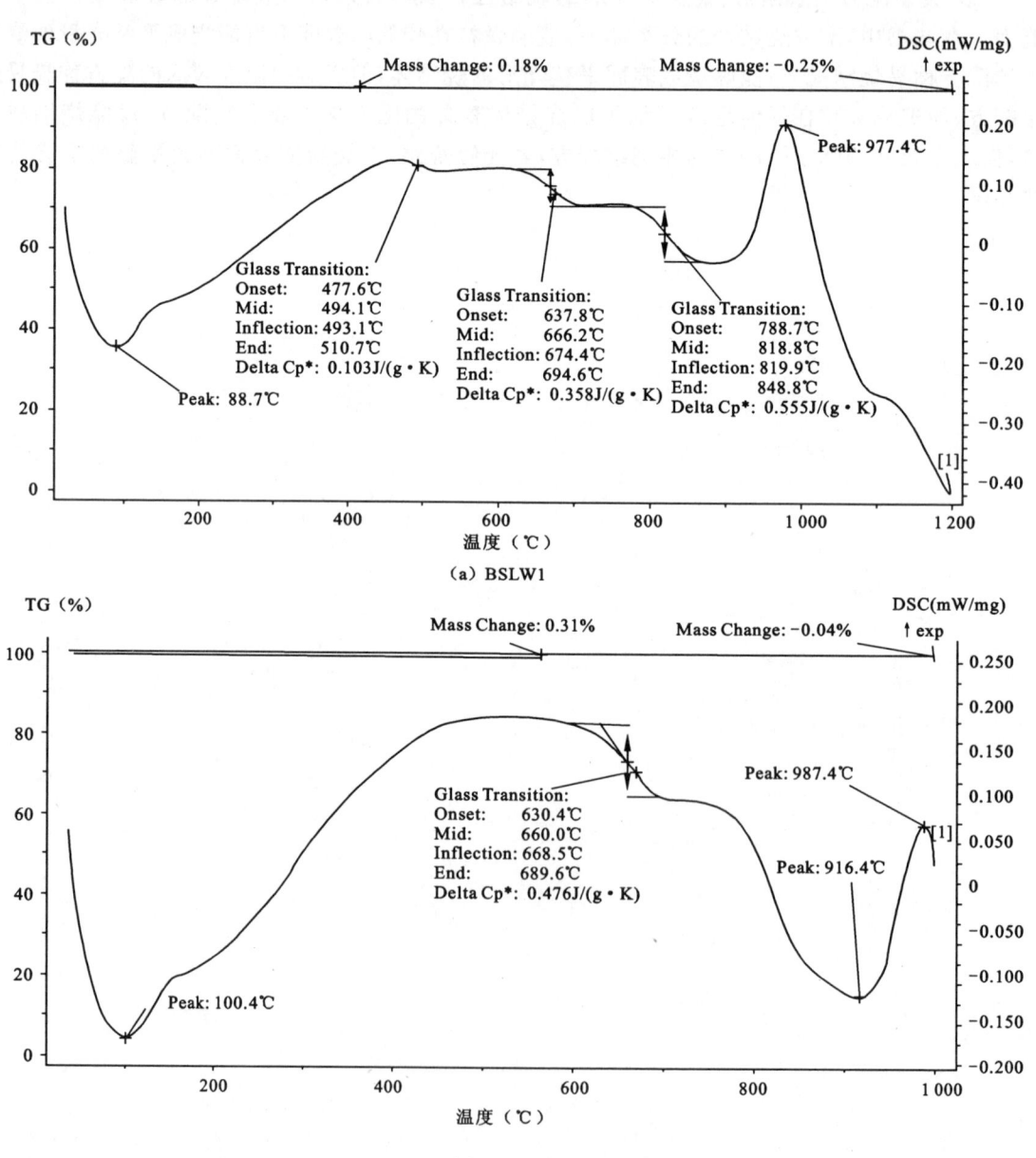

(a) BSLW1

(b) BSLW2

附 图

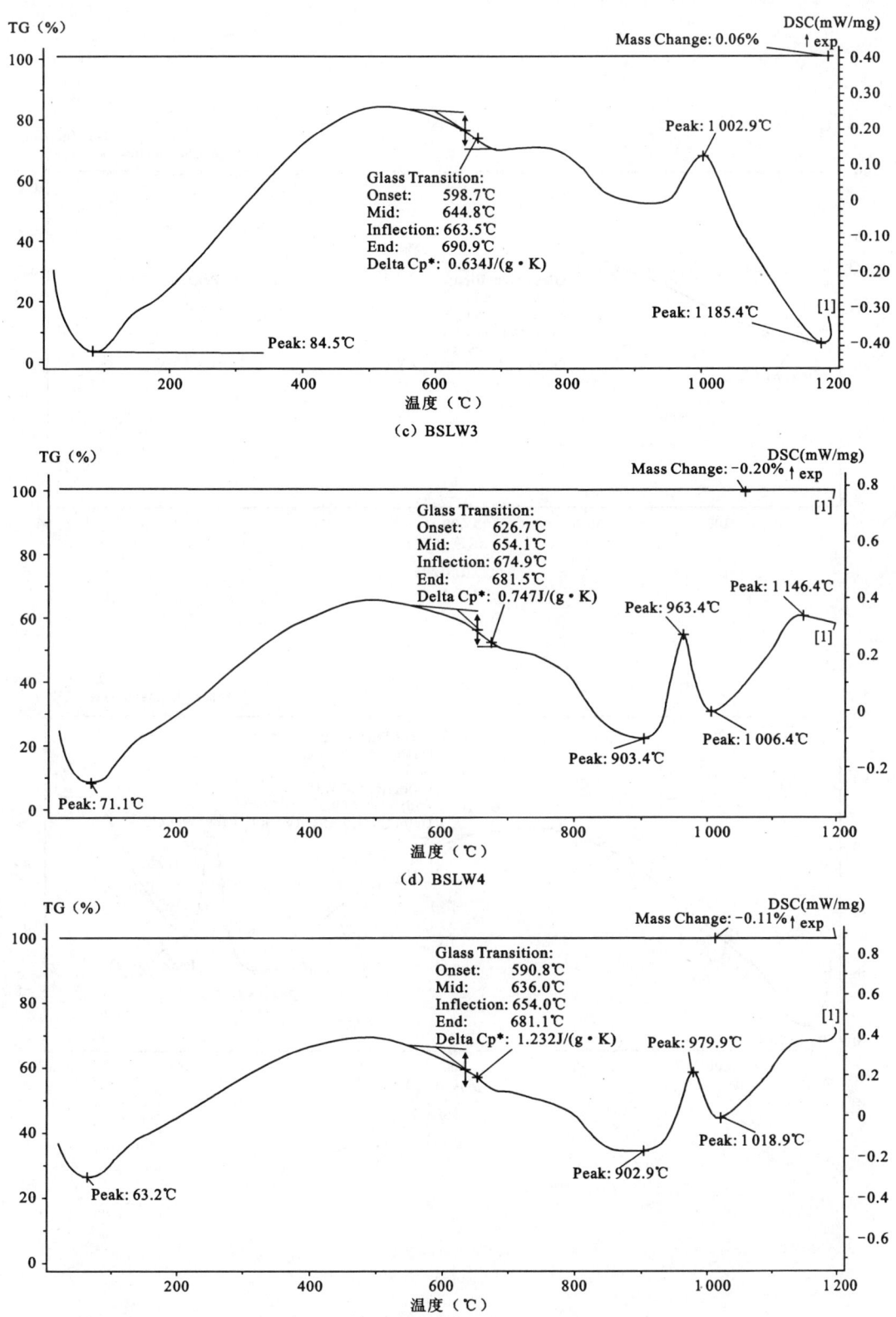

(c) BSLW3

(d) BSLW4

(e) BSLW5

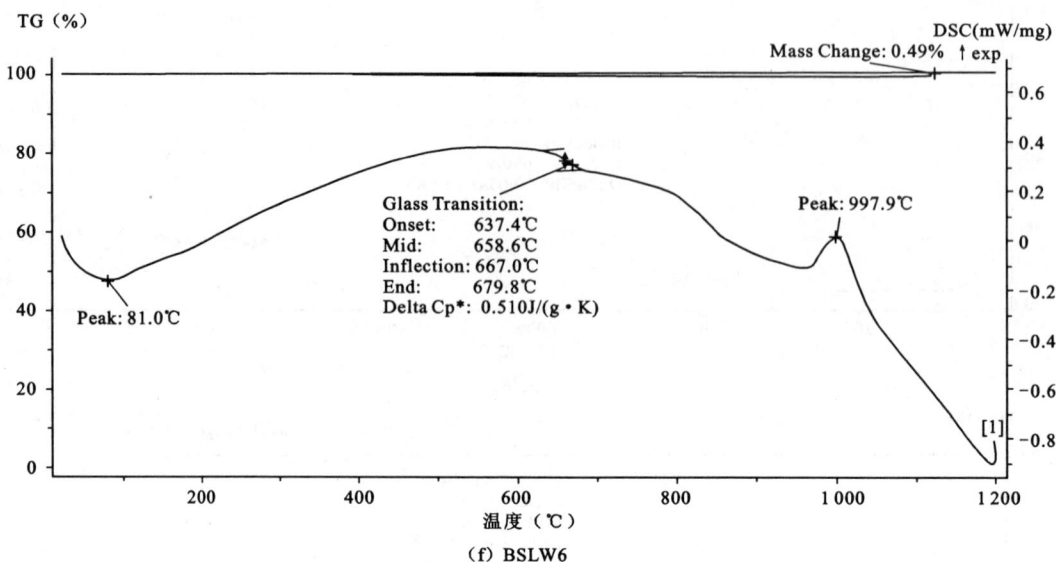

(f) BSLW6

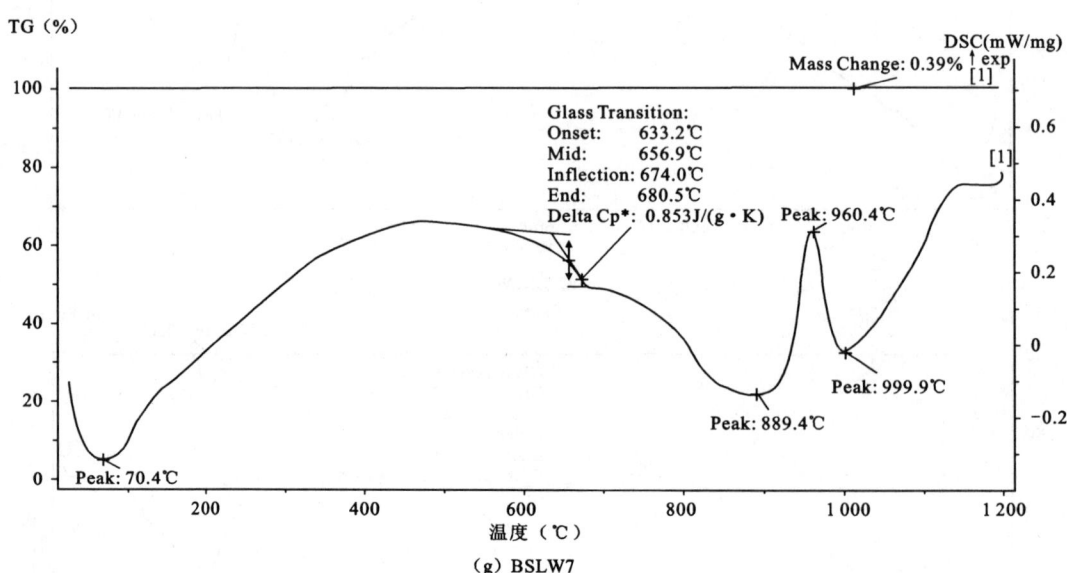

(g) BSLW7

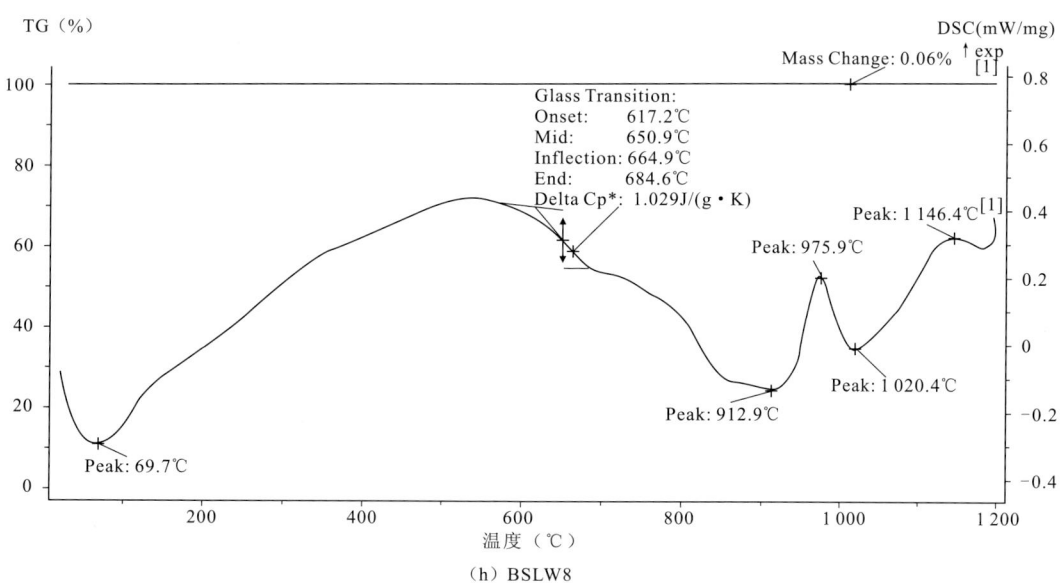

(h) BSLW8

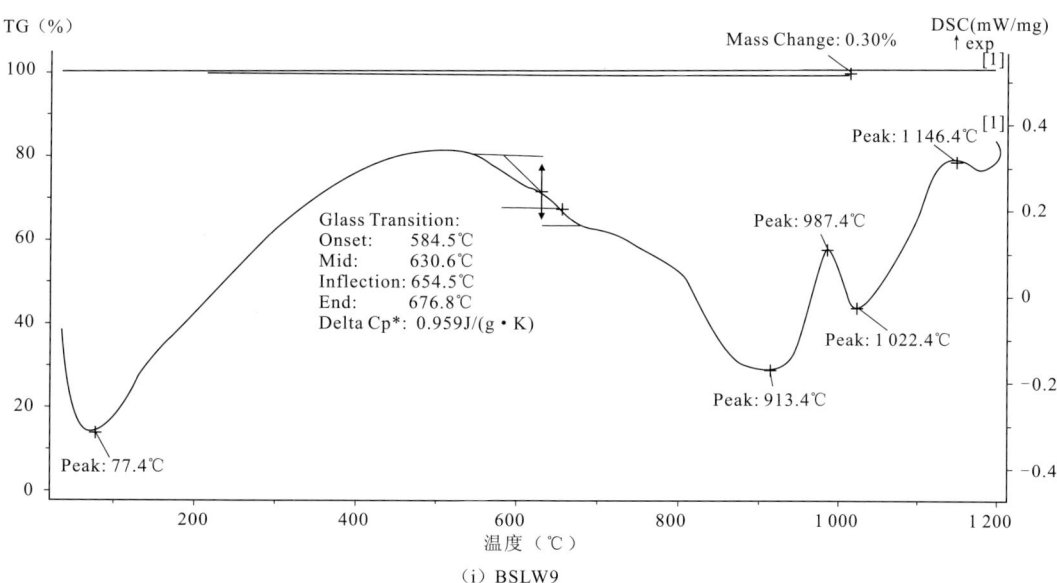

(i) BSLW9

附图 2 各配方母玻璃颗粒烧结体的扫描照片
Appendix Fig. 2 Scanning photos of the sintered bodies of parent glass grains of all batches

第一组 高铝配方组

烧结温度	BSLW1	BSLW2	BSLW3
800℃			
820℃			
840℃	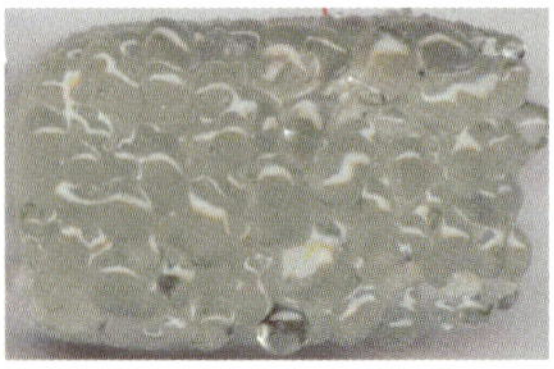	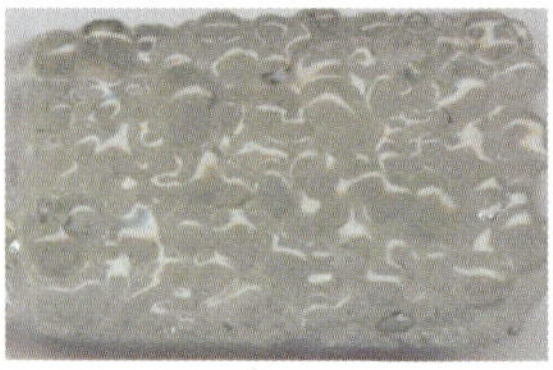	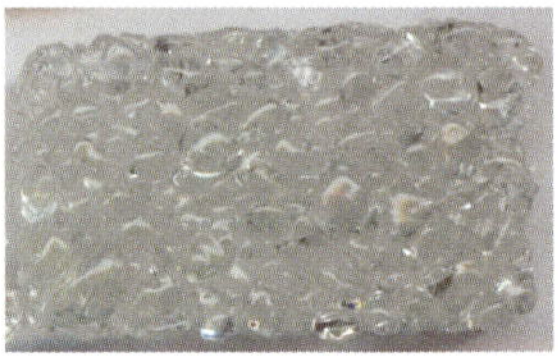
850℃		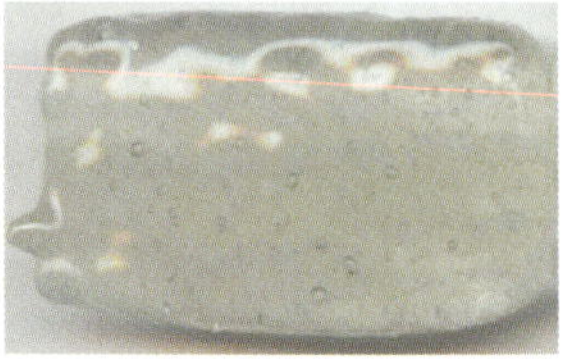	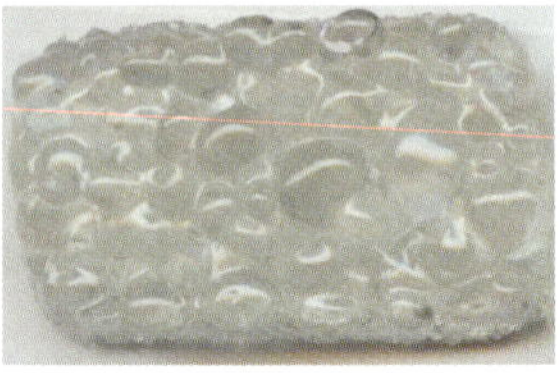
860℃			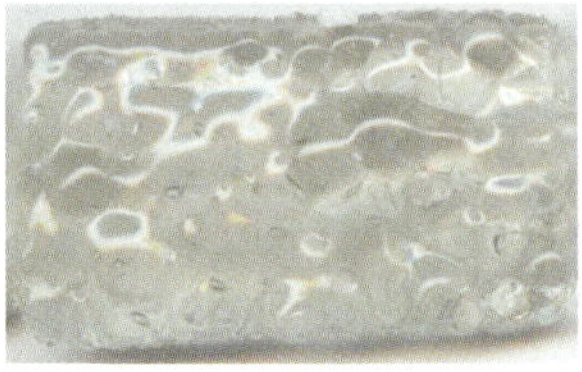

续第一组

烧结温度	BSLW1	BSLW2	BSLW3
870℃			
880℃			
890℃			
900℃			
910℃			
920℃			
940℃			

第二组　中铝配方组

烧结温度	BSLW4	BSLW5	BSLW6
800℃			
820℃			
840℃			
850℃			
860℃			
870℃			

续第二组

烧结温度	BSLW4	BSLW5	BSLW6
880℃			
890℃			
900℃			
910℃			
920℃			
940℃			

第三组 低铝配方组

烧结温度	BSLW7	BSLW8	BSLW9
800℃			
820℃			
840℃			
850℃			
860℃			
870℃			

续第三组

烧结温度	BSLW7	BSLW8	BSLW9
880℃			
890℃			
900℃			
910℃			
920℃			
940℃			

附图3 裂纹玻璃在不同烧结温度下的烧结体扫描照片
Appendix Fig. 3 Scanning photos of sintered bodies of cracked glass at different temperatures

第一组 BSLW4

烧结温度	裂纹玻璃烧结体——原板	裂纹玻璃烧结体——抛光板	并行的玻璃颗粒烧结体
780℃			
800℃			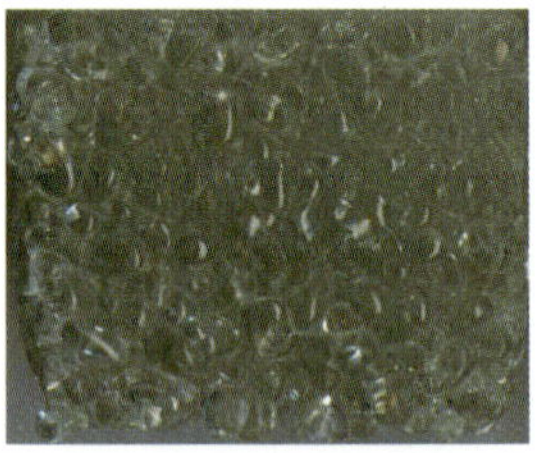
820℃			
840℃			
880℃	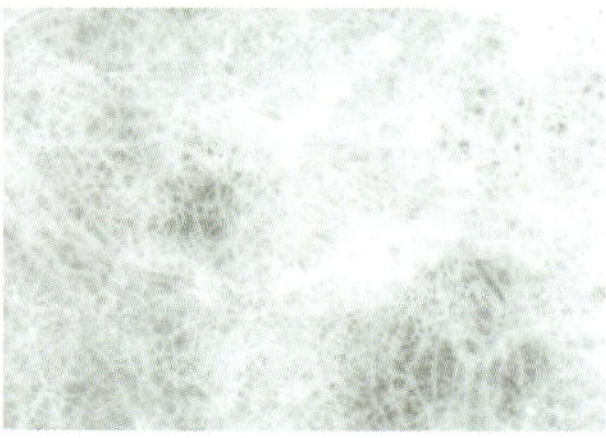	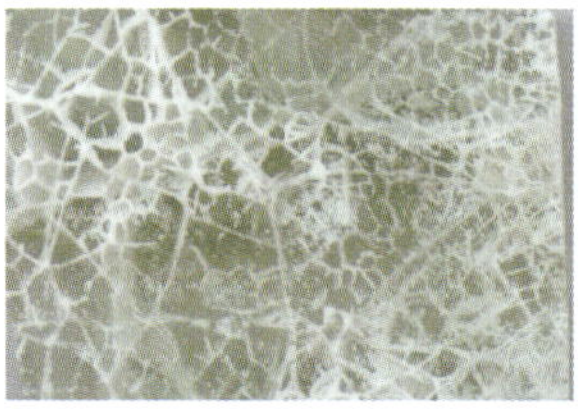	

续第一组

烧结温度	裂纹玻璃烧结体——原板	裂纹玻璃烧结体——抛光板	并行的玻璃颗粒烧结体
900℃			
920℃			

第二组　BSLW5

烧结温度	裂纹玻璃烧结体——原板	裂纹玻璃烧结体——抛光板	并行的玻璃颗粒烧结体
780℃		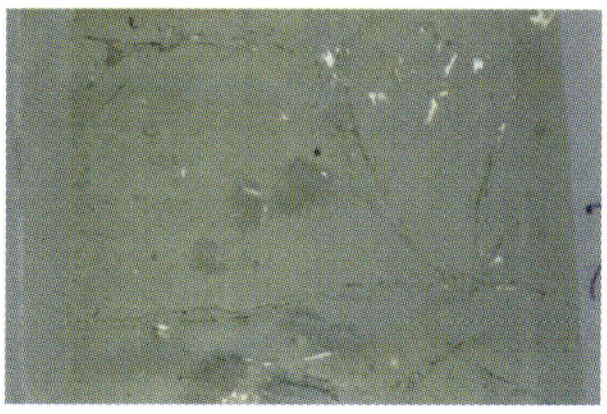	
800℃		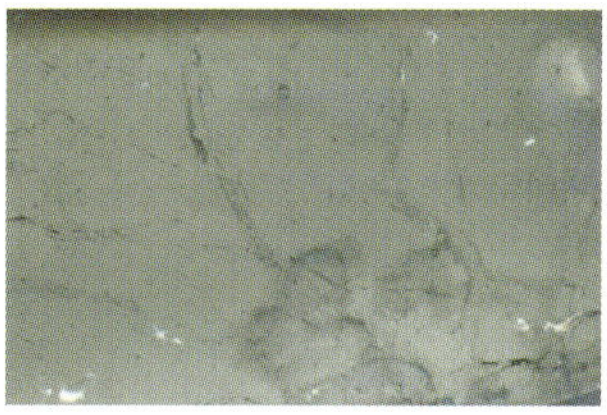	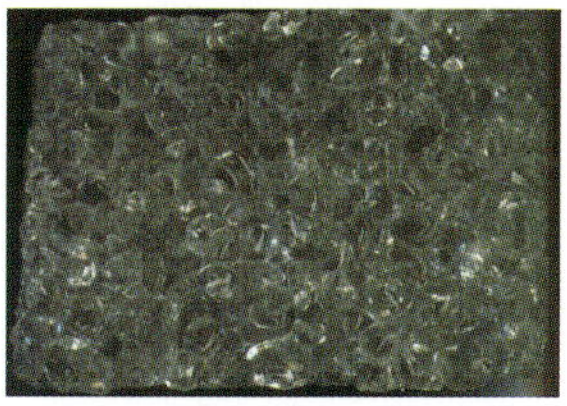
820℃			
840℃	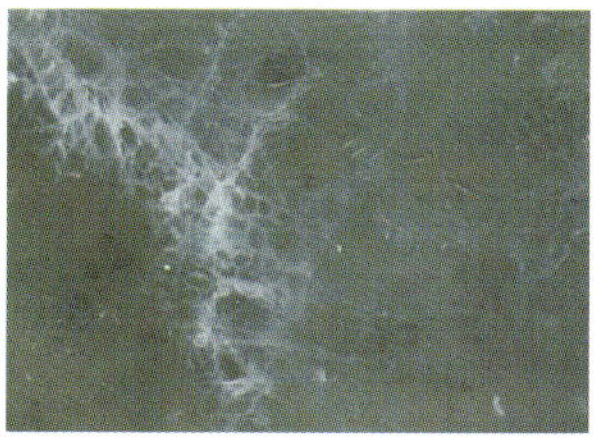		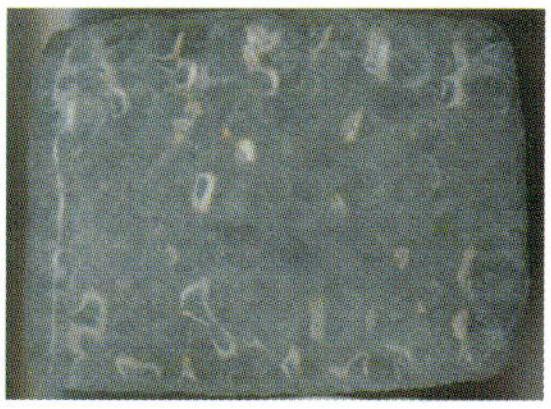

续第二组

烧结温度	裂纹玻璃烧结体——原板	裂纹玻璃烧结体——抛光板	并行的玻璃颗粒烧结体
860℃		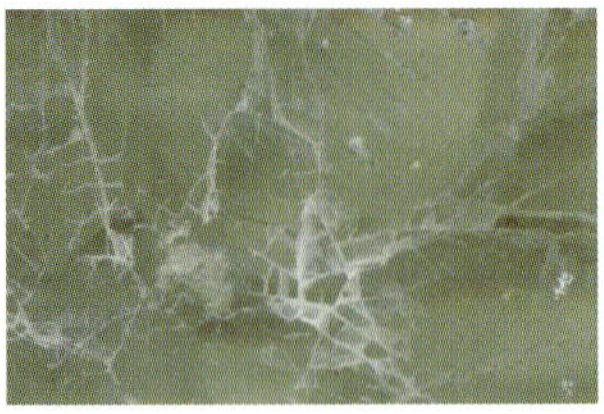	
880℃	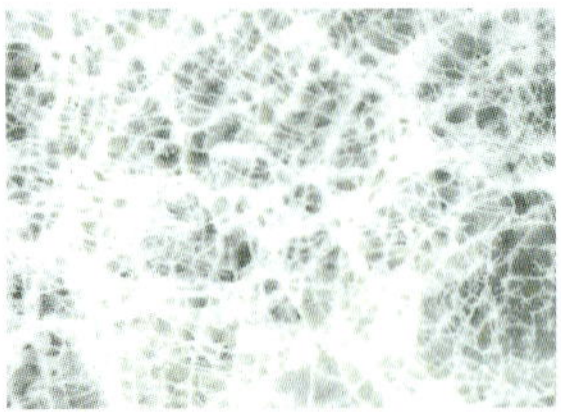		
900℃			
920℃		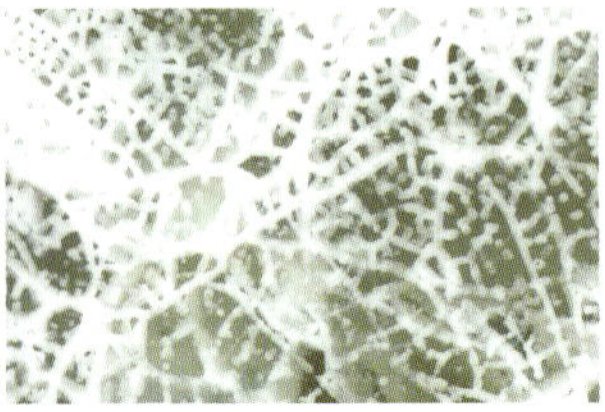	

第三组 BSLW6

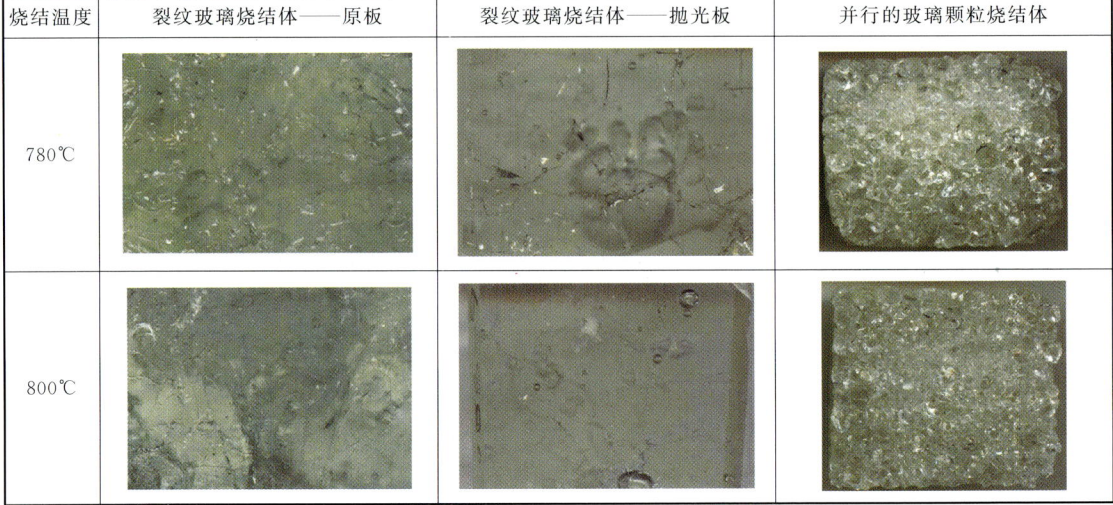

烧结温度	裂纹玻璃烧结体——原板	裂纹玻璃烧结体——抛光板	并行的玻璃颗粒烧结体
780℃			
800℃			

续第三组

烧结温度	裂纹玻璃烧结体——原板	裂纹玻璃烧结体——抛光板	并行的玻璃颗粒烧结体
820℃			
840℃			
860℃			
880℃			
900℃			
920℃			

附图 4 裂纹玻璃在不同烧结时间下的烧结体扫描照片
Appendix Fig. 4 Scanning photos of sintered bodies of cracked glass with different times

第一组　BSLW4

烧结时间	裂纹玻璃烧结体——原板	裂纹玻璃烧结体——抛光板	并行的玻璃颗粒烧结体
10min	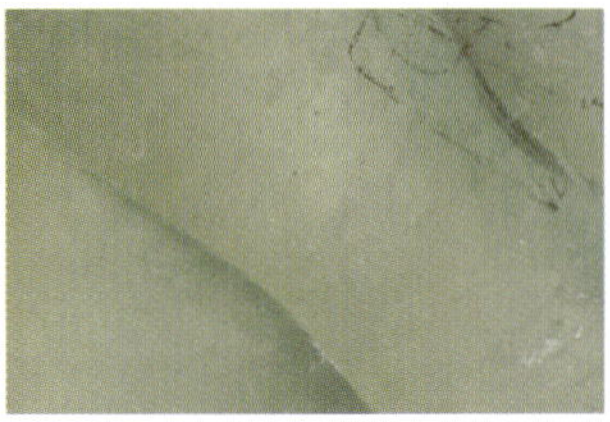	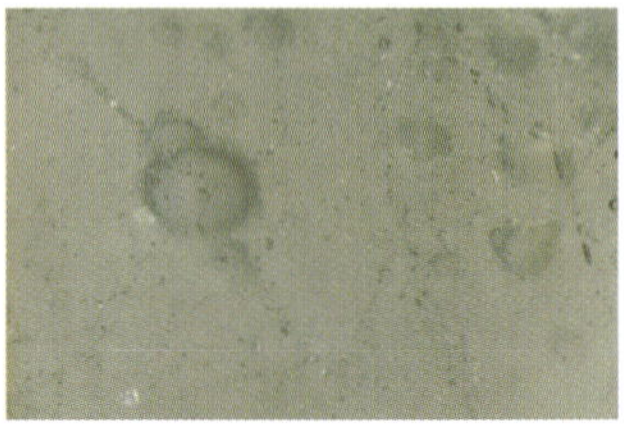	
20min		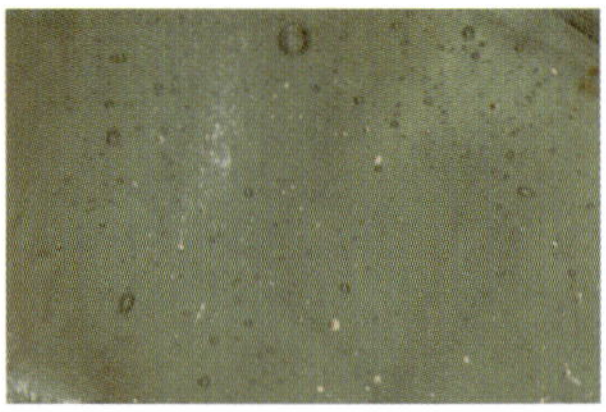	
30min			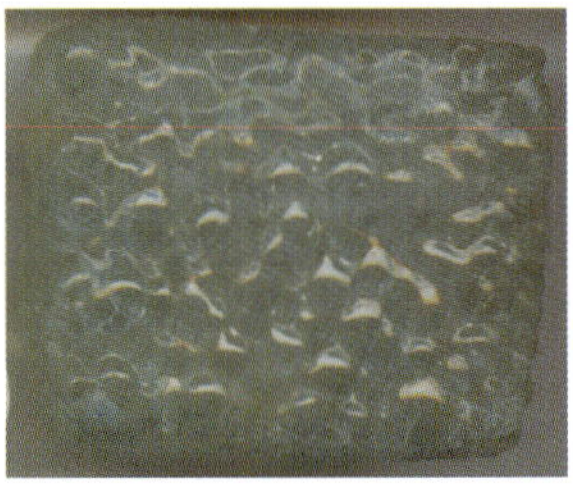
40min		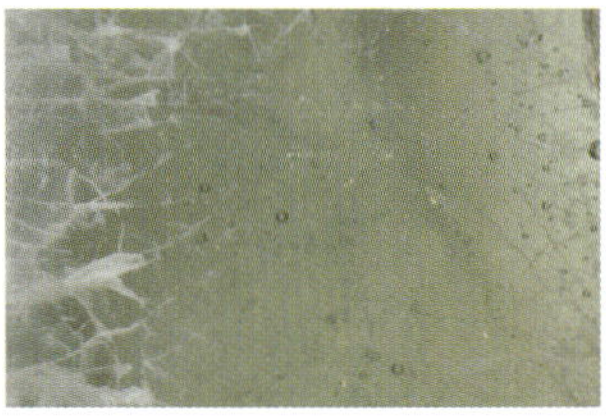	

附　图

续第一组

烧结时间	裂纹玻璃烧结体——原板	裂纹玻璃烧结体——抛光板	并行的玻璃颗粒烧结体
50min			
60min			
80min			
120min			
180min			

第二组　BSLW6

烧结时间	裂纹玻璃烧结体——原板	裂纹玻璃烧结体——抛光板	并行的玻璃颗粒烧结体
10min			
20min			
30min			
40min			
50min			

续第二组

烧结时间	裂纹玻璃烧结体——原板	裂纹玻璃烧结体——抛光板	并行的玻璃颗粒烧结体
60min			
80min			
120min			
180min			

附图 5 裂纹玻璃在不同晶化温度下的样品扫描照片
Appendix Fig. 5 Scanning photos of the samples crystallized at different temperature

第一组 BSLW2

烧结温度	原板正表面	原板中部截面	抗折强度测试的折断面
900℃			
950℃		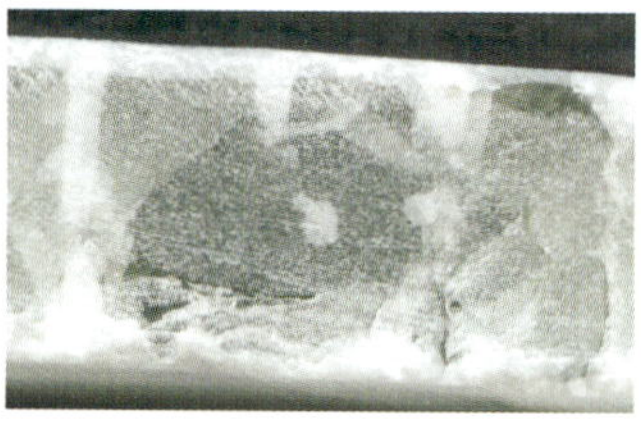	
1 000℃			
1 050℃			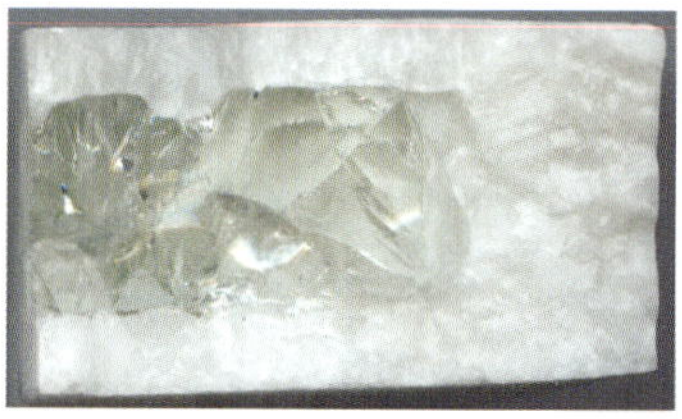
1 075℃			

续第五组

烧结温度	原板正表面	原板中部截面	抗折强度测试的折断面
950℃			
1 000℃			
1 050℃			
1 075℃			
1 100℃			
1 150℃		/	/

附图 6 裂纹玻璃在不同晶化温度下样品的 XRD 图谱
Appendix Fig. 6　XRD Patterns of the samples crystallized at different temperature
第一组　BSLW2

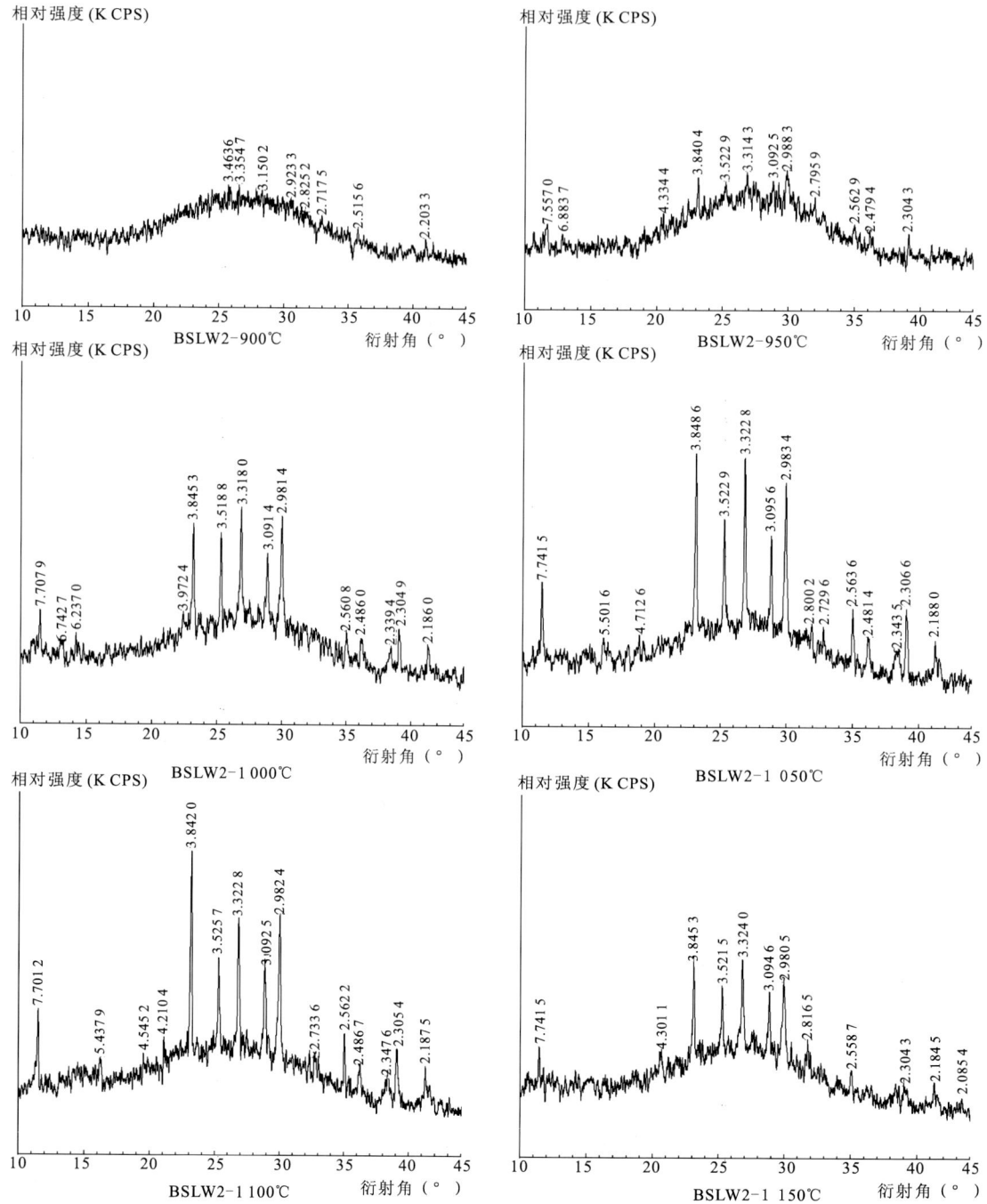

附 图

第二组 BSLW4

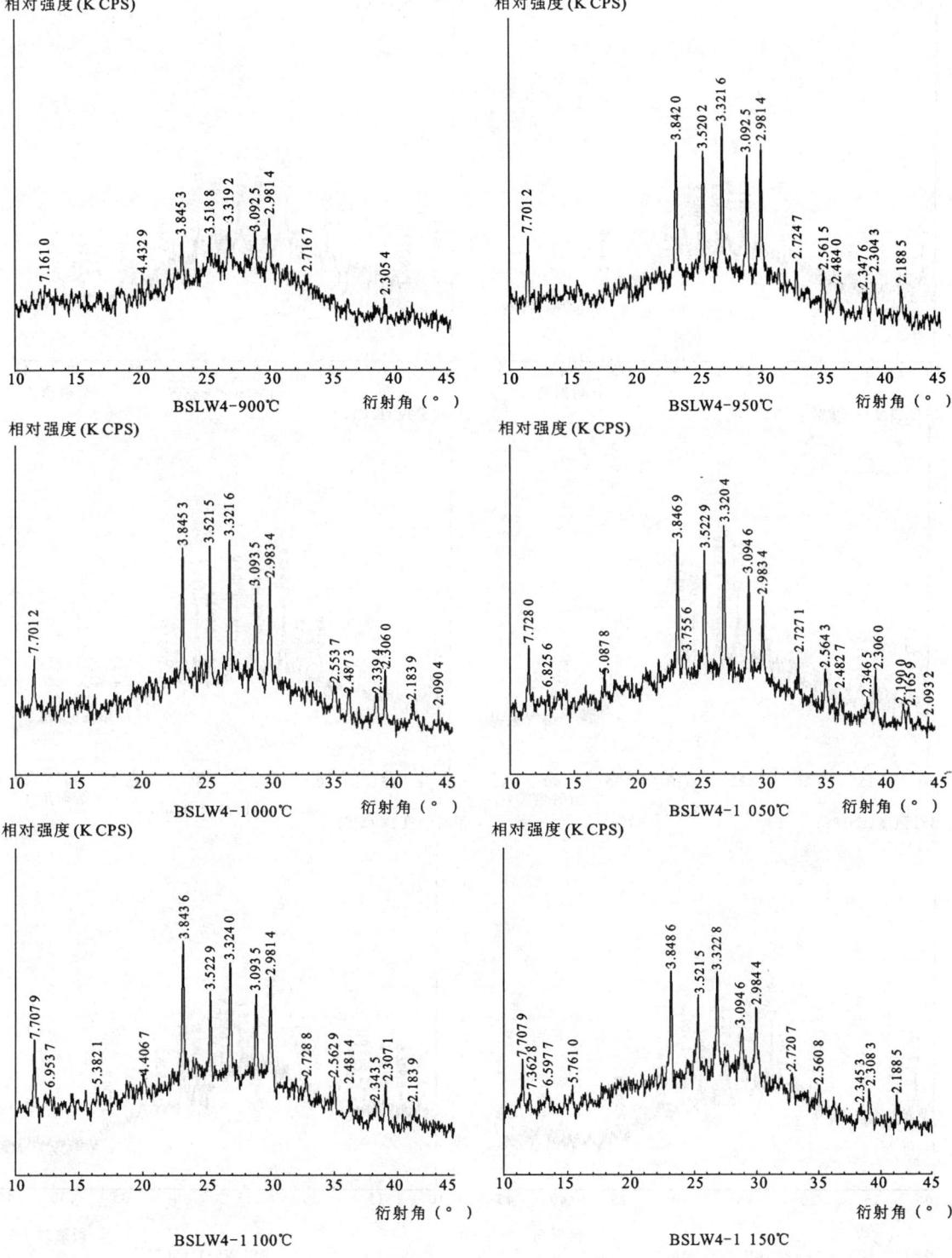

第三组 BSLW5

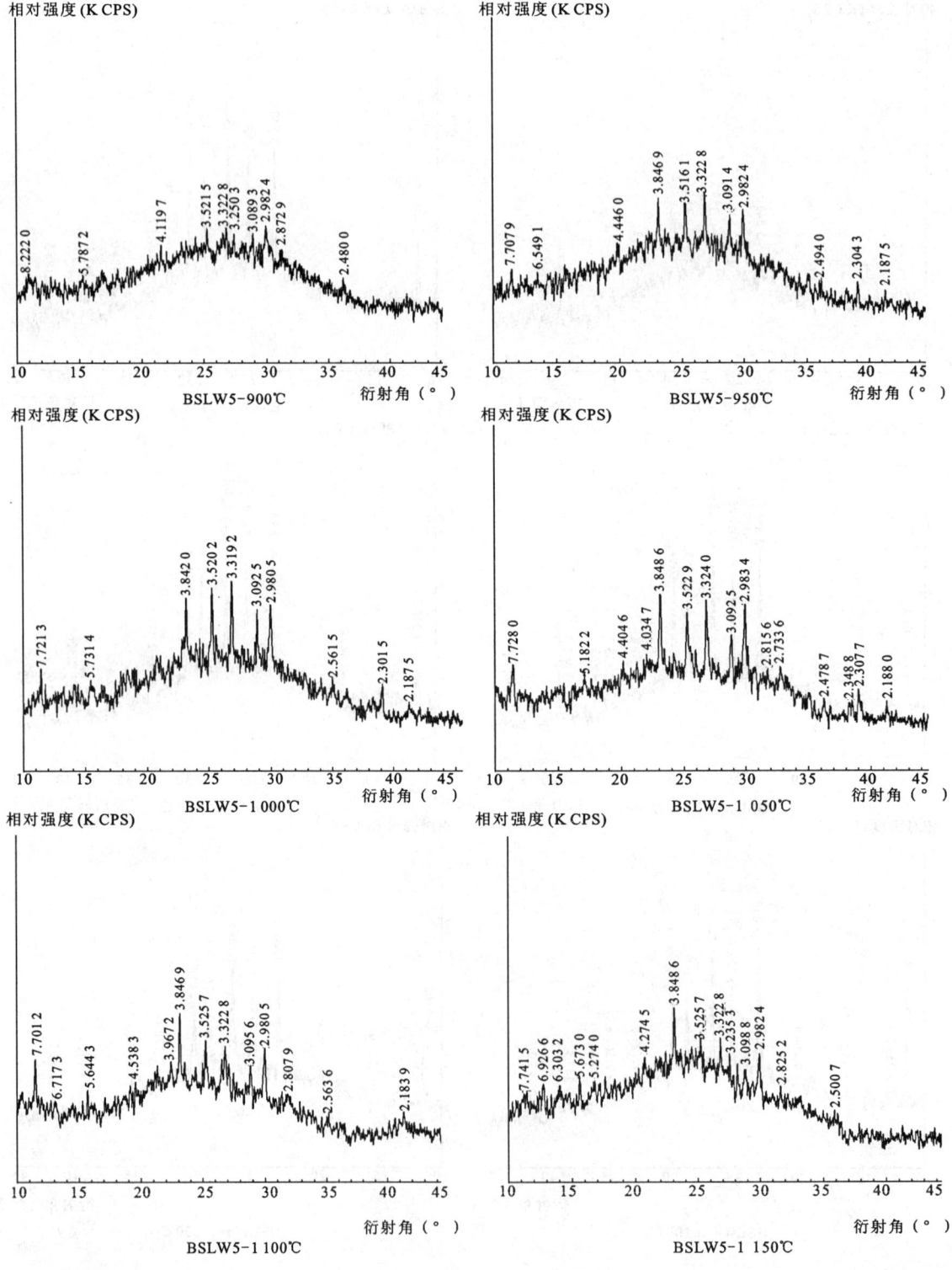

第四组　BSLW6

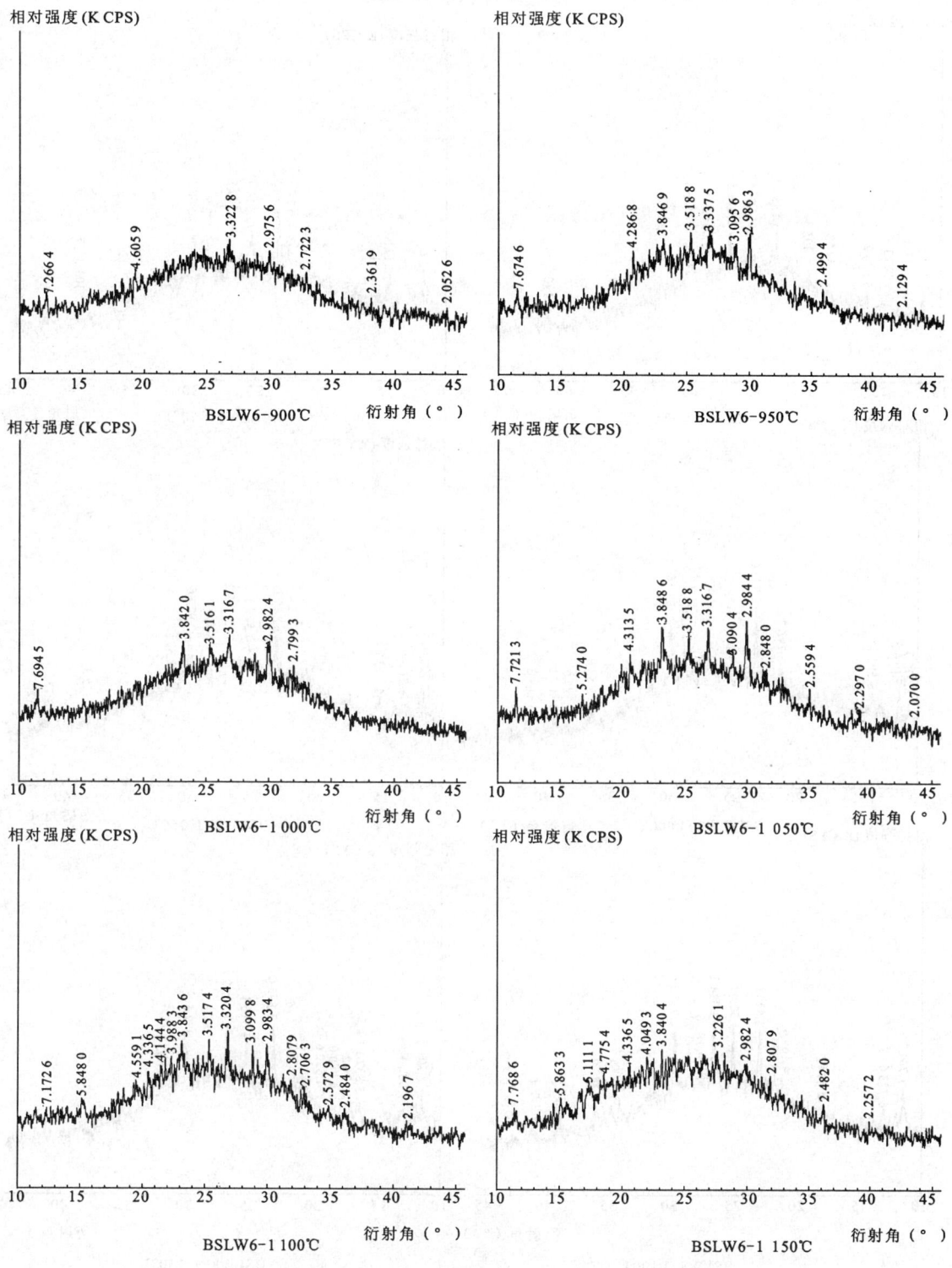

第五组 BSLW8

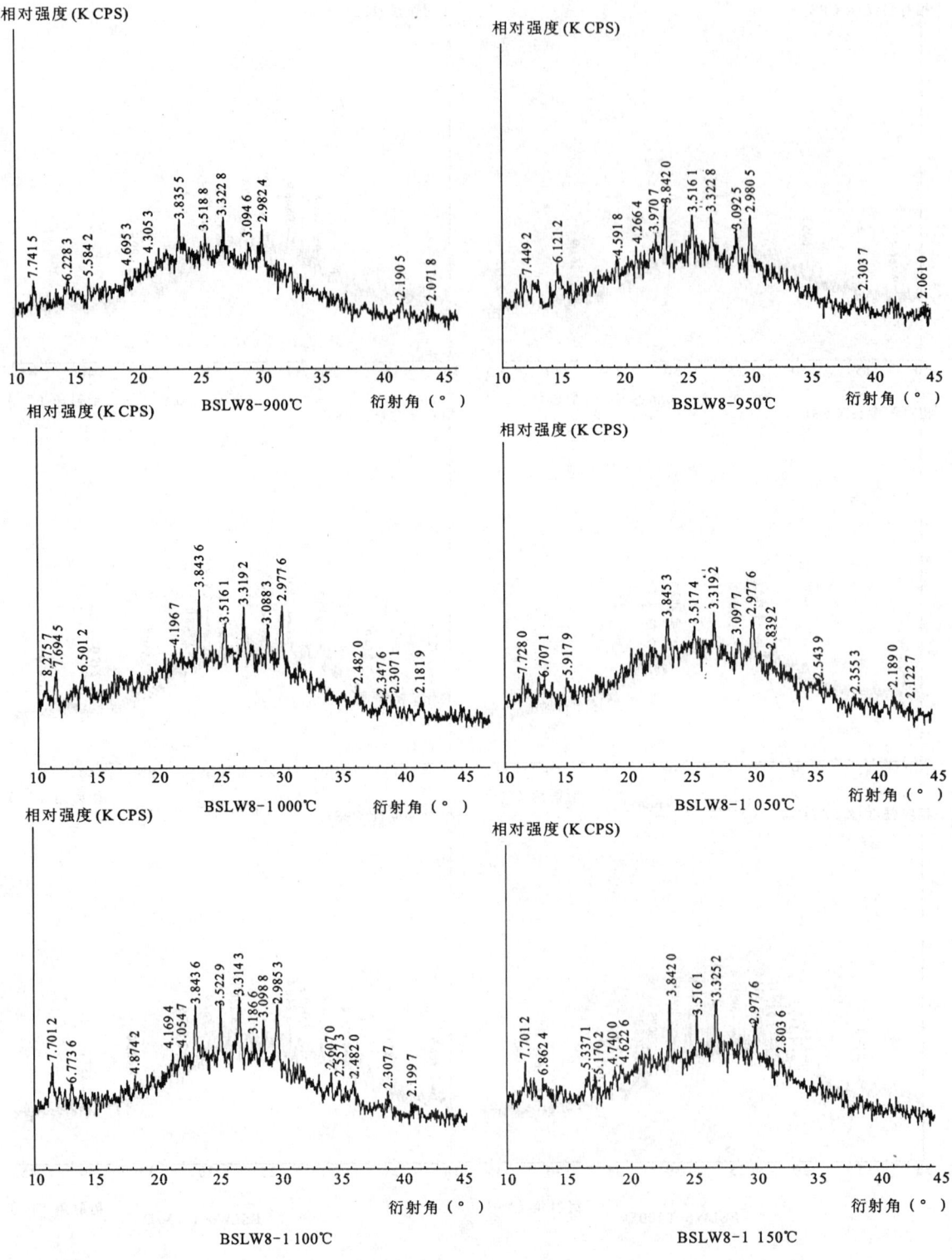

附图 7 裂纹玻璃晶化法微晶玻璃样品的实物照片
Appendix Fig. 7 Photos of the glass-ceramic products prepared by QICGC process

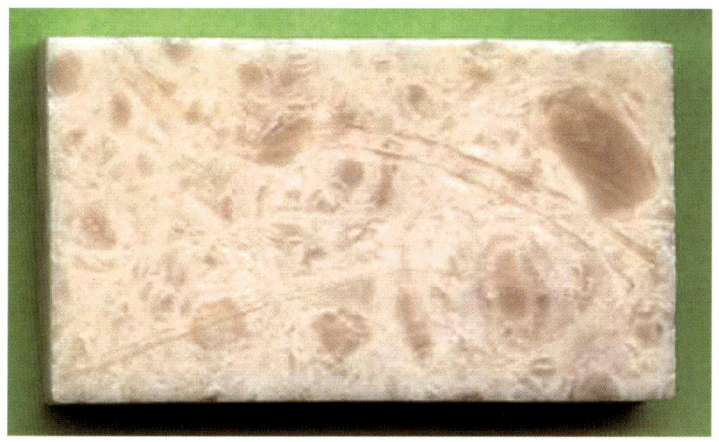

附图8 微晶玻璃(BSLW2、4、5、8)被分层切削后表面的扫描照片
Appendix Fig. 8 Scanning photos of the surface of the glass-ceramics (BSLW2、4、5、8) cut with different thickness

第一组 BSLW2、BSLW4

切削厚度	BSLW2	BSLW4
0mm		
1mm		
2mm		
4mm		

续第一组

切削厚度	BSLW2	BSLW4
6mm		
8mm		

第二组　BSLW5、BSLW8

切削厚度	BSLW5	BSLW8
0mm		
1mm		

续第二组

切削厚度	BSLW5	BSLW8
2mm		
4mm		
6mm		
8mm		

附图 9 微晶玻璃(BSLW6)被分层切削后表面和折断面的扫描照片
Appendix Fig. 9 Scanning photos of the surface and the breaked section of the glass-ceramics (BSLW6) cut with different thickness

切削厚度	BSLW6-1 050℃切割后的表面	BSLW6-1 050℃切割并被折断后的折断面
0mm		
1mm		
2mm		

续附图 9

切削厚度	BSLW6-1 050℃切割后的表面	BSLW6-1 050℃切割并被折断后的折断面
4mm		
6mm		
8mm		

附图 10 污泥裂纹玻璃烧结样品的扫描照片
Appendix Fig. 10　Scanning photos of the sintered bodies with cracked glass from sewage sludge

烧成温度 \ 玻璃料形态	裂纹玻璃烧结体	并行的玻璃颗粒烧结体
800℃		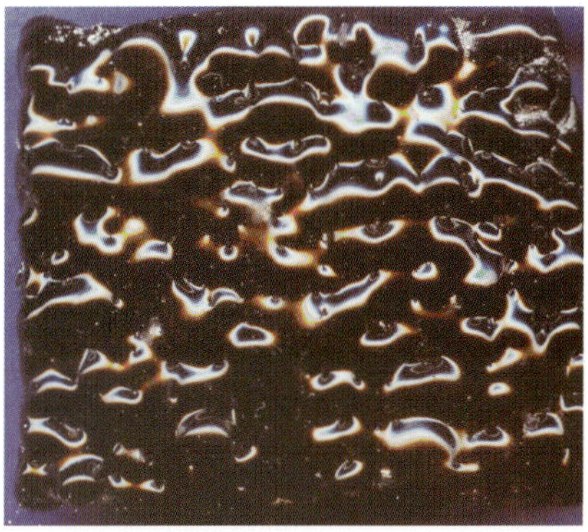
820℃		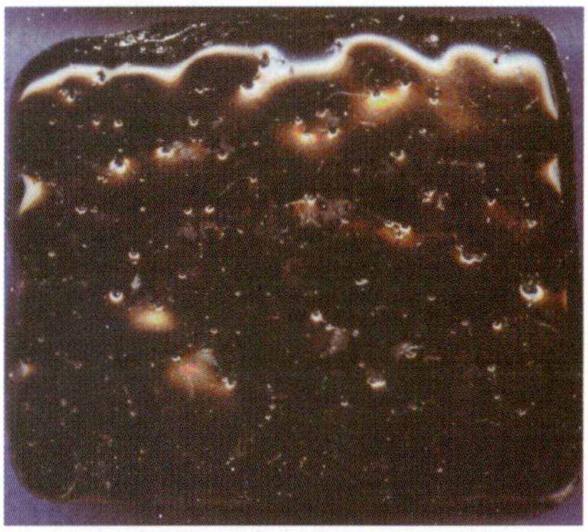
840℃	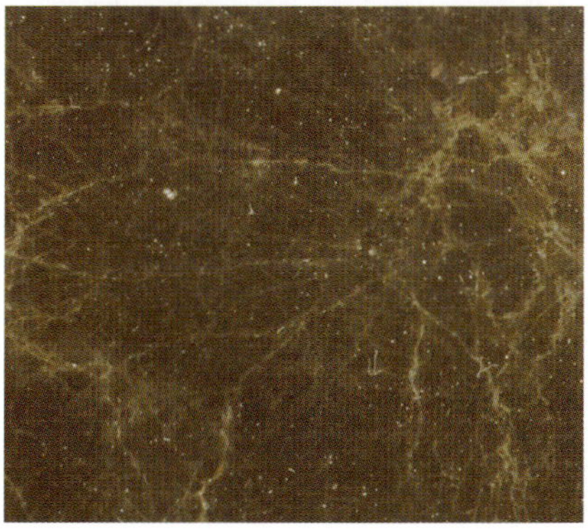	

续附图 10

玻璃料形态 烧成温度	裂纹玻璃烧结体	并行的玻璃颗粒烧结体
860℃		
880℃		
900℃		

附图 11 污泥微晶玻璃的扫描照片
Appendix Fig. 11 Scanning photos of the glass-ceramics prepared with cracked glass from sewage sludge

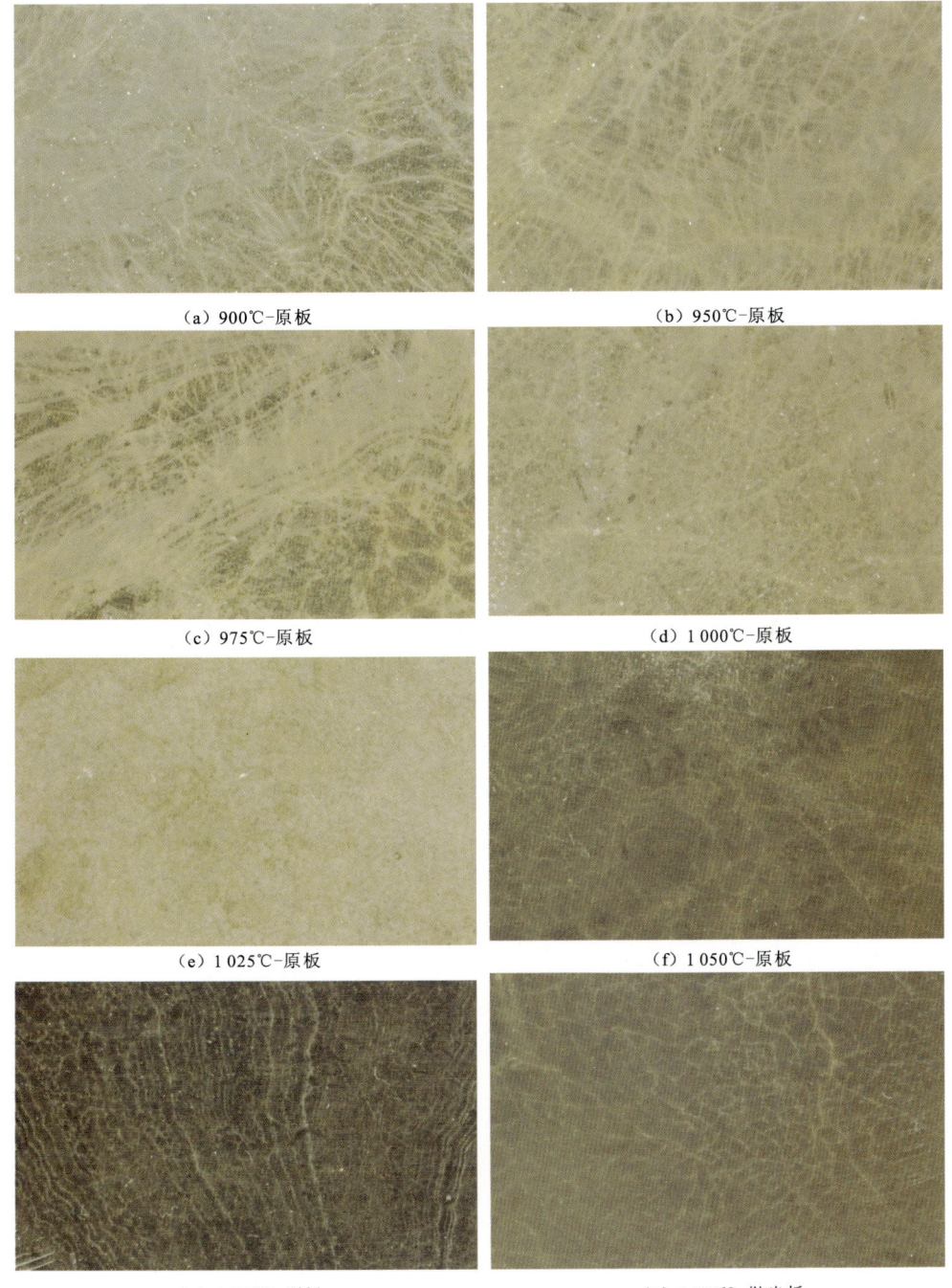

(a) 900℃-原板　　(b) 950℃-原板
(c) 975℃-原板　　(d) 1 000℃-原板
(e) 1 025℃-原板　　(f) 1 050℃-原板
(g) 1 075℃-原板　　(h) 1 025℃-抛光板

附图 12 不同晶化温度下的污泥微晶玻璃的 XRD 图谱
Appendix Fig. 12 Scanning photos of the glass-ceramics prepared with cracked glass from sewage sludge

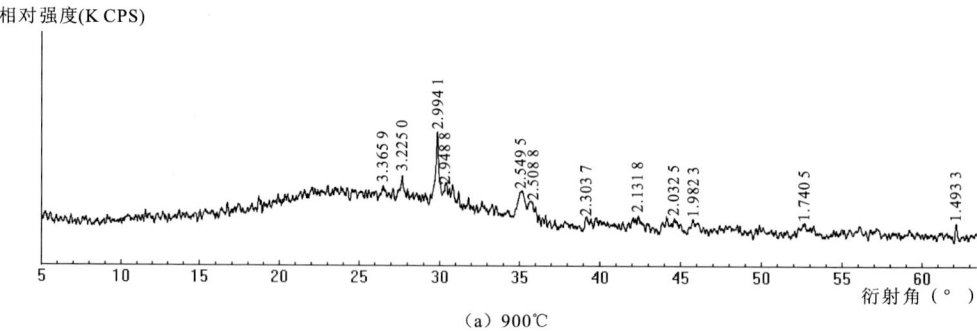

(a) 900℃

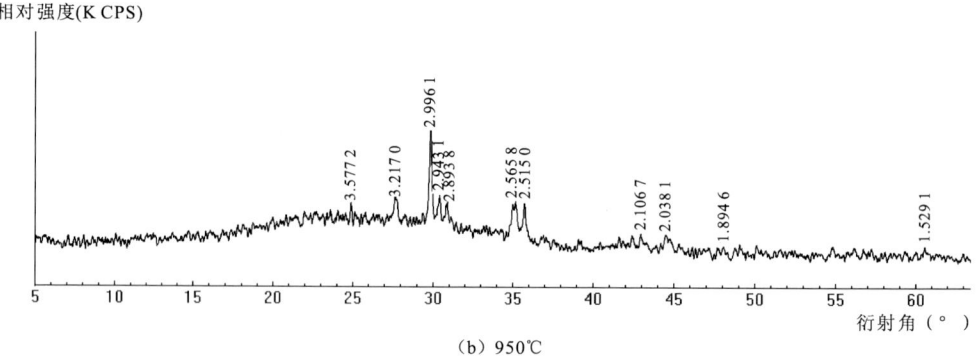

(b) 950℃

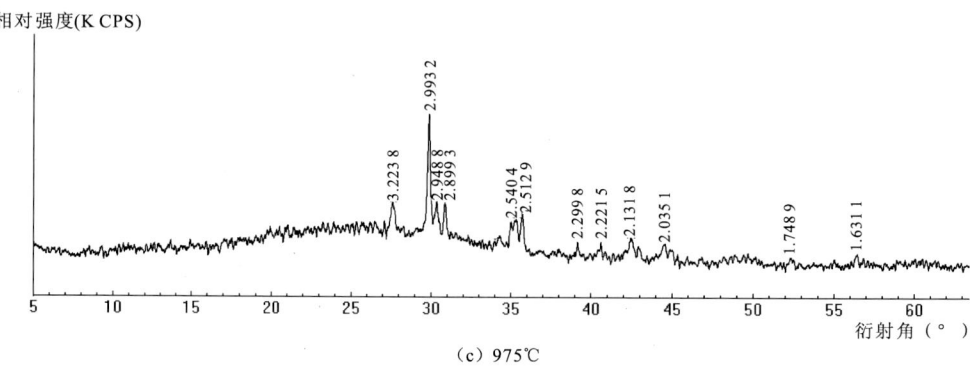

(c) 975℃

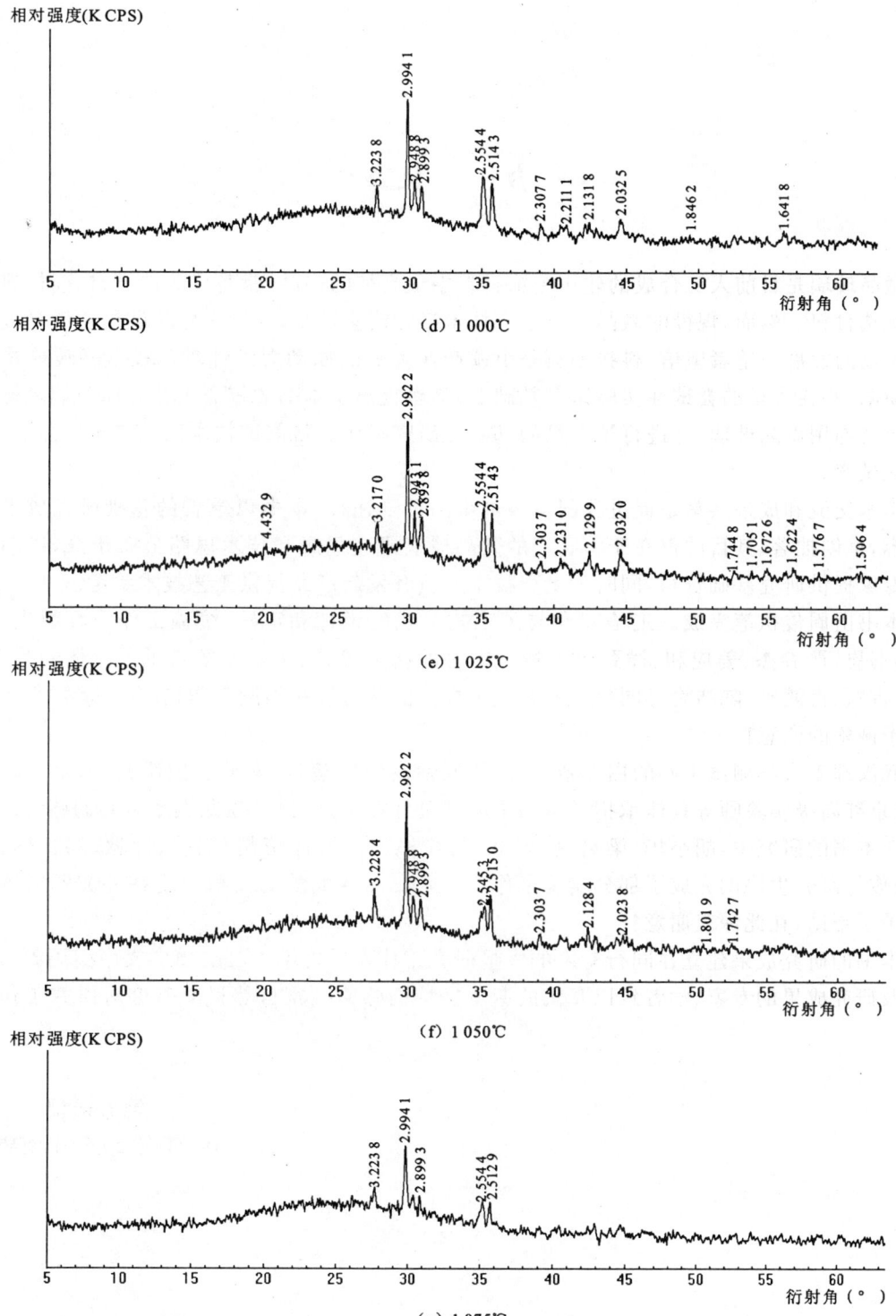

后 记

微晶玻璃是目前人工合成的建筑装饰材料中最高档的产品，是替代天然石材、高档建筑陶瓷的优选材料。然而，现役的微晶玻璃生产技术存在诸多不足，限制了建筑装饰用微晶玻璃产业和市场的发展。笔者坚信，科技创新是引领产业发展的原动力。针对现役微晶玻璃技术本身的缺陷，并在大量的尝试性实验研究基础上，笔者提出了本书的核心工艺裂纹玻璃晶化法制备建筑装饰用微晶玻璃，并进行了大量的基础性研究工作。目前该技术已经趋于成熟，可进行产业化试产。

学术交流和成果共享是促进我国科技进步的重要途径，本书以笔者的基础研究成果为主要内容，草创拙著，其目的仅在于将我们的微晶玻璃研究思想和技术思路公布于众，以期能为相关专家提供研究基础资料，同时为生产技术人员开发新产品提供工艺技术参考。

本书由周俊执笔完成。王焰新参与了工艺路线的设计和审核、统稿工作。蔡鹤生、袁曦明、侯书恩、严春杰、姜应和、谭劲等教授对本书的研究思路、实验方案给予了大量的帮助，潘勇、于吉顺、肖鸿雁、陈洁渝等同事协助完成了样品的部分性能检测工作，在此对诸位人士的付出给予诚挚的谢意！

武汉理工大学测试中心的白燕新主任、陈文怡高级实验师、安继明副研究员、卓蓉晖工程师、宋京红高级实验师等具体承担了本书中的部分性能测试工作，在此表示衷心的感谢！

在本书的研究中，胡小华、梁启斌、郭立、吕桅桅、舒杼、徐德超、刘俊、叶秋、刘少达、刘建平、张俊等研究生协助完成了部分实验工作，美国 Kansas 大学的黄蓓博士在外文资料查阅方面给予了帮助，在此深表谢意！

本书的研究成果建立在同行专家的大量研究工作基础之上，在此，谨向文中引用到其学术论著及研究成果的专家、学者致以真诚的谢意！特别感谢国家自然科学基金对研究工作的支持！

笔者谨记
2008 年 11 月 20 日于南望山麓